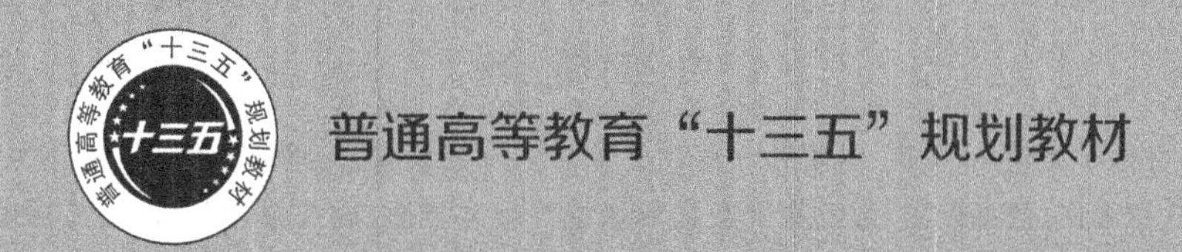

数据库原理与应用

熊才权　曾玲　康瑞华　熊英　编著

中国·武汉

内容简介

本书以关系数据库为重点，全面、系统地介绍数据库系统的基本概念、原理与技术。全书分为上、下两篇，上篇为基础篇，介绍数据、数据模型、数据库及数据库系统等基本概念，以及关系数据库、关系规范化、SQL语言、数据库设计、事务处理技术、数据库完整性与安全性等数据库基本理论与技术；下篇为扩展篇，介绍数据库应用系统开发、SQL扩展与应用，以及数据仓库与联机分析处理等技术。为了便于教学与自学，每章均配有适量习题，并在附录中提供了实验指导书。

本书可作为高等院校计算机相关专业的数据库课程教材，也可供从事数据库开发的人员以及其他相关人员参阅。

图书在版编目(CIP)数据

数据库原理与应用/熊才权等编著.—武汉：华中科技大学出版社，2019.2（2022.8重印）
ISBN 978-7-5680-5007-4

Ⅰ.①数… Ⅱ.①熊… Ⅲ.①关系数据库系统-高等学校-教材 Ⅳ.①TP311.132.3

中国版本图书馆CIP数据核字(2019)第025124号

数据库原理与应用 熊才权 曾玲 康瑞华 熊英 编著
Shujuku Yuanli yu Yingyong

策划编辑：张 毅
责任编辑：刘 静
封面设计：孢 子
责任监印：朱 玢
出版发行：华中科技大学出版社(中国·武汉) 电话：(027)81321913
武汉市东湖新技术开发区华工科技园 邮编：430223
录 排：佳思漫艺术设计中心
印 刷：武汉邮科印务有限公司
开 本：787mm×1092mm 1/16
印 张：19
字 数：459千字
版 次：2022年8月第1版第2次印刷
定 价：49.00元

前言

数据库技术主要研究如何组织存储数据，如何高效地分析处理数据，从数据中获取有效信息。它是计算机科学的重要分支，是信息管理的核心技术，是各行各业信息化建设的重要基础。数据库技术的出现极大地促进了计算机应用技术的发展。随着大数据、云计算和人工智能技术的迅猛发展，人们对数据管理提出越来越多新的要求，从而不断推动数据库技术的发展与应用。

为了适应教学与科研需要，我们在多年从事数据库教学与科研的基础上编写了这本书。全书以关系数据库为重点，全面、系统地介绍了数据库的基本概念、原理与技术，并结合实际应用案例，详细介绍了数据库设计、数据库应用系统开发、数据仓库与联机分析处理等技术，取材上力图反映当前数据库技术的发展水平和发展趋势。

本书分上、下两篇，共 10 章。上篇为基础篇，共 7 章：第 1 章介绍数据、数据库、数据库管理系统、数据库系统、数据模型等基本概念，以及数据库系统的组成结构和基本原理；第 2 章介绍关系数据库的基本概念，包括关系模型的数据结构、完整性约束以及关系操作；第 3 章介绍 SQL 语言，结合一个数据库实例，详细地介绍数据定义、数据查询、数据更新的语法结构及其用法，并结合 SQL 语言进一步介绍关系数据库中的基本表、视图等基本概念；第 4 章介绍关系数据理论，内容包括函数依赖及 Armstrong 公理系统、关系规范化及模式分解；第 5 章以数据库概念结构设计和逻辑结构设计为重点，介绍数据库设计的基本步骤和基本方法，以及 PowerDesigner 的使用方法；第 6 章介绍事务的概念，以及事务在数据库恢复和并发控制中的应用、数据库恢复和并发控制的一般原理和方法；第 7 章介绍数据库安全性和完整性等数据库保护技术，包括用户身份鉴别、SQL 存取控制、视图、加密、审计、防止 SQL 注入等安全控制方法，实体完整性、参照完整性、用户自定义完整性约束的声明方法和程序完整性控制方法。下篇为扩展篇，共 3 章：第 8 章介绍利用编程工具或语言来访问、连接以及操纵后台数据库的方法和步骤，并通过案例详细介绍 Web 数据库应用系统开发过程；第 9 章介绍嵌入式 SQL、扩展 SQL 的主要技术及其应用；第 10 章介绍数据仓库与联机分析处理技术，为数据库的进一步应用打下基础。

为了配合数据库原理课程的实验教学，附录提供了数据库实验指导书，其中有 4 个验证型实验、1 个综合设计型实验。通过实验课教学，可以使学生学会使用数据库管理系统，掌握数据库创建、数据查询、数据更新和数据控制的基本方法，以及数据库应用系统的设计与开发方法，进一步加深对数据库的基本概念和原理的理解。书中配有丰富的例题与习题，便于教学与自学。

本书第 1、3、6、10 章由熊才权编写，第 7、9 章和附录 A 由曾玲编写，第 5、8 章由康瑞华编写，第 2、4 章由熊英编写，江南、李志辉参加了前期部分工作，邵雄凯、胡延忠、潘媛媛对本书编写提出了很多有益的建议，王凌云参加了程序调试和书稿校对工作，全书由熊才权负责统稿。

由于水平有限，书中难免存在不足或错误之处，恳请专家和读者批评指正。

编　者

2019 年 2 月

目录

上篇　基础篇

本篇介绍数据库的基本概念和基础知识，是数据库系统应用与开发的基础，也是进一步学习数据库其他相关课程的基础。上篇一共7章，包括以下内容：

数据、数据模型、数据库、数据库管理系统、数据库系统等基本概念，数据管理技术的发展过程，数据库系统的组成结构与特点，数据库的三级模式与两级映像的基本原理，数据模型组成要素和主要数据模型的特点等。

关系数据结构、关系代数及查询优化策略。

SQL语言的基本概念与发展过程，SQL的数据定义、数据查询、数据更新、数据控制和视图操作等功能的语法结构，应用实例。

函数依赖、范式与模式分解等相关知识。

数据库设计的任务、内容、方法与步骤，以及辅助设计工具PowerDesigner。

故障与恢复、并发控制等事务处理技术。

数据库安全性与完整性的基本概念与技术。

通过本篇学习，读者能够掌握数据库的基本原理，并能够在此基础上结合具体应用环境，设计出结构合理的数据库。

第 1 章　数据库系统概述

当今社会是一个信息化的社会，信息技术在经济社会发展中发挥越来越大的作用。数据是信息的载体，数据库是互相关联的数据集合。数据库能利用计算机保存和管理大量复杂的数据，快速而有效地为多个不同的用户和应用程序提供信息服务，帮助人们有效利用数据资源。以数据处理为研究对象的数据库技术正迅速发展，并得到广泛应用。

数据库的应用来自于已发展了数十年的数据处理技术，这些数据处理技术蕴藏在被称为数据库管理系统的专业化软件中。引入数据库后的计算机系统称为数据库系统，它由数据库、数据库管理系统（及其开发工具）、应用系统、数据库管理员和用户等组成，其中数据库是系统的核心和基础。本章介绍数据、数据库和数据模型等基本概念以及数据库系统的基本原理。

1.1　数据与数据管理

数据库是计算机信息管理的基础，其研究对象是数据。因此，在介绍数据库技术之前，有必要了解数据与信息的基本概念和数据管理技术的发展历程。

1.1.1　数据与信息

提到数据，人们往往会想到信息。数据中隐含着信息，但是数据并不是信息本身。数据是对事实和概念的描述，它的最初表示形式是符号，不同的事实或概念用不同的符号表示，人们通过对符号的辨识获取不同的数据。描述事物的符号可以是数字，也可以是文字、图形、图像、声音、语言等，它们通过数字化存入计算机中。

对一个事物的描述，往往需要多个符号，不同的符号代表事物的不同特征。例如，在人事档案管理中，如果人们对一个员工最感兴趣的是员工的姓名、性别、家庭住址、进入公司时间、所属部门，那么就可以这样描述：

谭林，男，南区 6＃，2017 年 12 月，研发部

这里的员工记录就是一个数据。其中的姓名、性别、家庭住址、进入公司时间、所属部门等称为数据项，它们本身也是数据。

一般来说，数据库系统中的数据可以有两种类型。一种是作业层数据，如销售数量、财务收支等。这类数据会引起数据库的频繁操作，它反映了现实世界中的日常活动，这些活动是必需的、重复的、可以预见和计划的。另一种是管理控制层数据，这种数据主要用来做统计、分析、预测等，它们是通过对作业层数据进行分析和处理得到的数据，主要为计划和决策部门服务。

信息是对数据的理解或解释，是通过对数据进行处理、加工、提炼而得到的能为人所理解和交流的知识。在现实世界中，人们一般用自然语言表示和交流信息。而在计算机中，为了表示信息，必须对数据赋予一定的含义，数据的含义称为数据的语义。例如，对上面的员工数据，了

解其含义的人会得到如下信息：谭林是某公司的男性员工，住在南区6号，2017年12月进入公司，在研发部工作。不了解其语义的人则无法理解其含义，也获取不了信息。可见在信息系统中，数据与其语义是密不可分的。一个信息系统一般有多个数据，数据与数据之间有复杂的联系，要从数据中获取信息，不仅要了解数据的语义，还要了解数据之间的联系，这也是信息系统所要解决的问题。

信息与数据是相互关联的，数据是信息的载体，而信息是数据的内涵。

1.1.2　数据管理技术的发展

每个组织都保存了大量各种各样的数据。例如，企业有关于生产计划、生产调度、生产工具、物质供应、经营销售等方面的数据，学校有关于学生和教职工档案、教学计划、学生成绩等方面的数据，医院有关于病历、药品、病房、财务等方面的数据。数据是一个组织的重要资源，有时甚至比其他资源更珍贵，因此必须对组织的各种数据实行有效管理。所谓数据管理，是指对数据进行收集、整理、存储、检索、维护和传递等一系列活动的总和。数据管理的最终目的是从数据中获取有用的信息，以便服务于组织的管理工作。从大量的原始数据中获取信息，或将原始数据转换成信息的过程就是数据处理。数据处理是数据管理的中心工作，也是信息系统的根本任务。

可以说人类社会自从有了组织，或者说自从有了管理工作，就面临数据管理的任务，数据管理贯穿于一个组织的管理工作的全过程，没有数据管理的管理工作是不存在的。我们平时所说的用事实说话、用数据说明问题，指的就是这个意思。根据数据管理工具和管理技术的发展历史，数据处理的方式大致可以分为人工式(1800年以前)、机械辅助式(1800—1890年)、机电穿孔卡片式(1890—1946年)和电子计算机式(1946年以后)几个阶段。利用计算机进行数据管理的历史虽然不长，但发展迅速，尤其是数据库技术应用以来，计算机处理数据的能力和范围大为提高。计算机数据管理技术经历了人工管理、文件系统和数据库系统三个阶段。

1. 人工管理阶段

20世纪50年代中期以前，计算机数据管理的能力很差，这一阶段称为人工管理阶段。那时计算机没有磁盘等直接存取的存储设备，没有操作系统，没有管理数据的专门软件，数据处理方式是批处理，数据管理的任务主要由应用程序员自己承担，计算机系统所提供的数据管理功能仅仅是一些简单的I/O操作，如图1.1所示。

图1.1　程序中数据的输入与输出

在人工管理阶段，不同的应用程序处理不同的数据，数据与程序之间是一一对应的关系，如图1.2所示。

人工管理数据存在以下缺点。

(1) 数据不保存。当时的计算机主要用于科学计算，一般不需要将数据长期保存，只是在计算某一具体题目时将数据输入，运行完后得到输出结果，输入、输出和中间数据都不保存。这与信息系统中对数据的管理思想是不一样的，因为在信息系统中，数据作为一个重要资源，不仅要对它进行加工处理，还要予以保存，以便以后检索和修改。

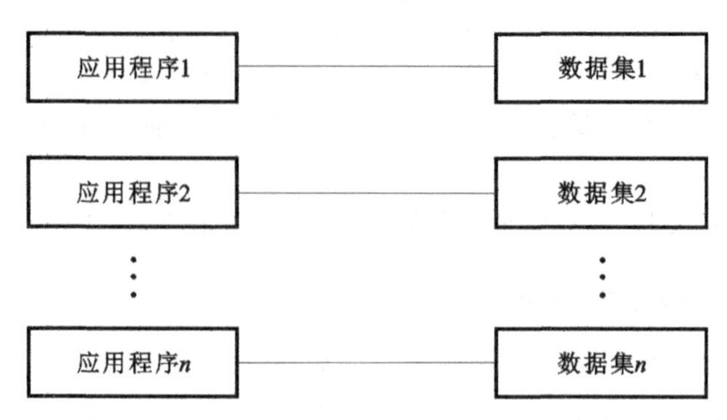

图 1.2　人工管理阶段数据与程序之间的对应关系

(2) 数据不共享。在人工管理阶段，数据是面向应用的。一组数据只对应一个应用程序，当多个应用程序要用到相同数据时，必须各自定义，不能共享。

(3) 数据冗余度大。由于数据不能共享，必然会出现相同数据的多个副本，不同的副本对应不同的应用程序，这会导致程序之间出现大量的冗余数据。

(4) 数据缺乏独立性。数据与程序是紧密结合在一起的，数据的逻辑结构、物理结构、存取方式都由程序规定，当数据的逻辑结构、物理结构、存取方式发生变化时，必须对应用程序做相应修改。

(5) 数据的不统一性。在一个组织中，要想将数据作为一种资源共享，必须对数据的命名、格式、存取方式等标准进行统一规定。但是在人工管理阶段，数据与程序紧密结合，不同应用程序会对同一数据做不同的定义，因而往往会出现“同名异物”和“同物异名”的现象。

2. 文件系统阶段

20 世纪 50 年代到 60 年代中期，计算机数据管理技术进入文件系统阶段。这时已经有了磁盘、磁鼓等直接存取的存储设备，也有了专门的数据管理软件，一般称为文件系统；处理方式上不仅有了批处理，而且能够实现联机实时处理。

在文件系统阶段，文件系统把数据组织成相互独立的数据文件，数据可以长期保存在存储设备上，应用程序利用“按文件名访问，按记录进行存取”的管理技术，可以对文件中的数据进行修改、插入和删除等操作。文件系统实现了一定的数据独立性，它将数据的逻辑结构与物理结构分离，应用“存取方式”实现逻辑结构与物理结构之间的映射，如图 1.3 所示。

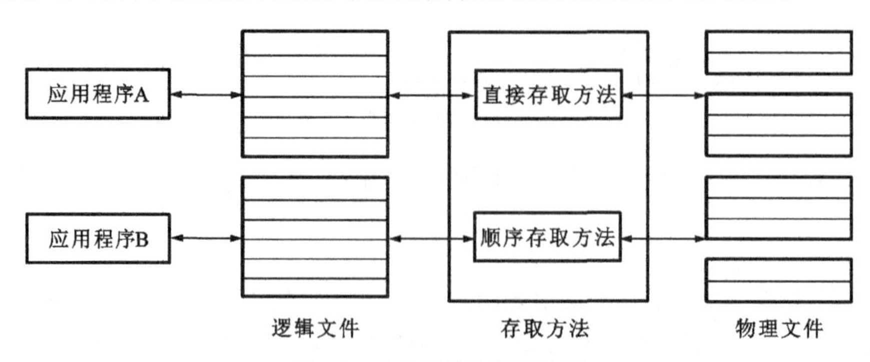

图 1.3　文件系统的数据处理

在这种方式下,应用程序只涉及数据的逻辑结构,当数据的物理结构改变时,不会导致应用程序的修改,这就是数据的物理独立性。数据的物理独立性使应用程序脱离了数据的物理结构,也使其适应性得以提高。同时,程序员在编写程序和对程序进行维护时不必过多考虑数据的物理存储细节,只需将精力集中在算法上,因而工作效率得以大大提高。另外,数据的物理独立性使数据共享成为可能,多个应用程序可以对同一文件进行操作。

与早期的人工管理阶段相比,文件系统已经有了很大的进步,但文件系统管理数据还存在以下不足。

(1) 数据的共享性较差。文件系统提供了数据的物理独立性,实现了一定的数据共享,但它只能实现文件级共享而不能在记录或数据项级实现数据共享。

(2) 数据的冗余度较大。在文件系统中,文件的逻辑结构是根据它的应用而设计的,数据的逻辑结构与应用程序之间相互依赖。即使不同应用程序具有部分相同的数据(记录或数据项),也必须构造各自的文件,这样就存在大量的冗余数据,浪费大量的存储空间。

(3) 数据存在不一致性。数据的冗余度大与数据的不一致性是密切相关的。同一数据在多个地方同时存放,同一数据在不同存放地的值可能不相同,这会降低信息的价值,有时甚至会造成重大损失。

(4) 数据的独立性较差。文件系统只实现了数据的物理独立,而没有实现数据的逻辑独立。数据的逻辑结构对应一个特定的应用,当应用发生变化时,数据的逻辑结构也要发生改变,当数据的逻辑结构发生变化时,程序也要做相应的修改。因此,文件系统的数据与程序之间缺乏逻辑独立性。

为了说明上面的问题,现在来看如下一段C语言程序。

程序A:

```
# include"stdio.h"
void main()
{
     FILE* fp;
     fp=fopen("Employee.txt","w");
     if(fp)
     {
         fprintf(fp,"%d % s %d\n",2018001,"tanlin",20);
         fprintf(fp,"%d %s %d",2018002,"xubin",19);
         fclose(fp);
     }
     else
     {
      printf("open file error\n");
     }
}
```

程序B:

```
# define SIZE 2
```

```
struct Employee_type
{
    int num;
    char name[8];
    int age;
}
Employee[SIZE];
void main()
{
    int i;
    FILE* fp;
    fp=fopen("Employee.txt","r");
    if(fp==NULL)
    {
          printf("open failed");
          return 0;
    }
    for(i=0;i<SIZE;i++)
    {
        fscanf(fp,"%d %s %d",&Employee[i].num,&Employee[i].name,&Employee[i].
           age);
        printf("%8d %8s %4d\n",Employee[i].num,Employee[i].name,Employee[i].
           age);
    }
    fclose(fp);
    return 0;
}
```

这是对文件进行操作的一段程序，文件中保存员工记录。程序 A 将两个员工的员工号、姓名、年龄输入到一个文件中；程序 B 从文件中读取记录，存入结构体 Employee 中。程序 B 中结构体 Employee 的设计必须与文件的逻辑结构一致，即程序设计与文件逻辑结构是紧密相关的。

可以看到，程序 B 对文件操作时必须知道文件的逻辑结构，或者说，若文件的逻辑结构发生了变化，就必须修改程序。而在关系数据库系统中，只需用一个 SQL(结构化查询语言)语句即可完成记录的插入和读取，只要不违反数据库完整性和安全性约束，写 SQL 语句完全无须考虑数据文件的逻辑结构，而数据库完整性和安全性控制是由数据库管理系统自动实现的。

3. 数据库系统阶段

20 世纪 60 年代后期以来，计算机数据管理技术开始进入数据库系统阶段。这时计算机技术发展迅速，硬件方面有了大容量磁盘，硬件价格下降；软件方面出现了包括操作系统在内的大量的系统软件；在处理方式上，联机实时处理增多，并开始提出和考虑分布式处理方法。数据库系统阶段开始的标志是产生了一种称为数据库管理系统的专门用于数据管理的软件。

数据库系统的产生是企业海量数据处理需求的必然结果。随着计算机数据管理的规模越来越大，应用越来越广泛，数据量急剧增大，企业对数据管理技术的要求也越来越高。首先，企业要求数据作为企业组织的公共资源而集中管理控制，为企业的各种用户所共享，因此，应大量地消去冗余数据，节省存储空间。其次，当数据变更时，能减少对多个数据副本的多次变更操作，从而可大大节省计算时间，更为重要的是，不会因遗漏某些副本的变更而使系统给出一些不一致的数据。最后，要求数据具有更高的独立性，不但要具有物理独立性，而且要具有逻辑独立性，即当数据逻辑结构改变时，不影响用户的应用程序，从而降低应用程序开发和维护的成本。所有这些，是文件系统所不能满足的，而数据库管理系统可以做到。

与文件系统不同，数据库系统是面向数据的而不是面向程序的，数据是系统的中心，各处理功能处于外围，它们通过数据管理软件从数据库中获取所需数据和存储处理结果。按数据库的方法，数据处理的过程如图 1.4 所示。

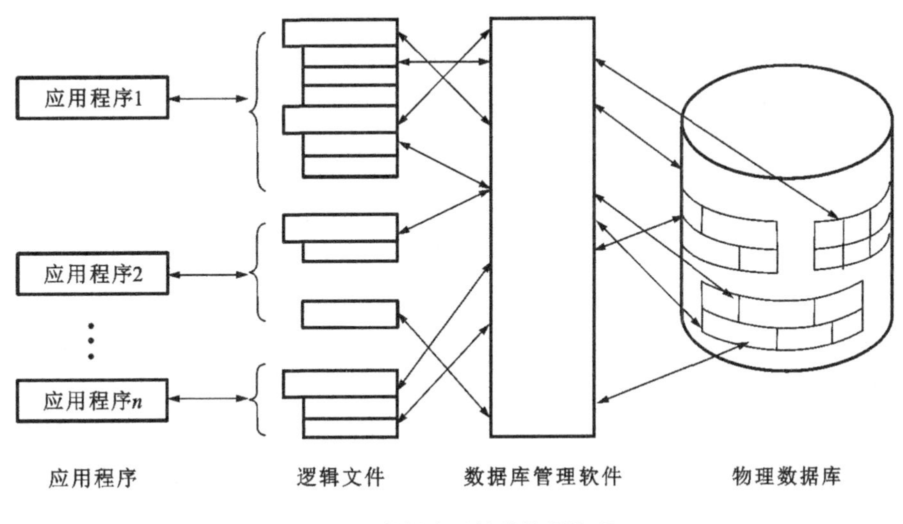

图 1.4　数据库系统的数据处理

1.2　数据库系统基本概念

随着数据管理技术的不断发展和计算机应用的普及，数据库已经成为很多人熟悉的概念和术语，但是不同的人对数据库的理解并不相同。在系统介绍数据库原理之前，有必要先介绍数据库、数据库管理系统、数据库系统等几个常用的基本概念。

1.2.1　数据库

简单地说，数据库是存在一定联系的数据的集合，它可以人工地建立、维护和使用，也可以通过计算机建立、维护和使用。当然，本书关心的是后者，即计算机化的数据库。因此，我们定义数据库(database，简称 DB)为长期存储在计算机内的、相互联系的数据集合，它按一定的数据模型组织、描述和存储，具有较小的冗余度、较高的数据独立性和易扩展性，并可为各种用户所共享。数据库一般都通过应用程序或数据库管理系统来建立、维护和使用。

数据库具有以下特点。

（1）数据库是具有逻辑关系和确定含义的数据集合。逻辑上无关的数据集合不能称为数据库。

（2）数据库是针对明确的应用目标而设计、建立和加载的，并为这些用户的应用服务。

（3）数据库是对一个现实世界（如一个单位或组织）的映像，现实世界的某些改变必须及时地反映到该数据库中来。

1.2.2　数据库管理系统

数据库管理系统（database management system，简称 DBMS）是一个位于用户与操作系统之间的数据管理软件。DBMS 的目标是为用户提供一个能方便、快速、有效地建立、维护、检索、存取和处理数据库中的数据的环境。DBMS 能够对数据库进行有效的管理，包括存储管理、安全性管理、完整性管理等，其主要功能包括以下几个方面。

（1）持久存储数据。DBMS 支持对独立于应用程序的超大数据量（GB 或更多）数据长期存储，其数据独立性优于文件系统，并能防止对数据的意外和非授权的访问，且在数据库查询和更新时支持对数据的有效存取。

（2）数据定义功能。DBMS 允许用户使用专门的数据定义语言（data definition language，简称 DDL）对数据库中的数据对象进行定义，如定义或删除模式、索引、视图等，并能保证数据库完整性。

（3）数据操纵功能。DBMS 提供合适的查询语言（query language）或数据操纵语言（data manipulation language，简称 DML），用户使用 DML 可以实现对数据库的基本操作，如查询、插入、删除和修改数据等。

（4）事务管理。DBMS 支持对数据的并发存取，即可以同时有很多不同的进程（称为“事务”）对数据访问，为了避免存取错误数据，DBMS 必须提供一种机制保证事务正确执行。

（5）数据库的运行管理。数据库在建立、运用和维护时由 DBMS 统一管理、统一控制，以保证数据的安全性、完整性和多用户对数据库使用的并发控制及发生故障后的系统恢复等。

（6）数据库维护功能。它包括数据库初始数据的输入、转换功能，数据库的转储、恢复功能，数据库的重组织功能和性能监视、分析功能等。

DBMS 是数据库系统的一个重要组成部分。DBMS 核心技术的研究和实现是数据库领域所取得的主要成就。我国对 DBMS 的研制时间不长，但其发展迅速，目前已有国产 DBMS 产品走向商业应用。

1.2.3　数据库用户和管理员

使用数据库的人员可分为数据库用户和数据库管理员两大类。

1. 数据库用户

根据用户与系统交互方式和使用目标不同，数据库用户分为偶然用户、简单用户、高级用户、系统分析员和应用程序员等几类。

（1）偶然用户。这类用户不经常访问数据库。他们访问数据库的需求比较单一，一般通过事先设置好的窗口与数据库进行交互。例如，一个用户想通过互联网查询其银行账户上的余额。这个用户会访问一个用来输入他的账号和密码的窗口；位于服务器上的一个应用程序就用账户的号码取出账户的余额，并将这个信息返回给用户。对于企业，偶然用户一般是企业的中高级管理人员。

(2) 简单用户。大多数数据库用户都是简单用户。他们的主要工作是查询和更新数据库，一般通过事先设计好的应用系统与数据库进行交互。例如，银行出纳员将账户A的100元转入账户B时，可以启动银行转账系统，调用一个转账程序；该程序要求出纳员输入转账金额、转出的账户以及转入的账户。简单用户一般不直接使用DBMS，而是通过程序员精心设计并具有友好界面的应用程序存取数据库。银行的职员、航空公司的机票预订工作人员、旅馆总台服务员等都属于这类用户。

(3) 高级用户。这类用户不通过应用程序与数据库进行交互，而是用数据库查询语言来表达他们的要求，有时还使用联机分析处理(OLAP)和数据挖掘(DM)来发现数据库中的其他模式。高级用户包括工程师、科学家、经济学家、科学技术工作者等具有较高科学技术素质的人员。

(4) 系统分析员。系统分析员负责分析数据库用户特别是简单用户的需求，确定用户所需要的数据，给出适应这些用户需求的数据库模式、文件结构、存取方式等。系统分析员一般与数据库管理员合作工作。

(5) 应用程序员。应用程序员是编写供多数人使用数据库的应用程序的计算机专业人员。应用程序员可以选择多种工具来开发满足用户要求的应用程序。大多数主要的商业数据库系统都提供了快速应用开发工具。

2. 数据库管理员

在任何一个组织机构中，如果有很多人共享相同资源，则需要有特殊的人员来监督和管理这个共享资源。在数据库系统环境下，共享资源有两类，第一类是数据库，第二类是DBMS和相关软件。这些资源的监督和管理由数据库管理员(DBA)完成。数据库管理员可以由一个人担任，也可以由一组人担任。数据库管理员的职责如下。

(1) 模式定义。数据库管理员用DBMS中的数据定义语言来创建最初的数据库模式。模式的概念将在下节介绍。

(2) 数据存储结构和存储方式定义。

(3) 模式和存储结构的修改。由数据库管理员对模式和存储结构进行修改，以反映组织的需求变化，或为提高性能选择不同的存储结构。

(4) 数据访问授权。通过授权管理，数据库管理员可以规定不同的用户各自访问数据库中不同的数据，从而保障数据库安全。

(5) 日常维护。日常维护是数据库管理员经常性的工作，主要维护活动有：定期将数据库备份在磁带、磁盘或远程服务器上，以防止灾难发生时数据库丢失；确保运转时所需的空余磁盘空间，并且在需要时升级磁盘空间；监视数据库的运行，确保数据库性能不因一些用户提交了需花费较多时间的任务而下降很多。

1.2.4　数据库系统的组成

数据库系统(database system，简称DBS)是指在计算机系统中引入数据库后的系统，一般由数据库、DBMS(及其开发工具)、应用系统、数据库用户和数据库管理员构成。其中数据库是系统的核心，DBMS(及其开发工具)和数据库管理员是系统的基础，应用系统和数据库用户是系统服务的对象。在不引起混淆的情况下，数据库系统常常简称为数据库。

数据库系统的组成如图 1.5 所示。数据库系统在整个计算机系统中的位置如图 1.6 所示。

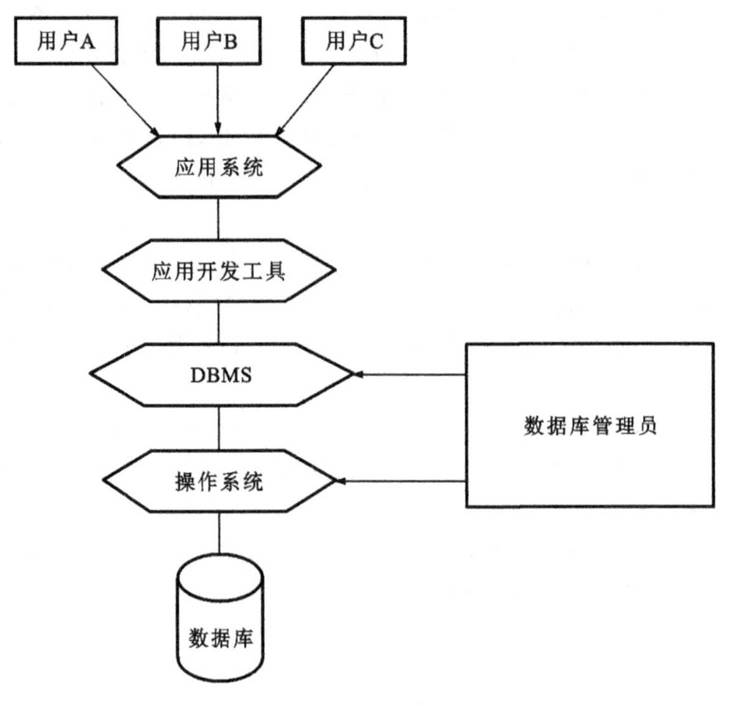

图 1.5　数据库系统的组成

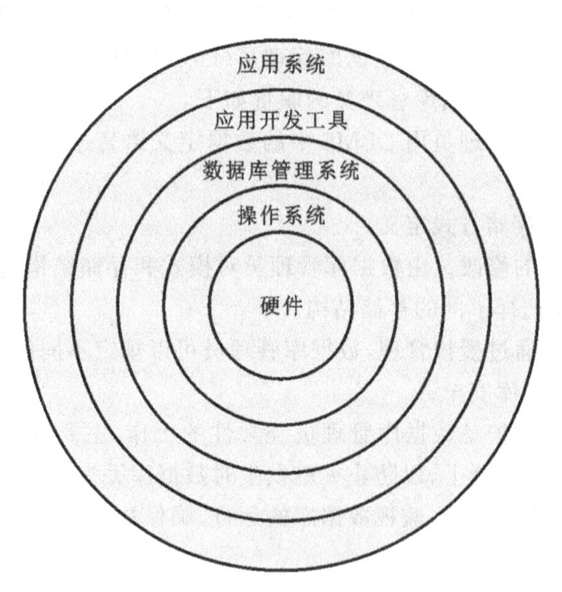

图 1.6　数据库系统在整个计算机系统中的位置

数据库系统对硬件除了有一般计算机系统对硬件的要求外，还要求有足够大的内存，以便存放操作系统、DBMS 的核心模块、数据缓冲区和应用程序；有容量足够大的磁盘等直接存取设备，以便存放数据和备份数据；有较高的数据传输速率。

数据库系统的软件主要有 DBMS、支持 DBMS 运行的操作系统、具有数据库接口的高级程序设计语言及其编译程序、以 DBMS 为核心的应用开发工具和为特定应用开发的数据库应用系统。

数据库用户和数据库管理员是数据库系统的重要组成部分，他们的作用是开发、管理和使用数据库系统。不同人员涉及不同的数据抽象级别，对应不同的数据视图。

1.2.5　数据库系统的特点

相对于文件系统，数据库系统具有如下特点。

(1) 数据结构化。数据结构化是数据库系统与文件系统的根本区别。在文件系统中，相互独立的文件的内部记录是有结构的，文件是等长同格式的记录集合。例如，在员工文件中，每个记录都有如图 1.7 所示的记录格式。

员工人事记录

员工号	姓名	性别	出生年月	进入公司时间	工作部门

图 1.7　员工记录格式示例

一个文件只能面向一个应用，而一个管理信息系统则涉及许多应用。在数据库系统中，不仅要考虑某个应用的数据结构，还要考虑整个组织的数据结构。例如，在一个企业管理信息系统中不仅要考虑员工管理，还要考虑工程管理、销售管理等。就工程管理来说，它涉及三个文件，即员工文件、工程文件和员工参与工程文件，如图 1.8 所示。

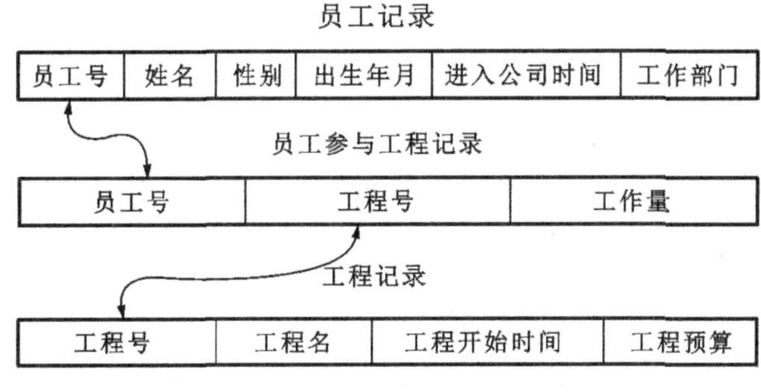

图 1.8　工程管理中的数据组织

这三个文件中的记录相互之间是有联系的，即员工参与工程文件中的员工号和工程号应分别与员工文件中的员工号和工程文件中的工程号一致，但这三种记录在文件系统中是相互独立的。

数据结构化要求在描述数据时不仅要描述数据本身，还要描述数据之间的联系。在文件系统中，尽管其记录内部有了某些结构，但记录之间没有联系，一个文件往往只针对某一特定应用，文件之间是相互独立的；数据的最小存储单位是记录，不能细到数据项。在数据库系统中，存在多个数据文件，这些数据文件之间是相互联系的，数据不再只针对某一特定应用，而是面向全组织，具有整体的结构化特点。在某一特定应用中，所用到的是结构化数据中的一个子集。数据库系统存取数据的方式也很灵活，可以存取数据库中的某一数据项或一组数据项、一条记录或一组记录。

(2) 数据共享度高。数据只有实现共享才能发挥更大作用，实现数据共享是数据管理的目标。在人工管理阶段，数据无共享可言；在文件系统阶段，数据只能实现文件级共享，而不能实现系统级共享。在数据库系统中，一个数据可以为多个不同的用户所共同使用，即各个用户可以为了不同的目的来存取相同的数据。在数据库系统中，还可以实现数据并发共享，即多个不同的用户可以在同一时间存取同一数据。

(3) 数据冗余度低。在文件系统中，每个应用都拥有其各自的文件，即同一数据可能放在不同的文件中，这带来大量的冗余数据。在数据库系统中，数据具有统一的逻辑结构，每一个数据项的值可以只存储一次，最大限度地控制了数据冗余。所谓控制数据冗余，是指数据库系统可以把数据冗余限制在最少，也可以保留必要的数据冗余。事实上，由于应用业务或技术上的原因，如数据合法性检验、数据存取效率等方面的需要，同一数据可能在数据库中保持多个副本。但是在数据库系统中，冗余是受控的。系统知道冗余，保留必需的冗余也是系统预定的。

(4) 数据一致性高。保持数据的一致性是数据管理的目标之一。所谓数据一致性，是指同一数据的不同拷贝的值应该是一样的。在人工管理或文件管理系统中，由于数据被重复存储，不同的应用使用和修改不同的拷贝时很容易造成数据的不一致。在数据库系统中，数据是共享的，不会出现数据重复存储的现象，或者说这种现象可以在系统中得到控制，减少了由于数据冗余造成的数据不一致性。

数据共享、数据冗余和数据一致性是密切相关的，数据不能共享必然导致数据冗余，而数据冗余必然会造成数据的不一致性。

(5) 系统弹性大，易扩充。数据库系统中的数据是面向整个系统的，是有结构的数据，不仅可以被多个应用共享使用，而且容易增加新的应用，这就使得数据库系统弹性大，易于扩充，可以适应各种用户的要求。可以取整体数据的各种子集用于不同的应用系统，当应用需求改变或增加时，只要重新选取不同的子集或加上一部分数据便可以满足新的需求。

(6) 数据独立性高。数据独立性是数据库领域中一个常用术语，它包括物理独立性和逻辑独立性。物理独立性是指用户的应用程序与存储在磁盘上的数据库中的数据是相互独立的。也就是说，数据在磁盘上的数据库中怎样存储是由 DBMS 管理的，用户程序不需要了解，应用程序要处理的只是数据的逻辑结构，即当数据的物理存储改变时，应用程序不用改变。逻辑独立性是指用户的应用程序与数据库的逻辑结构是相互独立的，也就是说，虽然数据的逻辑结构改变了，但用户程序可以不变。数据与程序分离，加之数据的存取由 DBMS 负责，大大简化了应用程序的开发与设计，减少了应用程序的维护和修改。

数据独立性是由数据库系统二级映像功能来保证的。这个问题将在下节讨论。

(7) 数据由 DBMS 系统统一管理。DBMS 是一个系统软件，称为数据库管理系统，它是数据库系统得以实施的核心软件。DBMS 支持超大数据的长时间存储，允许用户使用专门的数据定义语言建立新的数据库，并说明它们的模式(schema)，使用合适的查询语言或数据操作语言对数据进行更新和查询，提供数据安全性保护、数据完整性检查、并发控制和数据恢复等功能。

1.3 数据库系统的模式结构

数据库产品很多，它们支持不同的数据模型，使用不同的数据库语言，建立在不同的操作系统上，数据的存储结构也各不相同，但在逻辑结构上具有相同的特征，即三级数据模式和两级映像，这种逻辑结构保证了数据库中的数据具有较高的物理独立性和逻辑独立性。

1.3.1　三级模式

数据库系统的三级模式是指数据库系统由模式、外模式和内模式三级组成。数据库的三级模式反映了不同人员看待数据的不同角度，如图 1.9 所示。

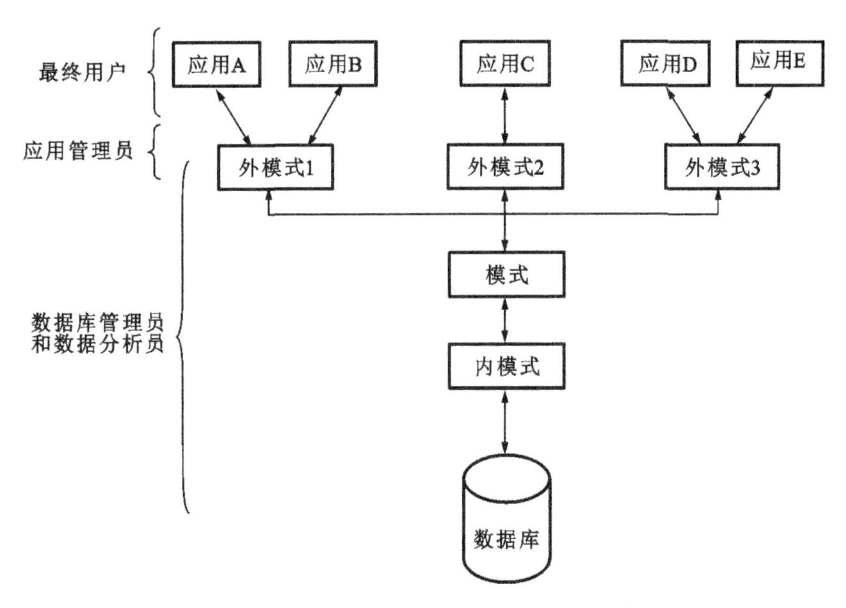

图 1.9　数据库系统的三级模式及两级映像

1. 模式

模式(schema)也称为逻辑模式，是对数据库中的全体数据的逻辑结构和特征的描述，是所有用户的公用数据视图。模式处于数据库系统模式结构的中间层，既不涉及数据的物理存储细节和硬件环境，又与具体应用程序无关。一个数据库只有一个模式。数据库模式统一综合考虑了所有用户的需求，并将这些需求有机地结合成一个逻辑整体。定义模式时不仅要定义数据的结构，例如数据记录由哪些数据项构成，数据项的名字、类型、取值范围等，而且还要定义数据之间的联系，定义与数据有关的安全性、完整性要求。一般 DBMS 都提供模式描述语言(模式 DDL)来严格定义模式。

逻辑模式处于数据库三级模式的中心和关键，它独立于数据库的其他层次，设计数据库模式结构时应首先确定数据库的逻辑模式。

2. 外模式

外模式(external schema)也称为子模式或用户模式，是数据库用户(包括程序员和最终用户)能够看见和使用的局部数据的逻辑结构和特征的描述，是与某一应用有关的数据的逻辑表示。外模式通常是模式的逻辑子集，一个数据库可以有多个外模式，如果用户在应用需求、看待数据的方式、对数据保密的要求等方面存在差异，则其外模式的描述是不同的。同一外模式可以为某一用户的多个应用系统所使用，但一个应用程序只能使用一个外模式。定义外模式可以减少应用程序对全局性数据结构的依赖，让应用程序只和局部数据结构相关，从而可以增强数据的安全性和共享性。DBMS 中提供外模式描述语言(外模式 DDL)来严格定义外模式。

数据库的外模式面向具体的应用程序，它定义在模式基础上，但独立于存储模式和存储设备。只当应用需求发生很大变化，相应的外模式不能满足其要求时，才对外模式做相应的修改。

3. 内模式

内模式(internal schema)也称为存储模式，它是数据物理结构和存储方式的描述，是数据在数据库内部的表示方式。数据的存储方式有顺序存储、链式存储、索引存储、散列存储等。一个数据库只有一个内模式，DBMS 中提供内模式描述语言(内模式 DDL)来严格定义内模式。

数据库的内模式依赖于它的全局逻辑结构即模式，但独立于数据库的用户视图即外模式。内模式的设计目标是保证物理存储设备有较好的时间和空间效率。

1.3.2 两级映像

数据库的三级模式是对数据的三个级别的抽象，给不同人员提供了不同的看待数据库中数据的方式。为了能够在内部实现这三个抽象层次的联系和转换，DBMS 在这三级模式之间提供了两级映像，即外模式-模式映像和模式-内模式映像。正是这两级映像保证了数据库系统中的数据具有较高的逻辑独立性和物理独立性。

1. 外模式-模式映像

在数据库系统中，模式可以有多个外模式，每个外模式都有一个外模式-模式映像，它定义了该外模式与模式之间的对应关系。外模式-模式映像是通过对外模式的定义实现的，即在用 DBMS 的外模式定义语言定义外模式时，该外模式的外模式-模式映像即已建立。

外模式-模式映像保证了数据库系统中的数据具有较高的逻辑独立性。当模式发生改变时，如增加新的关系、新的属性或改变属性的数据类型时，可以由数据库管理员对外模式-模式映像做相应修改，即修改对外模式的定义，而外模式本身的逻辑结构并不改变，由于应用程序是针对外模式编写的，从而可以保证应用程序不用修改。

2. 模式-内模式映像

模式-内模式映像定义了数据库的全局逻辑结构与存储结构之间的对应关系，它是通过对模式的定义实现的，即在用 DBMS 的模式定义语言定义模式时，模式-内模式映像即已建立。

模式-内模式映像保证了数据库系统中的数据具有较高的物理独立性。当数据库中的数据的存储结构发生变化时，可以由数据库管理员对模式-内模式映像做相应修改，而不用修改模式，更不用修改应用程序。

1.3.3 三级模式的作用

数据库的三级模式和两级映像把数据库分成为不同层次的视图，使不同类型的人员可以从不同的角度看待数据库中的数据。最终用户和程序员关心的是与自己应用有关的局部数据，面对的是外模式，他所看到的部分称为外部视图；数据库管理员关心的是数据库的全局逻辑结构，面对的是模式，他所看到的部分是称为概念视图；系统管理员关心的是各个数据库及其他文件在系统中的存储和管理，面对的是存储模式，他看到的部分称为内部视图。

数据库的三级模式为基于数据库的应用系统开发提供了极大方便。应用程序是在外模式描述的数据结构上编写的，两级映像保证了外模式的稳定性，从而从底层保证了应用程序的稳定性，除非应用需求本身发生了变化，应用程序一般不做修改。由于数据的存取由 DBMS 管理，程序员在编写应用程序时不需要考虑数据的存取路径、数据和数据项的定义等细节，从而大大减少了应用程序的编写和维护的工作量。

图 1.9 所示的是数据库系统的三级模式及两级映像,以及不同人员看到的数据库视图。

1.4　数 据 模 型

数据模型是一组描述数据、数据之间的联系、数据的语义和完整性约束的概念工具的集合。很多数据模型还包括一个操作集合。这些操作用来说明对数据库的存取和更新。数据模型是数据库系统的重要基础,它决定了数据库系统的结构、数据定义语言和数据操纵语言、数据库设计方法、DBMS 软件的设计与实现。

1.4.1　数据模型的概念、分类及构成

1. 概念

模型是对现实世界特征的模拟和抽象,它可以帮助人们描述和了解现实世界。人们可以将现实世界的事物抽象为模型,同时,看到模型,人们就能想象现实世界的事物。数据模型(data model)也是一种模型,它是现实世界数据特征的抽象,设计数据库系统时,一般要先以图或表的形式抽象地反映数据彼此之间的关系,这称为建立数据模型。数据模型的作用是用高度抽象的方法表示数据之间的联系,它既能帮助人们认识现实世界,又能使数据在计算机中予以表示和处理。现有的数据库系统都是基于某种数据模型的。

数据模型应满足三方面要求,一是能比较真实地模拟现实世界,二是容易为人所理解,三是便于在计算机上实现。

2. 三个领域

现实世界的事物要在计算机中得以表示和处理,一般要经过两个阶段的抽象,即从现实世界到信息世界的抽象,再从信息世界到机器世界的抽象。为了能够很好地理解数据模型,下面先介绍这三个领域。

(1) 现实世界。

现实世界由组织本身的组成对象以及组织所处的环境组成。任何一个组织都必须通过内部的各种活动及与外界交往的各种活动来实现自己的目标,这些活动涉及人员、资金、物品、事件等多种因素,它们错综复杂,并产生大量的原始数据。

(2) 信息世界。

信息世界是现实世界在人脑中的反映,它收集、整理现实世界的原始数据,找出数据之间的联系和规律,并用形式化方法表示出来,实现人与人之间的信息交流。信息世界最主要的特征是可以反映数据之间的联系。

(3) 机器世界。

机器世界是数据在计算机上的表示,这些数据必须具有自己特定的数据结构,能反映信息世界中数据之间的联系。计算机能对这些数据进行处理,并向用户展现经过处理后的数据。

3. 数据模型的分类

在数据库系统中,针对不同的使用对象和应用目的,往往采用不同的数据模型。根据模型

应用的不同目的，可以将这些模型划分为两类，它们分属于两个不同的层次。

第一类模型是语义数据模型，也称为概念模型。它面向现实世界，按用户的观点来对数据和信息建模，强调语义表达能力，建模容易、方便，概念简单、清晰，易于为用户所理解，是从现实世界到信息世界的第一层抽象，是用户和数据库设计人员之间进行交流的语言。常用的语义数据模型有实体联系模型（E-R 模型）、面向对象模型等。

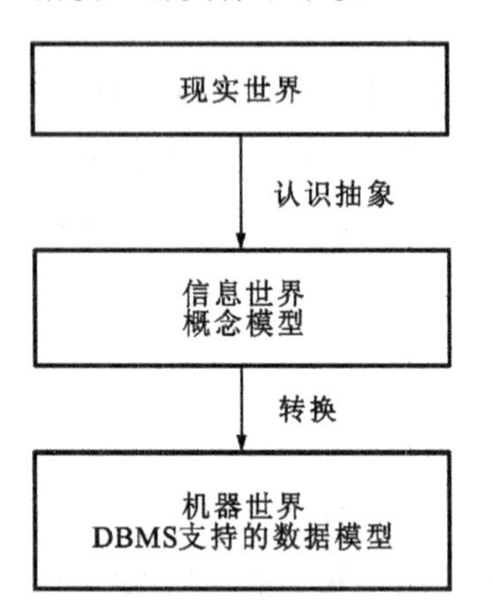

图 1.10　对现实世界的抽象过程

第二类模型是经典数据模型，也称为数据模型。它是一种基于记录的模型，主要包括网状模型、层次模型、关系模型等。经典数据模型是面向机器世界的，它按计算机系统的观点对数据建模，一般与实际数据库对应，例如层次模型、网状模型、关系模型分别与层次数据库、网状数据库、关系数据库对应，可在机器上实现。这类模型有更严格的形式化定义，常需加上一些限制或规定。经典数据模型是数据库系统的核心和基础。在各种机器上实现的 DBMS 软件都是基于某种经典数据模型的。

为了把现实世界中的具体事物抽象、组织为某一种 DBMS 支持的数据模型，人们首先把现实世界中的客观对象抽象为某一种信息结构，用概念模型表示，然后把概念模型转换为计算机上某一种 DBMS 支持的数据模型。这一过程如图 1.10 所示，它反映了不同领域与数据模型之间的关系。设计数据库系统时，通常利用第一类模型做初步设计，之后按一定方法将其转换为第二类模型，再进一步设计系统的数据库结构。

4. 数据模型的构成元素

一个数据模型应该能够精确描述系统的静态特性、动态特性和完整性约束，因此数据模型通常包括数据结构、数据操作和数据的约束条件三部分内容。

(1) 数据结构。

数据结构描述的是数据库中的数据的组成、特性及其相互间的联系。在数据库系统中，通常按数据结构的类型来命名数据模型，如层次结构、网状结构和关系结构的模型分别命名为层次模型、网状模型、关系模型。

(2) 数据操作。

数据操作是指对数据库中各种对象的实例允许执行的操作的集合，包括操作及有关的操作规则。数据库的操作主要有检索和维护（包括录入、删除和修改）等两大类操作。数据模型要定义这些操作的确切含义、操作符号、操作规则及实现操作的语言。数据结构是对系统静态特性的描述，数据操作是对系统动态特性的描述。

(3) 数据的约束条件。

数据的约束条件是指数据完整性规则的集合，它给定数据模型中数据及其联系所具有的制约和依存规则，用于限定符合数据模型的数据库状态及其变化，以保证数据的完整性。

1.4.2　实体联系模型

实体联系模型（entity-relationship model）是一种概念模型，由 P.PS.Chen 于 1976 年提出。实体联系模型用于信息世界的建模，是现实世界到信息世界的抽象。

1. 信息世界的基本概念

要理解实体联系模型，首先必须了解以下几个概念。

(1) 实体(entity)。

现实世界中可相互区别的能被人们识别的事、物和概念称为实体。实体可以是实实在在的物体，也可以是抽象的概念或联系。例如，一个员工、一个部门、一门课程、一次考试等都是实体。

(2) 实体集(entity set)。

具有相同性质(称为属性)的实体的集合称为实体集。例如，全体员工(所有员工的集合)就是一个实体集。实体集员工的数学表示为

$$ES=\{e \mid e \text{ 是员工}\}$$

在实体集中，实体的共性称为型，具体的实体称为值。通常将实体集简称为实体。

(3) 属性(attribute)。

实体集中各个实体所具有的描述性的性质称为实体的属性，例如实体集员工的属性有员工号、姓名、性别、年龄等。一个具体的实体的一个属性由属性名和属性值组成，如李红的"性别"(属性名)为"女"(属性值)。

(4) 属性的域(domain)。

属性的取值范围称为属性的域。例如，属性"年龄"的域为0～150的整数，"性别"的域为{男，女}。

(5) 码(key)。

唯一标识实体集中的一个实体，又不包含多余属性的属性集称为码，如实体"员工"的码为"员工号"。实体的一个重要特性是能唯一标识。例如，一只蚂蚁能不能作为一个实体主要是看能不能找到一个码将这只蚂蚁与另一只蚂蚁区别开来。

(6) 联系(relationship)。

联系是指实体与实体之间的关系。一般来说，实体与实体之间的联系有以下三种。

①一对一联系(1∶1)。若对于实体集 A 中每一个实体，实体集 B 中至多只有一个实体与之联系；相应地，对于实体集 B 中每一个实体，实体集 A 中也至多只有一个实体与之联系，则称实体集 A 与实体集 B 之间具有一对一联系，记为1∶1。

例如，一个部门只有一个经理，一个经理只能在一个部门任职，则部门与经理之间具有一对一的联系。

②一对多联系(1∶N)。若对于实体集 A 中的每一个实体，实体集 B 中有 N 个实体($N\geqslant 0$)与之联系；而对于实体集 B 中的每一个实体，实体集 A 中至多只有一个实体与之联系，则称实体集 A 与实体集 B 有一对多的联系，记为1∶N。

例如，一个部门有若干员工，而一个员工只能属于一个部门，则部门与员工之间具有一对多的联系。

③多对多联系(M∶N)。若对于实体集 A 中的每一个实体，实体集 B 中有 N 个实体($N\geqslant 0$)与之联系，反过来对于实体 B 中的每一个实体，实体集 A 中有 M 个实体($M\geqslant 0$)与之联系，则称实体集 A 与实体集 B 之间存在多对多联系，记为 M∶N。

例如，一个员工可以参与多个工程，一个工程可以有多个员工参与，则员工与工程之间具有多对多的联系。

可以用图形来表示两个实体之间的三种联系，如图 1.11 所示。

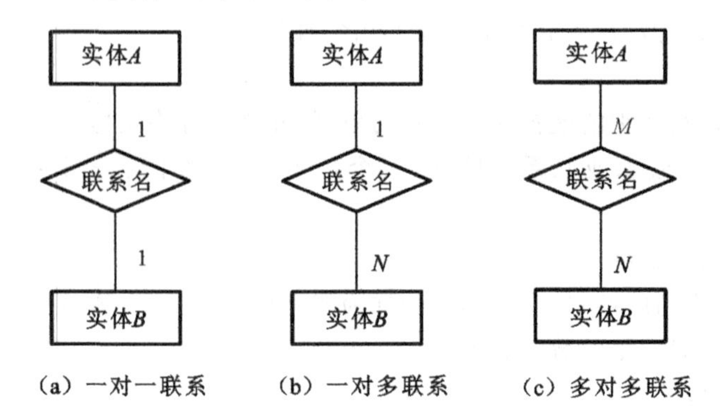

图 1.11　实体之间的三种联系

2. 实体联系模型的表示方法

一般用 E-R 图来表示实体联系模型。在 E-R 图中，常用的符号有以下几种。

(1) 矩形：表示实体，在矩形框内写上实体的名称。

(2) 菱形：表示实体间的联系，在菱形框内写上联系的名称。

(3) 无向边：把菱形和有关实体连接起来，在无向边的旁边标上 1、M、N、P 等表示联系的类型。

(4) 椭圆形：表示实体或联系的属性，在椭圆内写上属性的名字。

例如，在一个企业工程管理系统中，存在公司、部门、员工、工程等实体，实体“公司”的属性有公司号、公司名，实体“部门”的属性有部门号、部门名，实体“员工”的属性有员工号、姓名、性别，实体“工程”的属性有工程号、工程名。实体间的关系有：一个公司可以承接多个工程，一个工程可以被多个公司共同承接；一个公司有多个部门，一个部门只能属于一个公司；一个部门有多个员工，一个员工只能属于一个部门；一个员工可以参与多个工程，一个工程可以有多个员工参与。联系“承接”的属性有工程量，联系“参与工程”的属性有酬金，则该系统的 E-R 图如图1.12所示。

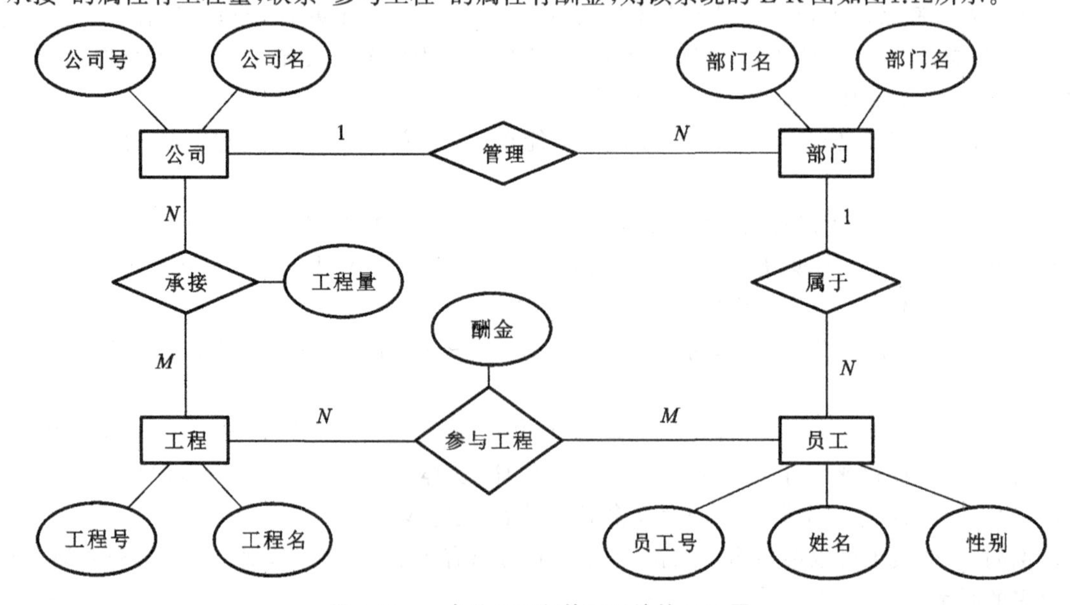

图 1.12　一个公司工程管理系统的 E-R 图

又如，在一个教学管理系统中，存在系、班级、老师、课程和学生等实体，实体“系”的属性有系号、系名；实体“班级”的属性有班级号、班级名，实体“老师”的属性有职工号、姓名，实体“课程”的属性有课程号、课程名；实体“学生”的属性有学号、姓名、性别；系与班级、系与老师、系与课程和班级与学生之间都是一对多的联系，老师与课程、学生与课程之间是多对多的联系，则该系统的 E-R 图如图 1.13 所示。

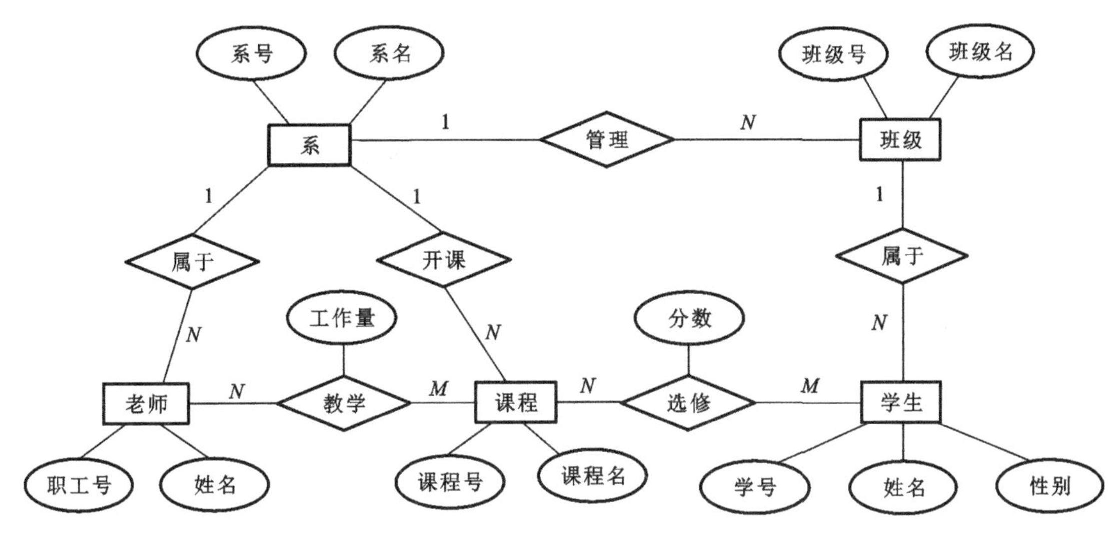

图 1.13　一个教学管理系统的 E-R 图

3. 几点说明

(1) 某些联系也具有属性。例如，联系“参与工程”有属性酬金，它既非工程所独有，也非员工所独有，是某一员工参与某一工程后产生的属性，是一个多对多的联系的属性。

(2) 有时三个或三个以上的实体也可以产生联系。例如，供应商、工程、零件三个实体间是 $M:N:P$ 联系，即每个供应商可以供应多个工程多个零件，每个工程可以使用多个供应商供应多个零件，每个零件可以由多个供应商供应，参与多个工程，供应商、工程和零件三者之间是多对多的联系，其 E-R 图如图 1.14所示。

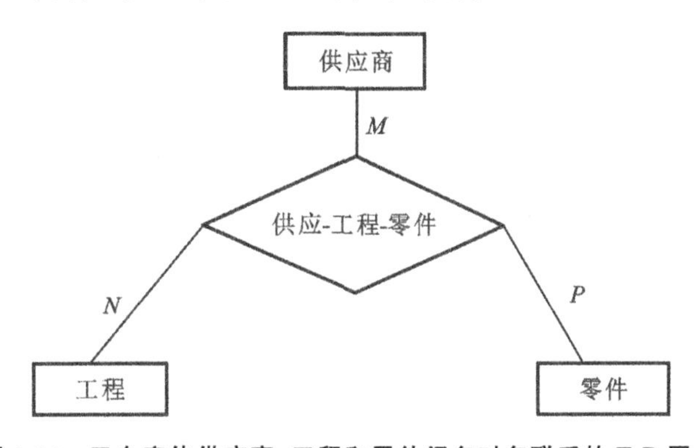

图 1.14　三个实体供应商、工程和零件间多对多联系的 E-R 图

(3) E-R 图还可以表示一个实体内部一部分成员与另一部分成员间的联系。例如，在一个班级中，班长和一般学生都是学生，但班长和一般学生间存在一对多的联系，即一个班长可以管理多个学生，但一个学生只能由一个班长管理，这类联系称为自回路联系，如图 1.15 所示。

(4) E-R 图也可以表示两个实体间的多类联系。例如，在员工与工程的关系中，一个员工可以参与多个工程，一个工程可以有多个员工参加，所以员工与工程的“参与”联系是多对多的联系；一个员工可以负责多个工程，一个工程只能由一个员工负责，所以员工与工程的“负责”联系是一对多的联系。这样员工与工程存在两种联系，如图 1.16 所示。

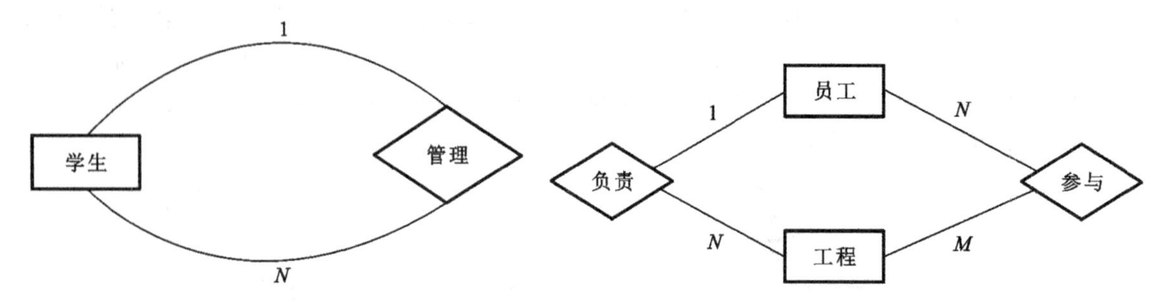

图 1.15　自回路联系的 E-R 图示例　　图 1.16　表示两实体员工和工程间的多种联系的 E-R 图

从以上分析可知，实体联系模型表述简单，与现实世界较接近，但是这种表示无法直接建立机器上的存储结构，因此还要将它转化成为某一种经典数据模型。

1.4.3　关系模型

1970 年，美国 IBM 公司 San Jose 研究室的研究员 E. F. Codd 首次提出数据库的关系模型，开始了关系数据库理论的研究。关系数据库的提出是对数据库技术的一个重大突破，引发了数据库技术的一场革命。

关系模型是目前最重要的一种数据模型。关系数据库系统就是采用关系模型作为数据的组织方式的。关系模型用二维表（即集合论中的关系）来表示实体和实体间的联系，是经典数据模型中建模能力最强的一种，对于各种类型数据联系都可以描述。关系模型以关系理论为基础，有严密的数学理论支持，是当今实用数据库系统的主流数据模型。目前流行的 DBMS，如 DB2、Oracle、Informix、Sybase、SQL Server 等全都是关系数据库管理系统。

1. 关系模型的数据结构

从用户观点来看，关系模型中数据的逻辑结构就是一个二维表，每个表都有一个唯一的名字。表由行和列组成，表中的一行代表的是一系列值之间的联系，一个表就是这种联系的一个集合。表与数学上的关系是密切相关的，这正是关系数据库名称的由来。表 1.1 所示的是一个公司人事管理系统中的员工表。下面以这个表为例介绍关系模型的基本概念。

表 1.1　关系数据库中的二维表

员工号	姓名	性别	家庭住址	进入公司时间	所属部门
201705	谭林	男	南区 6＃	2017-12-02	人事部
201009	孙斌	男	北区 6＃	2010-04-20	研发部
201010	计策	男	南区 6＃	2010-09-15	外事部
201101	苏红	女	北区 1＃	2011-06-09	研发部
⋮	⋮	⋮	⋮	⋮	⋮

（1）元组（tuple）。

二维表中的一行即为一个元组，它描述一个具体实体，在关系数据库中称为记录。例如，

(201705,谭林,男,南区6#,2017-12-02,人事部)就是一个元组。

(2) 属性(attribute)。

二维表中的一列即为一个属性,给每一个属性起的一个名称即为属性名。属性在关系数据库中也称为数据项或字段。例如,员工表有6列,对应6个属性(员工号,姓名,性别,家庭住址,进入公司时间,所属部门)。

(3) 码(key)。

二维表中能唯一标识一个元组的属性或属性集的称为码,或称为关键字。例如,员工表中的员工号可以唯一确定一个员工,所以员工号是该表的码。

(4) 域(domain)。

属性的取值范围称为属性的域。例如,人的年龄一般为1～150岁,性别的域是{男,女},部门的域是一个包含所有部门的集合。

(5) 关系(relation)。

元组的集合称为关系。它描述一个实体集中的各个实体。关系在关系数据库中也称为表。例如,表1.1所示的员工表就是一个关系。

(6) 关系模式。

关系模式是对关系的描述,一般形式为

关系名(属性1,属性2,…,属性 n)

例如,员工表的关系模式可以表示为

员工(员工号,姓名,性别,进入公司时间,所属部门)

(7) 关系数据库模式。

在关系数据库系统中,实体以及实体之间的联系都是用关系来表示的,一个关系数据库中有多个关系模式,关系模式的集合构成关系数据库模式。例如,一个公司的项目管理系统有以下三个关系模式:

①员工(员工号,姓名,性别,进入公司时间,所属部门);

②工程(工程号,工程名,工程开始时间);

③参与工程(员工号,工程号,工作量)。

它们反映了员工与工程两个实体以及员工与工程之间的多对多的联系,可以描述一个员工参与工程的管理系统,其中员工关系和工程关系分别对应员工实体和工程实体,而参与工程关系对应员工与工程之间的多对多的联系。

2. 关系模型的数据操作与完整性约束

关系模型的数据操作主要包括查询、插入、删除和修改数据等,这些操作必须满足关系的完整性约束条件。关系的完整性约束条件包括三大类,即实体完整性、参照完整性和用户定义的完整性。

关系模型中的数据操作是集合操作,操作对象和操作结果都是关系,即若干元组的集合,而不像非关系模型中那样是单记录的操作方式。另一方面,关系模型把存取路径向用户隐蔽起来,用户只要指出“做什么”,不必详细说明“怎么做”,从而大大地提高了用户的操作效率。

3. 关系模型的数据存储结构

在关系模型中,实体及实体间的联系逻辑结构都用二维表来表示。在数据库的物理组织中,表以文件形式存储,有的系统一个表对应一个操作系统文件,有的系统自己设计文件结构。

本书以介绍关系数据库为主，有关关系模型将在以后章节做更多的讲解。

1.4.4 层次模型

层次模型和网状模型都是较早出现的数据模型。当前基于关系模型的 DBMS 占据了主要位置，但是考虑到层次模型和网状模型的历史地位，以及它们在一些机器上仍有应用，也为了做到学习的系统性，这里对它们做一些介绍。

层次模型是最早出现的数据模型。1968 年，IBM 公司推出了世界上第一个基于层次模型的 DBMS——信息管理系统(information management system，简称 IMS)。

1. 模型结构

层次模型用树形结构表示各类实体以及实体之间的联系，树中的结点满足以下两个条件：

(1) 有且仅有一个结点，没有双亲结点，这个结点称为根结点；

(2) 根以外的其他结点有且仅有一个双亲结点。

在层次模型中，每个结点表示一个记录类型，它对应实体联系模型中的实体；每个记录类型包含若干字段，它表示实体中的属性。记录类型及其字段都必须命名，各个记录类型不能同名，同一记录类型的各个字段也不能同名。父、子结点之间用直线(有向边)相连，它们是一对多的联系，同一双亲的子结点称为兄弟结点，没有子结点的结点称为叶子结点，没有双亲的结点称为根结点。

图 1.17(a)所示的是一个高校院系管理系统的层次模型。图中有四个记录类型，系是根结点，老师、课程是叶子结点，它们之间互为兄弟结点，教研室是系的子结点，同时也是老师、课程的双亲结点。系与教研室、教研室与老师、教研室与课程之间都是一对多的联系。如果考虑每个记录类型的字段，则该数据模型可用图 1.17(b)表示。

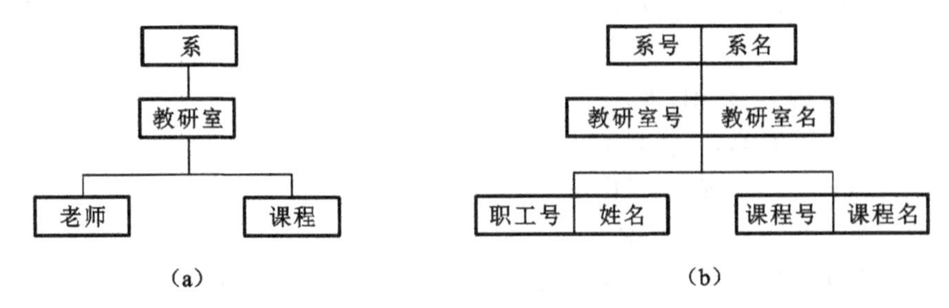

图 1.17 层次模型结构示例

图 1.18 所示的是该层次模型对应的一个值。该值是 D01 系(系名为计算机)记录值及其所有后代记录值组成的一棵树。D01 系有两个教研室子记录值 R01、R02；R01 教研室有三个老师子记录值 T01、T02、T03，两个课程子记录值 C01、C02；R02 教研室有两个老师子记录值 T04、T05，两个课程子记录值 C03、C04。层次模型中的根结点的每个记录值及其所有子结点的相关记录值都构成一棵树，它们是层次数据库中的一个存储单位。

对于层次模型还需做以下说明。

(1) 层次模型中的树为有序树，规定树中任一结点的所有子树的顺序都是从左到右的，这一限制隐含了对层次模型数据库的存取路径的一种控制。

(2) 树中实体间的联系是单向的，即由父结点指向子结点，而且一对父子结点不存在多于一种的联系。这一规定限制了两个实体间可能存在的多种联系的建模。

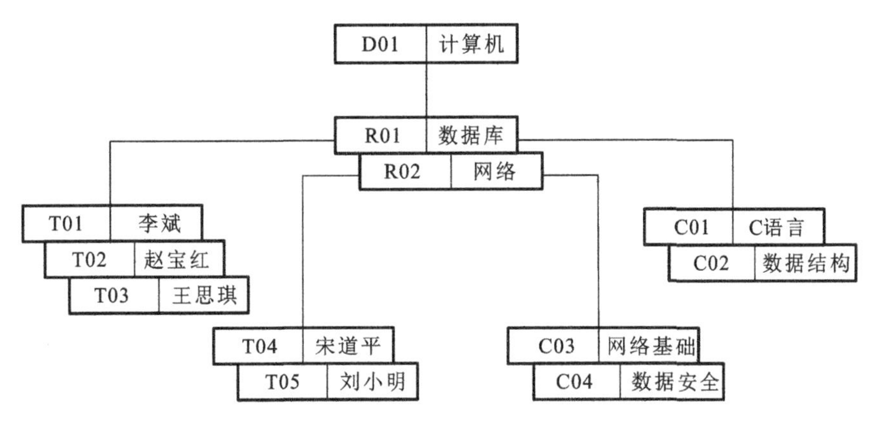

图 1.18　层次模型的一个值

(3) 层次模型中的联系只能是双亲结点对子结点的一对多的联系。这一规定限制了层次模型对多对多联系的直接表示。

(4) 结点所表示的记录类型的任何属性都是不可再分的简单数据类型,即具有原子性。

2. 多对多联系在层次模型中的表示

在层次模型中,怎样表示多对多的联系呢? 用层次模型表示多对多的联系时,必须首先将其分解成一对多的联系。分解的方法有冗余结点法和虚拟结点法两种。冗余结点法就是增加两个结点,将多对多的联系转换成两个一对多的联系。虚拟结点法就是将冗余结点法中的冗余结点换为虚拟结点,这个结点存放指向该虚拟结点所代表的结点的指针。

假如在图 1.19(a)中,课程与学生之间都是多对多的联系,即一个学生可以选修多门课程,一门课程可以为多个学生所选修。图 1.19(a)所示的是表示课程与学生之间联系的 E-R 图;图 1.19(b)所示的是引入冗余结点,用两个一对多的联系表示课程与学生之间的多对多的联系;图 1.19(c)所示的是用虚拟结点代替原来的结点。

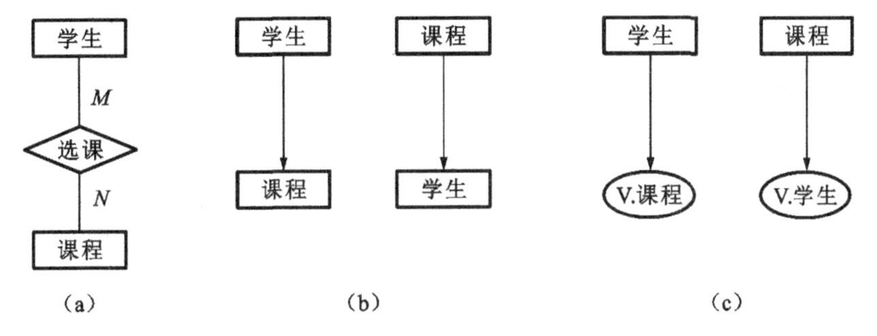

图 1.19　在层次模型中表示多对多的联系

3. 实体联系模型转换成层次模型的方法

实体联系模型转换成层次模型的方法有两个步骤:第一步是去掉 E-R 图中所有的一对多联系的菱形及其相关边,直接用直线相连;第二步,对于多对多的联系,去掉菱形及其相关边,增加两个冗余结点或虚拟结点,用直线将原来的两个结点与新增结点或虚拟结点相连接,新增结点或虚拟结点的名字与原结点名字交叉对应。图 1.20 所示的是将图 1.13 所示的 E-R 图转换成的层次模型。

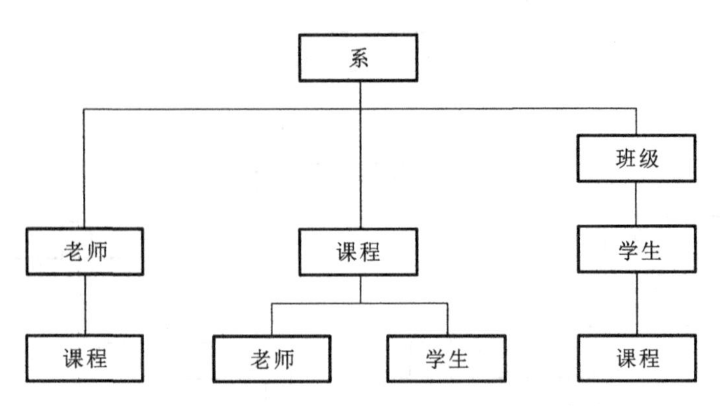

图 1.20　将图 1.13 所示的 E-R 图转换成的层次模型

1.4.5　网状模型

网状模型也是较早出现的一种数据模型，其典型代表是 DBTG 模型。

1. 模型结构

网状模型图形结构表示各类实体以及实体之间的联系，它是比层次模型更具普遍性的一种数据模型，可以更直接地描述现实世界。层次模型实际上是网状模型的一个特例。

广义的网状模型结构比较简单，它以矩形代表记录类型，实体间用两端带箭头的线相连，单箭头指向一方实体，双箭头指向多方实体，这种带箭头的连线可以表示实体与实体之间的联系。例如，图 1.13 所示的 E-R 图用网状模型表示如图 1.21 所示。

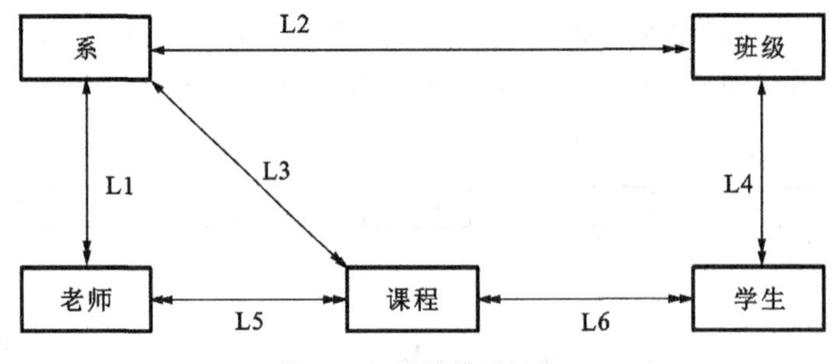

图 1.21　网状模型结构

网状模型去掉了层次模型的两个限制，允许多个结点没有双亲结点，允许结点有多个双亲结点。此外，它还允许两个结点之间有多种联系（称为复合联系）。因此，网状模型可以用图表示，图的结点表示实体（记录类型），结点间的连线表示实体之间的联系。由于网状模型中子结点与双亲结点的联系不是唯一的，因此要为每个联系命名，并指出与该联系有关的双亲记录和子记录。

2. DBTG 模型

广义网状模型在机器上仍无法实现，实际广泛使用的是 DBTG 模型。DBTG 模型是网状模型的典型代表，它是在 1971 年由美国数据系统语言会议（Conference of Data System Language，简称 CODASYL）组织的下属机构数据库任务组（Database Task Group，简称 DBTG）提出的。DBTG 模型提出的基本概念、方法和技术具有普遍意义，对于网状数据库系统的研制和发展产生了重大的影响，后来不少的系统都采用 DBTG 模型或简化的 DBTG 模型。

DBTG 模型包括两个基本构件，即记录类型和系类型。前者描述实体，后者描述实体间的联系。以它们为基础，按照一定的规则可构造出网状模型来描述现实世界中的实体及实体之间的联系。

记录类型是具有相同结构的一组记录的框架，是记录的型，相当于一个二维表的表头结构，它允许组项和向量。系类型是由以记录类型为结点构成的一棵二级树，树根记录类型称为系主，叶结点记录类型称为成员，这个树结构称为系类型。系主由多条记录组成，每条记录和子结点中的许多成员记录各构成一棵树，称为一个系值。这些系在实际存储时采用多种形式的链接实现数据之间的联系。DBTG 模型的构成规则可归纳如下。

(1) 一个记录类型可以参与多个系的组成，即它可为多个系的系主记录，也可为多个系的成员记录，还可以既是一些系的系主记录同时又是另一些系的成员记录。

(2) 任意两个记录类型之间可以定义多个系类型，可以表示两个实体之间的多种联系。

(3) 系主记录类型与成员记录类型之间只能是一对多的联系，不能实现多对多联系的直接模拟。

(4) 在任何系中，一个成员记录值最多只对应一个系主记录值，即它不能属于同一系类型的不同系值。

(5) 记录类型的属性可为非原子型的，即记录的属性不再限于不可再分的数据项，而且可为数组、组项和重复组等。

(6) 允许一个系只有成员记录型而无系主记录型，其系主是系统本身。

(7) 不允许一个系的系主记录型是成员记录型，即不允许自回路存在。

3. 实体联系模型转换成 DBTG 模型的方法

实体联系模型转换成 DBTG 模型的方法有两个步骤：第一步是将实体联系模型转换成广义网状模型，即将 E-R 图中的所有菱形及相关的无向连线改为箭头线，一对多的联系改为一边为箭头、一边为双箭头的箭头线，多对多联系改为两边都是双箭头的箭头线，原有的矩形不变；第二步是根据应用需要设计“系”结构，所有的一对多的联系自成为一个系，对于多对多的联系和自回路则做以下处理。

(1) 将多对多联系转换为 DBTG 网状结构。

将多对多联系转换为 DBTG 网状结构的方法是，重新再引入一个记录类型，称为联系记录类型。这个被引入的联系记录类型可以恰当地命名，然后按下述方法构造出两个 DBTG 系类型：将原具有多对多联系的两个记录类型分别作为系主记录类型，而被引入的中间联系记录类型同时作为两个系的成员记录类型，这样就获得了符合 DBTG 规则的多对多的等效表示。例如，记录类型学生与记录类型课程之间是多对多的联系，引入一个新的联系记录类型，并将它命名为“选课”，学生与选课、课程与选课分别构成两个系，分别命名为 s-g 系和 c-g 系，学生和课程分别为这两个系的系主，选课同时为这两个系的成员，学生与选课、课程与选课都是一对多的联系，如图 1.22 所示。图 1.22(a)所示的是学生与课程之间的多对多的联系，是广义网状模型，图 1.22(b)所示的是 DBTG 模型。

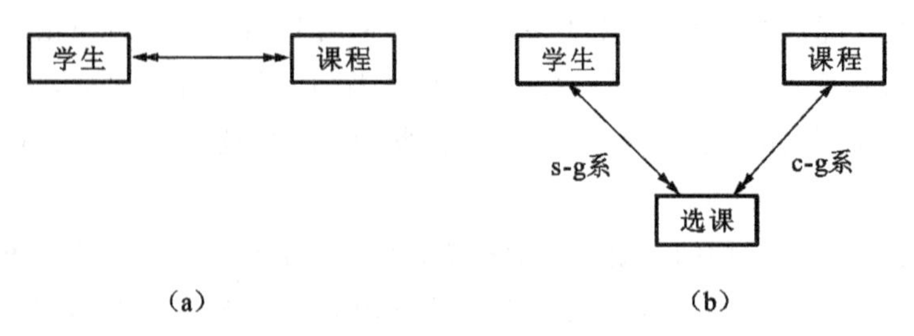

图 1.22　多对多联系转换成 DBTG 结构

(2) 将自回路转换为 DBTG 网状结构。

将自回路转换为 DBTG 网状结构的方法是，重新引入一个中间记录类型，称为联系记录类型，给这个被引入的联系记录类型恰当地命名。如果自回路是一对多的联系，就构造出一个 DBTG 系类型，这个系类型的系主是原记录类型，成员是引入的记录类型。例如，对于图 1.23 (a)所示的学生自回路，学生与学生之间是一对多的关系，一个学生干部可以领导多个学生，但一个学生只能被一个学生干部领导，为把它转换成合法的 DBTG 结构，引入命名为“领导”的中间记录类型，以学生为系主，以领导为成员，构造出如图 1.23(b)所示的一个系。

如果自回路是多对多的联系，则因为 DBTG 模型允许在两个记录类型间定义多个系类型的条件，所以可以引入一个中间记录类型，将原记录类型作为系主，将引入的记录类型作为成员，构造出它们之间的两个 DBTG 系。例如，图 1.24(a)所示的零件自回路中，零件与零件之间是多对多的联系，为把它转换成 DBTG 结构，引入命名为“构件”的中间记录类型，以零件为系主，以构件为成员，构造出两个系，其中第一个系命名为“组成”，第二个命名为“装配”，如图 1.24(b)所示。

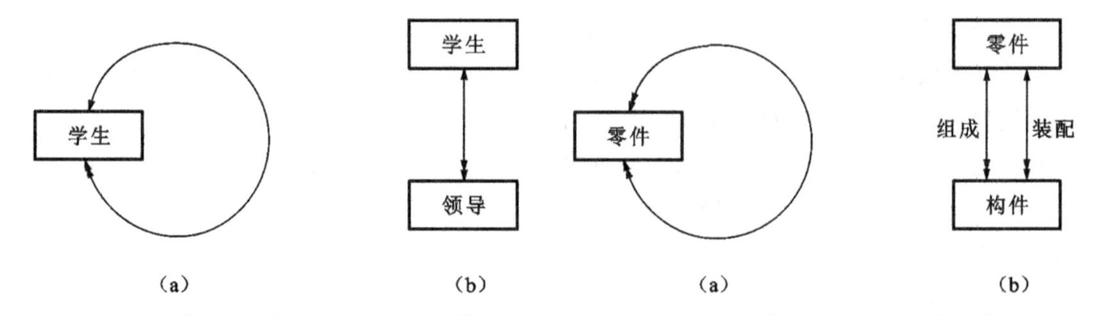

图 1.23　一对多自回路到 DBTG 结构的转换　　**图 1.24　多对多自回路到 DBTG 结构的转换**

以上分别对三大经典数据模型做了介绍，下面在表 1.2 中简单比较一下这三种经典数据模型的优缺点。

三种经典数据模型的共同点是面向机器(尽管程度不同)，它们所考虑的主要是存取数据的效率，强迫用户按照一组基本面向机器的非自然的结构来操作数据，用户的友好性差。它们对现实世界复杂的数据类型、复杂的联系不能很好地进行有效的描述和定义。这样，数据模型的研究一方面是将经典数据模型加以组合完善，例如层次-关系模型、关系-网状模型等；另一方面是在经典数据模型的基础上，朝着更高一个层次的语义数据模型的方向发展。

表1.2 三大经典数据模型优、缺点对比表

经典数据模型	优 点	缺 点
关系模型	(1) 概念单一,无论实体还是实体之间的联系都用关系表示,结构简单,用户易学易用。 (2) 用户界面友好,易用性最佳。关系DBMS提供的SQL语言,是一种非过程化程度很高的语言,对于那些不善于程序设计的人来说,使用起来也是很方便的。 (3) 支持数据库的重构(如视图)。 (4) 具有严密的数学基础。 (5) 与一些谓词逻辑在理论上有密切联系,易于开发为演绎数据库。 (6) 关系模型的存储路径对于用户是透明的,所以具有更好的数据独立性和安全保密性	(1) 运行效率不高。由于具有较高的数据独立性,因而不得不把大量的运行时间浪费在存于文件中的数据与给定的关系模式之间的映射上,同时为保持关系模式的规范化需要而将关系模式进行分解,这样当检索时就需要较多的时间去执行一系列的连接操作。 (2) 不直接支持层次结构,因此不直接支持如概括(generalization)、聚合(aggregation)等概念的建模,这样不适于管理复杂对象,语义的建模能力也很弱
层次模型	(1) 能直接模拟现实世界中许多具有自然层次结构的应用,能支持直接对概括、聚合等概念的建模。 (2) 运行效率较高	(1) 用户界面不够友好,层次数据库操作非过程化程度低。 (2) 不能直接表达多对多联系,而且对多对多联系的建模转换会导致物理存储上的冗余和数据的不一致。 (3) 数据独立性较差。 (4) 基本不具备操作的代数基础和演绎功能
网状模型	(1) 与层次模型相比,由于引入了联系记录型,易于表达多对多的联系关系。 (2) 具有一定的数据独立性和共享特性。 (3) 运行效率高	(1) 用户界面不够友好,其操作语言非过程化程度低,用户需介入过多的低层细节。 (2) 结构复杂,增加了用户查询时的记录定位的困难。 (3) 基本不具备操作的代数基础和演绎功能。 (4) 对于层次结构的表达不够直接自然

1.5 小　结

本章概述了数据库系统的基本概念。首先分析了数据与信息的区别和联系,介绍了数据管理技术的产生与发展,通过对比分析计算机数据管理技术的人工管理、文件系统和数据库系统三个阶段的特点,阐述了数据库技术产生和发展的背景以及数据库系统在数据管理中的优点。

数据库系统包括数据库、数据库管理系统、应用系统、数据库管理员和用户等几个部分。其中数据库是中心，数据库管理系统是基础，应用系统是目标。一个数据库系统应该是一个人机系统，人的作用，特别是数据库管理员的作用非常重要。

数据库系统的三级模式和两级映像保证了数据库系统中的数据具有较高的逻辑独立性和物理独立性。三级模式是指外模式、模式和内模式，两级映像是指外模式-模式映像和模式-内模式映像。在三级模式中，模式是最根本和核心的，它是概念模型在计算机中的表示，反映数据库全局逻辑结构；外模式是模式的逻辑子集；内模式是模式在物理设备上实现方式的描述。特定的应用程序是在外模式描述的数据结构上编制的，由于数据库系统的两级映像，数据的全局逻辑结构和存储结构发生变化时可以不修改应用程序。

数据模型是数据库系统的核心和基础。数据模型分面向现实世界的语义数据模型和面向机器世界的经典数据模型两大类。实体联系模型是最常用的语义数据模型，它是对现实世界的第一层抽象，E-R图是描述实体联系模型的重要工具。关系模型、层次模型和网状模型是三大经典数据模型，它们分别用二维表、树和图表示实体及实体之间的联系，分别对应关系数据库系统、层次数据库系统和网状数据库系统。在进行数据库设计时一般先设计实体联系模型，再将实体联系模型转换成对应的经典数据模型，以便在计算机上实现。三大经典数据模型中以关系模型最为重要，因为目前关系数据库系统应用最为普遍。

学习本章应把注意力集中在掌握基本概念和基本知识上，以便为以后的学习打下基础。

习 题 1

一、选择题

1. 现实世界中事物的特性在信息世界中称为(　　)。
   A. 实体　　B. 实体标识符　　C. 属性　　D. 关键码
2. 下列实体间的联系中，属于一对一联系的是(　　)。
   A. 教研室对教师的所属联系　　B. 父亲与孩子的血缘关系
   C. 省对省会的所属联系　　D. 供应商与工程项目的供货联系
3. 在文件系统阶段，数据(　　)。
   A. 是无结构的　　B. 部分有结构
   C. 整体无结构　　D. 记录内部有结构，整体无结构
4. 数据库系统的概念模型独立于(　　)。
   A. 具体的机器和 DBMS　　B. 信息世界
   C. E-R 图　　D. 现实世界
5. 层次模型必须满足的一个条件是(　　)。
   A. 每个结点均可以有一个以上的父结点
   B. 有且仅有一个结点无父结点
   C. 不能有结点无父结点
   D. 可以有一个以上的结点无父结点

6. 采用二维表结构表达实体类型及实体间联系的数据模型是(　　)。

A. 层次模型　　B. 网状模型

C. 实体联系模型　　D. 关系模型

7. 数据库系统的逻辑数据独立性是指(　　)。

A. 模式改变,外模式和应用程序不变

B. 模式改变,内模式不变

C. 内模式改变,模式不变

D. 内模式改变,外模式和应用程序不变

8. 数据库系统中,负责物理结构与逻辑结构的定义和修改的人员是(　　)。

A. 专业用户　　B. 数据库管理员

C. 应用程序员　　D. 最终用户

9. 在数据库系统中,用户使用的数据视图用(　　)描述。

A. 外模式　　B. 概念模式　　C. 内模式　　D. 存储模式

10. 数据库管理系统是位于(　　)之间的一层管理软件。

A. 硬件和软件　　B. 用户和操作系统

C. 硬件和操作系统　　D. 数据库和操作系统

二、问答题

1. 试述文件系统与数据库系统的区别和联系。

2. 试述数据、数据库、数据库管理系统、数据库系统的概念。

3. 什么是数据模型? 数据模型的作用及三要素是什么?

4. 什么是层次模型? 什么是网状模型?

5. 什么是数据库的逻辑独立性? 什么是数据库的物理独立性? 为什么数据库系统具有逻辑独立性与物理独立性?

6. 数据库管理系统的主要功能有哪些?

7. 系统分析员、数据库管理人员、应用程序员的职责分别是什么?

三、应用题

1. 试给出三个实际应用的E-R图,要求实体之间具有一对一、一对多、多对多各种不同的联系。

2. 某百货公司有若干连锁商店,每家商店经营若干商品,每家商店有若干职工,每个职工只服务于一家商店。试画出该百货公司的E-R图,并给出每个实体、联系的属性。

3. 某工厂生产若干产品,每种产品由不同的零件组成,有的零件可用在不同的产品上。这些零件由不同的材料制成,不同的零件所用的材料可以相同。这些零件和材料按所属的类别分别存放在相应的仓库中。试描述该工厂产品、零件、材料、仓库之间的语义关系,并画出其E-R图。

第2章　关系数据库

1981年，被誉为“关系数据库之父”的美国IBM公司的高级研究员E.F.Codd由于其在数据库管理系统的理论和实践方面的卓越贡献获得图灵奖。他曾于1970年6月在美国计算机协会会刊《Communication of the ACM》上发表了一篇题为“A Relational Mode of Data for Large Shared Data Banks”(大型共享数据库的关系模型)的论文，文中首次提出数据库的关系模型这一新概念，开创了数据库系统的新纪元。1983年该论文被ACM（美国计算机协会）列为从1958年以来的具有里程碑式意义的最重要的25篇研究论文之一。由于关系模型具有坚实的数学基础且简单清晰、易于理解，一经推出，立即引起学术界和产业界的广泛重视和响应，特别是1974年ACM组织的一场研讨会，以Codd为首的支持关系数据库和以“网状数据库之父”——Bachman为首的反对关系数据库的两派辩论更是推动了关系数据库的发展，使其最终成为现代数据库产品的主流。之后E.F.Codd连续发表了系列论文，奠定了关系数据库的理论基础。当今主流数据库DB2、Oracle、Sybase、SQL Server、Informix等都是支持关系模型的数据库管理系统。本章主要介绍关系数据结构、关系完整性约束和关系操作。

2.1　关系数据结构

关系数据库系统采用关系模型作为数据的组织方式。关系模型由关系数据结构、关系完整性约束和关系操作三部分组成。

关系模型的数据结构只包含关系。通俗地讲，关系就是一个二维表。二维表的集合构成了关系数据库。每个表都有唯一的命名。这种二维表存储两类信息，即实体自身的信息和实体之间的联系。二维表表示的是数据的逻辑组织结构，而数据库的物理结构通过其他存储结构来实现。

2.1.1　关系

关系模型中的数据结构就是关系，一个关系对应一个二维表。二维表由行和列组成。每个关系都有一个名字。例如，学生成绩管理系统中经常用到以下三个表：

学生表(学号，学生姓名，性别，专业)；

课程表(课程号，课程名，学分，学时)；

成绩表(学号，课程号，分数)。

这三个表分别对应三个关系，学生表和课程表分别表示学生实体和课程实体，成绩表则表示学生实体和课程实体之间的联系，学生选课后产生相应的成绩。由此例可看出，关系模型可以用表来表示一个实体集，并且也可以表示实体之间的联系。

关系模型借助于集合代数的数学概念和谓词逻辑来处理数据库中的数据。下面从集合论的角度讨论关系的基本概念。

1. 域

定义 2.1　域(domain)是一组具有相同数据类型的值的集合。域的基数即域中所包含的值的个数。

【例 2.1】　已知有如下几个域。

D_1＝{张文,李好,王晨},学生姓名的集合,基数为 3。

D_2＝{男,女},性别的集合,基数为 2。

D_3＝自然数域,基数为无穷。

2. 笛卡儿积

定义 2.2　给定 $D_1,D_2,\cdots,D_n$一组域,定义域 $D_1,D_2,\cdots,D_n$的笛卡儿积为

$$D_1\times D_2\times\cdots\times D_n=\{(d_1,d_2,\ \cdots,d_n)\mid d_i\in D_i,\ i=1,2,\ \cdots,n\}$$

D_i可以是相同的域。其中,每一个元素$(d_1,d_2,\ \cdots,d_n)$是域 $D_1,D_2,\cdots,D_n$中各取一值,称为一个 n 元组或简称元组。元组中的每一个值 d_i称为一个分量。如果对应于前面所讲的关系(或者表),那么元组就是表中的一行,而分量即为表中的一个属性的具体取值。

若 $D_i(i=1,2,\cdots,n)$为有限集,其基数为 $m_i(i=1,2,\cdots,n)$,则 $D_1\times D_2\times\cdots\times D_n$的基数 M 为

$$M=\prod_{i=1}^{n}m_i$$

【例 2.2】　已知域 D_1＝{张文,李好,王晨},域 D_2＝{男,女},则域 D_1和域 D_2的笛卡儿积为

$D_1\times D_2$＝{(张文,男),(张文,女),(李好,男),(李好,女),(王晨,男),(王晨,女)}

此例中 D_1,D_2的笛卡儿积 $D_1\times D_2$的基数是 $3\times2=6$,一共有 6 个元组。

表中的每一列分别对应一个域。其中,张文、李好、王晨、男、女都是分量。可以看出笛卡儿积实际上是一个二维表,如表 2.1 所示。

表 2.1　例 2.2$D_1\times D_2$

姓　名	性　别
张文	男
张文	女
李好	男
李好	女
王晨	男
王晨	女

表中的数据显示了(姓名,性别)的所有可能的组合,没有重复。笛卡儿积可以把分散的信息连接起来,当然也有不符合语义的信息。如表中,每个姓名都有 2 种性别,这显然不合实际。如何使得连接后的结果是有意义的,需要在笛卡儿积的基础上进行筛选,这将在 2.4 节里进行详细论述。

3. 关系

定义 2.3　$D_1\times D_2\times\cdots\times D_n$的子集称为在域 $D_1,D_2,\cdots,D_n$上的关系,表示为

$$R(D_1, D_2, \cdots, D_n)$$

R 是关系名，n 为关系的目或度。

当 $n=1$ 时，称该关系为单元关系；当 $n=2$ 时，称该关系为二元关系。关系中的每个元素是关系中的元组，通常用 t 表示。关系的基数是元组的个数。$D_1 \times D_2 \times \cdots \times D_n$ 表示笛卡儿积，是域上所有可能的组合，在现实生活中很多元组是无意义的数据，如表 2.1 所示，(张文，男)和(张文，女)之中只会有一个是有意义的数据。

一个关系肯定包含在 $D_1 \times D_2 \times \cdots \times D_n$ 之中，因此在数学上把关系定义为 $D_1 \times D_2 \times \cdots \times D_n$ 的有意义的有限子集。关系是一个二维表，表的每一行对应一个元组，表的每一列对应一个域。由于域可以相同，为了加以区分，必须给每列起一个唯一的名字，称为属性。n 目关系必有 n 个属性。

当关系作为关系模型的数据结构时，无限关系在数据库系统中是无意义的。因此，限定关系模型中的关系必须是有限集合。通过为关系的每一列附加一个属性名的方法取消关系属性的有序性。

关系具有以下六条性质。

(1) 关系是元组的集合，集合中不能出现完全相同的两个元组。

(2) 由于集合中的元素是无序的，所以关系中行的顺序可以任意交换。

(3) 关系中列的顺序可以任意交换。

(4) 关系中同一列中的分量是同一类型的数据，来自同一个域。

(5) 关系中的不同列可以出自同一个域，其中的每一列称为一个属性，但是不同的属性要给予不同的属性名。

(6) 关系中的每个分量必须取原子值，即每一个分量都必须是不可分的数据项。通俗地讲，“大表中不可有小表”。满足这一性质的关系称为规范化关系或第一范式关系。

需要注意的是，在许多实际关系数据库产品中，基本表并不完全具有这六条性质。

定义 2.4　若关系中的某一属性或属性组能唯一地标识一个元组，则称该属性或属性组为候选码(candidate key)。

例如，学生关系中属性“学号”可唯一表示一个学生，“学号”就是一个候选码。

定义 2.5　若一个关系有多个候选码，则选定其中一个为主码(primary key)。

主码只有一个。例如，学生关系中属性“姓名”假定不能重复，也可唯一表示一个学生，“姓名”便可作为候选码，则可在“学号”“姓名”中选定一个作为主码。

定义 2.6　如果一个关系中所有的属性一起构成关系的候选码，则称为全码(all key)。

定义 2.7　包含在主码或候选码里的各属性称为主属性(prime attribute)。不包含在任何候选码中的属性称为非主属性(non-key attribute)。

例如，学生关系中的属性“性别”，“专业”都是非主属性。

关系模型中有三种表，即基本表、查询表和视图表。基本表是实际存在的表，它是实际存储数据的逻辑表示。查询表是用来显示查询结果对应的表。视图表是在基本表或其他视图表基础之上导出的表，是虚表，不对应实际存储的数据。

2.1.2　关系模式

定义 2.8　关系的描述称为关系模式(relation schema)。一个关系模式的数学定义是一个

5 元组,它可以形式化地表示为

$$R(U, D, \mathrm{dom}, F)$$

其中:

R 为关系名;

U 为组成该关系的属性名集合;

D 为属性组 U 中属性名取值对应的域集合;

dom 为属性向域的映像集合;

F 为属性间数据的依赖关系集合。

通常关系模式可以简记为

$$R(a_1, a_2, \cdots, a_n)\text{或}R(U)$$

其中:

R 为关系名;

$a_1, a_2, \cdots, a_n$ 为属性名列表。

域名及属性向域的映像常常直接说明为该关系中属性的类型、长度。

例如,2.1 节中提到的学生成绩管理系统中的三个表:

学生表(学号,学生姓名,性别,专业);

课程表(课程号,课程名,学分,学时);

成绩表(学号,课程号,分数)就是分别描述学生、课程和成绩的三个关系模式的简记。

关系实际上就是关系模式在某一时刻的状态或内容,是元组的集合。也就是说,关系模式是型,关系是它的值。关系模式是静态的、稳定的,而关系是动态的,因为关系中的数据会随着关系的操作而不断更新。常常把关系模式和关系统称为关系,一般可以从上下文语义中加以区别。

2.1.3 关系数据库

在关系模型中,关系可以用来表示实体以及实体间的联系。例如,学生实体、课程实体、学生和课程之间多对多的联系都可以分别用一个关系来表示。一个给定的应用领域中,所有实体及实体之间联系的集合构成一个关系数据库。可以说,对应于一个关系模型的所有关系的集合称为关系数据库。

关系数据库与关系模式类似,也存在型和值之分,关系数据库的型称为关系数据库模式,是关系模式的集合,是对关系数据库的描述,它包括若干域的定义以及在这些域上定义的若干关系模式。关系数据库的值是这些关系模式在某一时刻对应的关系的集合,通常就称为关系数据库。

2.2 关系完整性约束

关系模型的完整性规则是对关系的某种约束条件。在定义关系模型和进行关系操作时必须保证符合约束条件。关系模型提供了丰富的完整性控制机制,允许定义三类完整性,即实体完整性、参照完整性和用户自定义完整性。其中实体完整性和参照完整性是关系模型必须满足的完整性约束条件，称为关系的两个不变性，由关系数据库管理系统自动支持；而用户自定义完整性由用户根据系统实际需求自行制定。

2.2.1 实体完整性

实体完整性指的是关系中主码的属性值不能为空值且取值唯一。空值是指不确定的、不存在的值。例如，学生关系中学号为主码，其值不能为空值。因为主码可唯一标识一个元组，假若主码为空，则学生实体无法通过学号来区分，而现实中的实体是可区分的，二者矛盾。主码也不能取重复值，否则也无法区分实体。假若学号相同，但其他属性如姓名、性别、专业不同，这亦与现实世界实际情况矛盾。

【例 2.3】 在表 2.2 所表示的学生关系中，学号是主码，因为学号唯一确定一个学生，也是主属性，但是第二条记录的学生编号是空值，故该关系不满足实体完整性规则。

表 2.2 学生表

学　号	姓　名	性　别	年龄/岁
2018031	张凡	男	19
	陈欣	女	18
2018033	于西	男	19

实体完整性规则针对基本关系。一个基本表通常对应一个实体集，例如，学生关系对应学生实体集。现实世界中的实体是可以区分的，它们具有唯一性质的标识。例如，学生、教师都是独立的实体，可以通过学号、教师编号来区分。

2.2.2 参照完整性

现实生活中实体之间存在着的某种联系也是通过关系来描述的。例如，在成绩关系中，学生选课才会产生成绩，成绩关系中的学号对应于学生关系中某个存在的学生。

定义 2.9 X 是基本关系 R_1 中的属性或属性组，且不是 R_1 的主码，但如果 X 是另一个基本关系 R_2 的主码，则 X 称为 R_1 的外码(foreign key)。R_1 称为参照关系，R_2 称为被参照关系。

例如，学号在学生关系中是主码，但在成绩关系中是外码，成绩关系是参照关系，学生关系是被参照关系。

参照完整性规定：X 在 R_1 中的取值有两种情况，或者等于 R_2 中的某个元组的主码值，或者取空值。

由于在成绩关系中，学号和课程号共同组成主码，反映学生与课程的联系，根据实体完整性规则，学号不能取空值；根据参照完整性规则，成绩关系中的学号必须对应学生关系中一个已经存在的学生，没有学号的成绩是不存在的。

需要注意的是，R_1 和 R_2 可以为同一个关系，外码与主码属性名可以不同，但必须来自于同一个域。

【例 2.4】 部门表和教师表分别如表 2.3 和表 2.4 所示，其中“部门编号”是公共属性，作为两个表之间的联系，它是部门表的主码和教师表的外码。很显然，教师表要满足参照完整性规则，其中每一个元组中的部门编号取值或者是该单位部门表中已经有的值，即实际存在的部门；或者为空，即有可能该教师刚刚进校，还未分配到任何部门工作。

表 2.3　部门表

部门编号	名　称	办公室
101	软件工程系	科技楼 604#
102	大数据系	科技楼 601#
103	计算机科学系	科技楼 501#
104	信息安全系	科技楼 504#

表 2.4　教师表

教师编号	姓　名	性　别	部门编号
20011	陈想	女	102
20012	张平	男	101
20013	李冰	女	104
20018	刘洪	男	103

2.2.3　用户自定义完整性

任何关系数据库管理系统都应该支持实体完整性和参照完整性规则。通常由于实际的应用环境不尽相同，针对某一具体应用领域可以制定相应的用户自定义的约束条件，这就是用户自定义完整性。例如，限定关系中某个属性的取值类型和范围。又例如，成绩不能为负数；年龄不能取小数，必须是 18～60 范围内的整数等。

在关系模型中，有相应的机制去定义和检验关系的完整性约束，以减少应用程序的工作量。

2.3　关系操作

关系操作采用了数学集合论方式，即操作的对象和结果都是关系。关系模型中常用的关系操作包括以下两类。

查询操作：选择、投影、连接、除、并、交、差等。

更新操作：增加、删除、修改。

关系数据语言用来表达或描述关系操作，可以分为三类，如表 2.5 所示。

表 2.5　关系数据语言及其说明

关系数据语言	1. 关系代数语言		例如，ISBL
	2. 关系演算语言	元组关系演算语言	例如，APLHA，QUEL
		域关系演算语言	例如，QBE
	3. 具有关系代数和关系演算双重特点的语言		例如，SQL

1. 关系代数

关系代数以集合操作为基础，通过对关系进行运算来表达查询要求。关系代数有两类：一类是传统的集合运算，即并、交、差和笛卡儿积；另一类是专门的关系运算，即选择、投影、连接和除。详细讨论见 2.4 节。

2. 关系演算

关系演算是以数理逻辑中的谓词演算为基础的，把谓词演算应用到关系运算中就是关系演算。关系演算又可按谓词变元的基本对象是元组变量还是域变量分为元组关系演算和域关系演算两种。

关系代数语言、元组关系演算语言和域关系演算语言这三种语言在表达能力上是完全等价的。

常见的关系演算谓词如表 2.6 所示。

表 2.6　关系演算谓词

比较谓词	＞、＞＝、＜、＜＝、＝、＜＞
包含谓词	IN
存在谓词	EXISTS

关系代数语言、元组关系演算语言和域关系演算语言均是抽象的查询语言，这些抽象的语言与具体的 DBMS 中实现的实际语言并不完全一样，并不能在计算机上实际执行，但它们能用作评估实际系统中查询语言能力的标准或基础。

3. SQL

介于关系代数和关系演算之间的语言 SQL（structured query language，结构化查询语言），是由 IBM 公司在研制 System R 时提出的。SQL 不仅具有丰富的查询功能，而且具有数据定义和数据控制功能，是集数据查询（DQL）、数据定义（DDL）、数据操纵（DML）和数据控制（DCL）于一体的关系数据语言。它充分体现了关系数据语言的特点和优点，是关系数据库的标准语言。

前三节已讨论了关系模型的三要素，接下来将详细讨论关系代数。

2.4　关系代数

关系代数，通过对关系进行运算来表达查询要求。关系代数的运算对象是关系，运算结果也为关系。关系代数用到的运算符包括四类，即集合运算符、专门的关系运算符、算术比较运算符和逻辑运算符。其中比较运算符和逻辑运算符是用来辅助专门的关系运算符来进行运算的，如表 2.7 所示。

表 2.7　关系运算符及其说明

传统的集合运算符及其说明	专门的关系运算符及其说明	
∪：并	σ：选择	辅助专门关系运算符
－：差	π：投影	比较运算符：＞、＞＝、＜、＜＝、＝、＜＞
∩：交	⋈：连接	逻辑运算符：¬、∧、∨
×：广义笛卡儿积	÷：除	

传统的集合运算包括并、交、差和广义笛卡儿积等。集合运算把关系看作元组的集合，从水平（行）方向进行运算，广义笛卡儿积把两个关系的元组以所有可能的方式组成对。

专门的关系运算包括选择、投影、连接和除等，既从行又从列的方向进行运算。“选择”会删除某些行；“投影”会删除某些列；各种连接运算将两个关系的元组有选择地组成对，构成一个新关系。

2.4.1　传统的集合运算

传统的集合运算是双目运算，包括并、差、交、广义笛卡儿积四种运算。并、交、差运算要求参与运算的对象是相容的，即两个关系具有相同的度，且对应的属性取自同一个域。

1. 并

设关系 R 和 S 相容，则其并操作表示为 $R\cup S$，其结果生成一个新关系，由属于 R 或属于 S 的所有元组组成。其结果关系仍为 n 目关系。关系 R 和 S 做并运算可表示为

$$R\cup S=\{t \mid t\in R \vee t\in S\}$$

【例 2.5】 有专科生 R（见表 2.8）和本科生 S（见表 2.9）两个表，将这两个表合并为一个表，可执行并运算（见表 2.10）。

表 2.8　例 2.5 关系 R

学　　号	姓　　名	性　　别
2018801	李健	男
2018802	张利	女

表 2.9　例 2.5 关系 S

学　　号	姓　　名	性　　别
2018903	王勇	男
2018904	刘兵	男

表 2.10　例 2.5 关系 $R\cup S$

学　　号	姓　　名	性　　别
2018801	李健	男
2018802	张利	女
2018903	王勇	男
2018904	刘兵	男

【例 2.6】 关系 R（见表 2.11）和 S（见表 2.12）相容，求 $R\cup S$（见表 2.13）。

表 2.11　例 2.6 关系 R

A	B	C
1	2	3
4	5	6
3	7	9

表 2.12　例 2.6 关系 S

A	B	C
1	2	7
4	5	6
7	8	9

表 2.13　例 2.6 关系 $R\cup S$

A	B	C
1	2	3
4	5	6
3	7	9
1	2	7
7	8	9

可见，$R\cup S$ 为 R 中的元组加上 S 中除去和 R 中共有的元组之外所有元组的集合，即会消除重复的元组。关系 R 和 S 做并运算的过程示意图如图 2.1 所示。

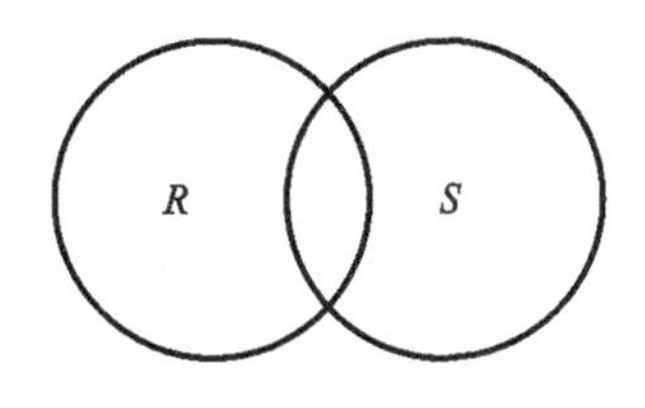

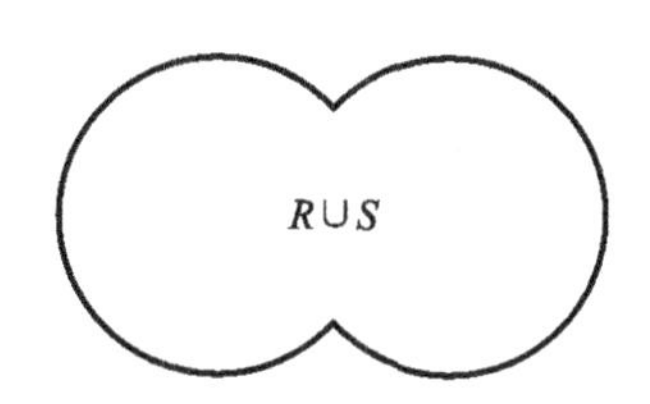

R　公共元组　S　　　　$R\cup S$

图 2.1　关系 R 和 S 做并运算的过程示意图

2. 差

设关系 R 和 S 相容，则关系 R 与关系 S 的差 $R-S$ 生成一个新关系，由属于 R 而不属于 S 的所有元组组成。其结果关系仍为 n 目关系。关系 R 和 S 做差运算可表示为

$$R-S=\{t \mid t\in R \wedge t\notin S\}$$

【例 2.7】 学生表 R 如表 2.14 所示，学生干部表 S 如表 2.15 所示，则非学生干部可由差运

算来完成，如表 2.16 所示。

表 2.14　例 2.7 关系 R

学　　号	姓　　名
2018903	王勇
2018904	刘兵
2018005	李芳
2018006	常斌

表 2.15　例 2.7 关系 S

学　　号	姓　　名
2018904	刘兵

表 2.16　例 2.7 关系 $R-S$

学　　号	姓　　名
2018903	王勇
2018005	李芳
2018006	常斌

【例 2.8】 关系 R(见表 2.11)和 S(见表 2.12)相容，求 $R-S$(见表 2.17)。

表 2.17　例 2.8 关系 $R-S$

A	B	C
1	2	3
3	7	9

可见，$R-S$ 由属于 R 但不会在 S 中出现的元组组成。R 和 S 做差运算的过程示意图如图 2.2所示。

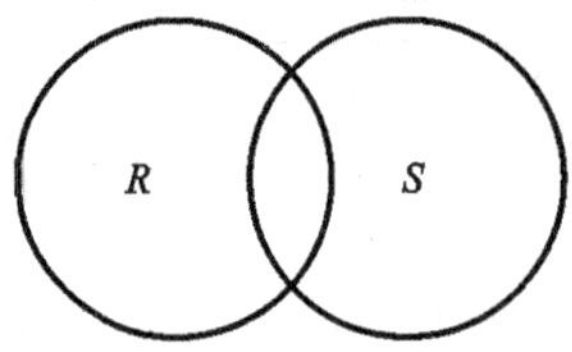

R-S

R　公共元组　S　　　　R-S

图 2.2　关系 R 和 S 做差运算的过程示意图

3. 交

设关系 R 和 S 相容，则关系 R 与关系 S 的交运算 $R\cap S$ 由既属于 R 又属于 S 的所有元组组成。其结果关系仍为 n 目关系。关系 R 和 S 做交运算可表示为

$$R\cap S=\{t \mid t\in R \wedge t\in S\}$$

同例 2.7 中的表，如果学生表和学生干部表做交运算，所得结果如表 2.18 所示。

【例 2.9】 关系 R(见表 2.11)和 S(见表 2.12)相容，求 $R\cap S$(见表 2.19)。可见，$R\cap S$ 由既属于 R 又属于 S 的元组组成。关系 R 和 S 做交运算的过程示意图如图 2.3 所示。

两关系的交集可以通过差运算导出：

$$R\cap S=R-(R-S)\quad 或\quad R\cap S=S-(S-R)$$

表 2.18　例 2.7 关系 $R\cap S$

学　　号	姓　　名
2018904	刘兵

表 2.19　例 2.9 关系 $R\cap S$

A	B	C
4	5	6

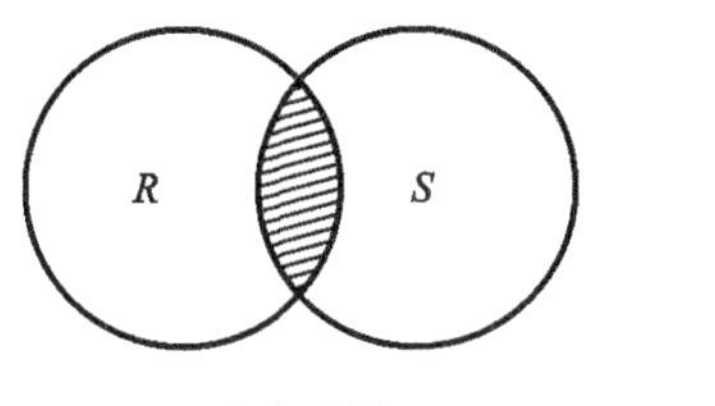

R∩S

R　公共元组　S　　　　R∩S

图 2.3　关系 R 和 S 做交运算的过程示意图

4.广义笛卡儿积

两个分别为 n 目和 m 目的关系 R 和 S 的广义笛卡儿积是一个 $(n+m)$ 列的元组的集合。元组的前 n 列是关系 R 的一个元组，后 m 列是关系 S 的一个元组。若 R 有 k_1 个元组，S 有 k_2 个元组，则关系 R 和关系 S 的广义笛卡儿积有 $k_1\times k_2$ 个元组，记为 $R\times S$，可表示为

$$R\times S=\{\widehat{t_r t_s} \mid t_r\in R\wedge t_s\in S\}$$

即结果是 R 中的每一个元组分别与 S 中的所有元组连接构成新关系 $R\times S$ 的元组。

【例 2.10】　学生表(见表 2.20)和课程表(见表 2.21)两个表做广义笛卡儿积运算得到的是一个每个学生学习所有的课程的表。其中学生表有两个属性，课程表有三个属性，则其广义笛卡儿积结果为由五个属性构成的元组的集合。学生表有两个元组，课程表有 3 个元组，所以其广义笛卡儿积的结果由 2×3 个=6 个元组组成，如表 2.22 所示。

表 2.20　例 2.10 关系 R

学　　号	姓　　名
2018903	王勇
2018904	刘兵

表 2.21　例 2.10 关系 S

课　程　号	课　程　名	学　　分
C1	C 语言	2
C2	数据库	3
C3	计算机网络	4

表 2.22　例 2.10 关系 $R\times S$

学　　号	姓　　名	课　程　号	课　程　名	学　　分
2018903	王勇	C1	C 语言	2
2018903	王勇	C2	数据库	3
2018903	王勇	C3	计算机网络	4
2018904	刘兵	C1	C 语言	2
2018904	刘兵	C2	数据库	3
2018904	刘兵	C3	计算机网络	4

2.4.2　专门的关系运算

专门的关系运算包括选择、投影、连接、除等。

1. 选择

选择是对关系进行水平分解运算，即从关系中选择满足条件的元组，组成新关系。选择运算表示为

$$\sigma_F(R)=\{t \mid t\in R \wedge F(t)=\text{‘真’}\}$$

其中，σ 为选择运算符；R 是关系名；F 为逻辑表达式，表示选择条件，取逻辑值“真”或“假”。F 中的运算对象通常为常量、简单函数或属性名；运算符为比较运算符和逻辑运算符，如 <、<=、>=、=、<>、¬、∧、∨。

【例 2.11】 对学生表 R（见表 2.23）进行选择操作，选择出性别为“男”的学生，记为 $\sigma_{性别='男'}(R)$，列出性别为男的所有学生组成新关系（见表 2.24）。

表 2.23 例 2.11 关系 R

学　号	姓　名	性　别
2018301	王成	男
2018302	章雨	女
2018303	李古	男

表 2.24 例 2.11 关系 $\sigma_{性别='男'}(R)$

学　号	姓　名	性　别
2018301	王成	男
2018303	李古	男

2. 投影

投影是对关系的垂直分解运算，即从关系的属性集中选择某些属性，可以对这些属性列重新排序，并删掉重复行，将构成的元组组成一个新关系。投影操作表示为

$$\pi_A(R)=\{t[A] \mid t\in R\}$$

其中，π 为投影运算符；R 是关系名；A 表示关系 R 中的属性集合，$t[A]$表示元组 t 在属性集 A 上分量的集合。该操作从关系 R 中选择出部分列组成一个新的关系，并去掉重复的元组。新关系中的属性值来自原关系中相应的属性值，列的次序在新关系中可以重新排列。投影取消了部分属性列后，有可能出现重复行，应取消完全相同的元组。

【例 2.12】 对学生表 R（见表 2.25）进行投影操作，列出所有学生的专业，记为 $\pi_{专业}(R)$，如表 2.26 所示。

表 2.25 例 2.12 关系 R

学　号	姓　名	专　业	入学年份
2018401	王木	计算机	2018
2018402	李雨	体育	2018
2018201	李汉	英语	2018
2018202	张非	计算机	2018
2018203	王苗	法律	2018

表 2.26 例 2.12 关系 $\pi_{专业}(R)$

专　业
计算机
体育
英语
法律

【例 2.13】 有教师关系如表 2.27 所示，请查询：

(1) 男性教师的信息；

(2) 教师的部门编号；

(3) 教师编号为“20021”的教师姓名。

表 2.27　教师表

教师编号	姓　名	性　别	部门编号
20021	李非	女	104
20022	张兵	男	103
20023	李秀	女	103
20028	姜木	男	102

解：(1) $\sigma_{性别='男'}$(教师)，结果如表 2.28 所示。

表 2.28　$\sigma_{性别='男'}$(教师)

教师编号	姓　名	性　别	部门编号
20022	张兵	男	103
20028	姜木	男	102

(2) $\pi_{部门编号}$(教师)，结果如表 2.29 所示。

(3) $\pi_{姓名}(\sigma_{教师编号='20021'}$(教师))，结果如表 2.30 所示。

表 2.29　$\pi_{部门编号}$(教师)

部门编号
104
103
102

表 2.30　$\pi_{姓名}(\sigma_{教师编号='20021'}$(教师))

姓　名
李非

讨论：当要对某一关系进行选择和投影操作时，一定要先选择后投影，因为投影是对列的筛选，如果先投影，可能就会把要进行选择的条件属性切除掉，使得选择操作无法进行。

3. 连接

连接是从两个关系的广义笛卡儿积中选择属性间满足一定条件的元组的运算，通常表示为

$$R \underset{A\theta B}{\bowtie} S=\{\widehat{t_r t_s} \mid t_r \in R \wedge t_s \in S \wedge t_r[A]\theta t_s[B]\}$$

其中，A 和 B 分别为 R 和 S 上可比的属性组；θ 是比较运算符。连接运算从 R 和 S 的笛卡儿积 $R\times S$ 中选取 R 关系在 A 属性组上的值与 S 关系在 B 属性组上的值满足比较关系 θ 的元组。

连接运算中有两种最为重要的也是常用的连接，一种是等值连接，一种是自然连接。

θ 为"="的连接运算称为等值连接。它是从关系 R 与 S 的广义笛卡儿积中选取 A、B 属性值相等的那些元组，等值连接为 $R \underset{A=B}{\bowtie} S$。

【例 2.14】　已知关系 R(见表 2.31)和 S(见表 2.32)，求 $R \underset{R.C=S.C}{\bowtie} S$ 的结果。

表 2.31　例 2.14 关系 R

A	B	C
1	2	3
4	5	6
3	7	9

表 2.32　例 2.14 关系 S

C	E	F
3	2	7
3	5	6
9	8	9

$R \underset{R.C=S.C}{\bowtie} S$：在 $R \times S$（见表 2.33）的基础上，选择 $R.C = S.C$ 的元组组成的新关系，如表 2.34 所示。

表 2.33　例 2.14 关系 $R \times S$

A	B	$R.C$	$S.C$	E	F
1	2	3	3	2	7
1	2	3	3	5	6
1	2	3	9	8	9
4	5	6	3	2	7
4	5	6	3	5	6
4	5	6	9	8	9
3	7	9	3	2	7
3	7	9	3	5	6
3	7	9	9	8	9

表 2.34　例 2.14 关系 $R \underset{R.C=S.C}{\bowtie} S$（等值连接）

A	B	$R.C$	$S.C$	E	F
1	2	3	3	2	7
1	2	3	3	5	6
3	7	9	9	8	9

自然连接是一种特殊的等值连接，若等值连接的连接属性是相同属性（或属性组），即 R 和 S 具有相同的属性组，且该组属性具有相同的列值，则该等值连接称为自然连接。自然连接的结果关系中要去掉重复的属性。自然连接可记为 $R \bowtie S$。假定 R 和 S 具有的相同属性 A，且 R 有 n 个属性，S 有 m 个属性，自然连接的结果有 $(n+m-1)$ 个属性。

自然连接实际上是先从关系 R 与 S 的广义笛卡儿积中进行选择，然后进行投影，去掉重复的属性。

将本例中的关系 R 和关系 S 进行自然连接。其中两关系有共同属性 C，假设 C 是同值的，即两关系的 C 是来自同一个域且意义相同，其结果应该如表 2.35 所示。

表 2.35　例 2.7 关系 $R \bowtie S$（自然连接）

A	B	C	E	F
1	2	3	2	7
1	2	3	5	6
3	7	9	8	9

【例 2.15】　部门表（见表 2.36）和教师表（见表 2.37）两个表通过公共属性“部门编号”发生联系。

表 2.36 部门表

部门编号	名称	办公室
101	软件工程系	科技楼 604#
102	大数据系	科技楼 601#
103	计算机科学系	科技楼 501#
104	信息安全系	科技楼 504#

表 2.37 教师表

教师编号	姓名	性别	部门编号
20011	陈想	女	102
20012	张平	男	101
20013	李冰	女	104
20018	刘洪	男	103

首先，形成“部门×教师”的广义笛卡儿积，如表 2.38 所示。

表 2.38 部门×教师

部门.部门编号	名称	办公室	教师编号	姓名	性别	教师.部门编号
101	软件工程系	科技楼 604#	20011	陈想	女	102
101	软件工程系	科技楼 604#	20012	张平	男	101
101	软件工程系	科技楼 604#	20013	李冰	女	104
101	软件工程系	科技楼 604#	20018	刘洪	男	103
102	大数据系	科技楼 601#	20011	陈想	女	102
102	大数据系	科技楼 601#	20012	张平	男	101
102	大数据系	科技楼 601#	20013	李冰	女	104
102	大数据系	科技楼 601#	20018	刘洪	男	103
103	计算机科学系	科技楼 501#	20011	陈想	女	102
103	计算机科学系	科技楼 501#	20012	张平	男	101
103	计算机科学系	科技楼 501#	20013	李冰	女	104
103	计算机科学系	科技楼 501#	20018	刘洪	男	103
104	信息安全系	科技楼 504#	20011	陈想	女	102
104	信息安全系	科技楼 504#	20012	张平	男	101
104	信息安全系	科技楼 504#	20013	李冰	女	104
104	信息安全系	科技楼 504#	20018	刘洪	男	103

然后，从部门表和教师表的乘积中选择某些元组，自然连接的条件是公共属性值相等，即部门.部门编号＝教师.部门编号，获得选择结果如表 2.39 所示。

表 2.39 结果表

部门.部门编号	名称	办公室	教师编号	姓名	性别	部门.部门编号
101	软件工程系	科技楼 604#	20012	张平	男	101
102	大数据系	科技楼 601#	20011	陈想	女	102
103	计算机科学系	科技楼 501#	20018	刘洪	男	103
104	信息安全系	科技楼 504#	20013	李冰	女	104

最后，对选择的元组进行投影操作，消除重复列，结果如表 2.40 所示。

表 2.40　消除重复列后的结果表

部门编号	名　　称	办　公　室	教师编号	姓　　名	性　　别
101	软件工程系	科技楼 604＃	20012	张平	男
102	大数据系	科技楼 601＃	20011	陈想	女
103	计算机科学系	科技楼 501＃	20018	刘洪	男
104	信息安全系	科技楼 504＃	20013	李冰	女

本例中采用的连接方法是从理论上分析的方法，由于两个关系的广义笛卡儿积运算非常费时，实际的 DBMS 所采用的连接算法更可能是优化的算法。

一般对表的查询是结合选择投影和自然连接进行的。可以同时对某个关系进行连接、选择和投影操作，得出想要的结果。

【例 2.16】 有学生、课程、选修关系分别如表 2.41、表 2.42、表 2.43 所示，请查询：

(1) 陈红的选课情况；

(2) 魏霞的数据库的成绩；

(3) 所有选修了 002 号课程的学生的学号和姓名。

表 2.41　例 2.16 学生表

学　　号	姓　　名	性　　别	学　　院
2018001	魏霞	女	计算机
2018002	陈红	男	计算机
2018003	于灵	女	计算机
2018008	王立	男	计算机

表 2.42　例 2.16 课程表

课程号	课　　名	学　　分
001	数据库	4
002	数据结构	4
003	计算机网络	3

表 2.43　例 2.16 选修表

学　　号	课程号	成　　绩	学　　号	课程号	成　　绩
2018001	001	98	2018002	002	89
2018002	001	82	2018008	002	66
2018008	001	85	2018001	003	91
2018001	002	73	2018008	003	72

解：(1) $\pi_{学号}(\sigma_{姓名='陈红'}(学生)) \bowtie 选修$ 如表 2.44 所示。

表 2.44　$\pi_{学号}(\sigma_{姓名='陈红'}(学生)) \bowtie 选修$

学　　号	课程号	成　　绩
2018002	001	82
2018002	002	89

讨论：换一种思路，也可以先将学生关系和选修关系进行自然连接，再对自然连接的结果进行选择，表达式为 $\sigma_{姓名='陈红'}(学生 \bowtie 选修)$。如果先进行自然连接，则两个表的所有元组都进行

一次连接，可能形成若干新的元组。例如，有 1000 个学生，每学生平均选课 10 门，会有 10 000 条记录；然后在连接的基础上筛选出陈红的记录。反之，如果先进行选择，就相当于先在 1000 条学生记录里面选出陈红的记录来，根据学号进行连接找出陈红的选课信息，所以要比先做自然连接快得多，这些将在查询优化里详细探讨。

（2）$\pi_{成绩}(\sigma_{姓名='魏霞'}(学生) \bowtie 选修 \bowtie (\sigma_{课名='数据库'}(课程)))$ 如表 2.45 所示。

表 2.45　$\pi_{成绩}(\sigma_{姓名='魏霞'}(学生) \bowtie 选修 \bowtie (\sigma_{课名='数据库'}(课程)))$

成　绩
98

（3）$\pi_{学号,姓名}(\sigma_{课号='002'}(选修) \bowtie 学生)$ 如表 2.46 所示。

表 2.46　$\pi_{学号,姓名}(\sigma_{课号='002'}(选修) \bowtie 学生)$

学　号	姓　名
2018001	魏霞
2018002	陈红
2018008	王立

4. 除

给定关系 $R(X,Y)$ 和 $S(Y,Z)$，其中 X,Y,Z 为属性组或单属性。R 中的 Y 与 S 中的 Y 可以有不同的属性名，但必须出自相同的域集。为了更好地理解除法运算，引入象集（images set）的概念。

给定一个关系 $R(X,Y)$，X 和 Y 为属性组。当 $t[X]=x$ 时，x 在 R 中的象集为

$$Y_x=\{t[Y] \mid t\in R, t[X]=x\}$$

它表示 R 中属性组 X 上值为 x 的诸元组在 Y 上分量的集合。

$R\div S$ 的结果是得到一个新的关系 $P(X)$，P 是 R 中满足下列条件的元组在 X 属性列上的投影：元组在 X 上分量值 x 的象集 Y_x 包含 S 在 Y 上的投影的集合，即

$$R\div S=\{t_r[X] \mid t_r\in R \land \pi_Y(S)\subseteq Y_x\}$$

运算步骤为：对 R 按 X 的值分组，然后检查每一组，如某一组中的 Y 值包含 S 中的全部的 Y 值，则取该组中的 X 的值作为结果关系的一个元组，否则不取。

【例 2.17】　有两个表 R（见表 2.47）和 S（见表 2.48），它们都具有“课程号”这个属性，出自相同的域集。R 中的“学号”取值为 $\{S_1,S_2,S_3,S_4,S_5,S_6\}$。

S_1 的象集：$\{C_{101},C_{104},C_{108}\}$

S_2 的象集：$\{C_{101},C_{104}\}$

S_3 的象集：$\{C_{104},C_{108}\}$

S_4 的象集：$\{C_{104}\}$

S_5 的象集：$\{C_{104}\}$

S_6 的象集：$\{C_{104}\}$

只有 S_1 的象集 $\{C_{101},C_{104},C_{108}\}$ 包含了 S 在课程号上投影的所有值。$R\div S$ 的结果如表 2.49所示。

表 2.47　例 2.17R

课 程 号	学 号
C_{101}	S_1
C_{104}	S_1
C_{108}	S_1
C_{101}	S_2
C_{104}	S_2
C_{104}	S_3
C_{108}	S_3
C_{104}	S_4
C_{104}	S_5
C_{104}	S_6

表 2.48　例 2.17S

课 程 号
C_{101}
C_{104}
C_{108}

表 2.49　例 2.17$R \div S$

学 号
S_1

该例中，R 表示学生选修课程的情况，S 表示课程信息，$R \div S$ 的结果可以理解为找出选修了课表中所有课程的学生。

讨论：被学生表中所有学生都选修了的课程该如何表示呢？

【例 2.18】 有学生、课程及选修表，见例 2.16 的表 2.41、表 2.42 及表 2.43。查询选修了所有课程的同学的姓名和学号，可描述为 $\pi_{学号,姓名}$(学生$\bowtie$($\pi_{课号,学号}$(选修)$\div$课程))，结果如表 2.50所示。

表 2.50　$\pi_{学号,姓名}$(学生$\bowtie$($\pi_{课号,学号}$(选修)$\div$课程))

学 号	姓 名
2018001	魏霞
2018008	王立

2.5　查询优化

查询处理和查询优化是关系数据库系统的核心技术之一。查询优化指的是为查询处理选择一个高效的实现策略。从优化的层次来分，查询优化又分为代数优化和非代数优化（或分别称为逻辑优化和物理优化）。代数优化主要根据关系代数的等价变换规则来进行；物理优化主要是对存取路径和底层算法的选择，如根据数据读取方式、表连接方式、表连接顺序、排序等技术对查询进行优化。本节重点讲解代数优化。

关系数据库管理系统执行查询的完整过程是：用户提交 SQL 查询；DBMS 对查询语句进行扫描、词法和语法检查；合法的查询语句进行语义检查，检查通过后，将 SQL 查询语句转换为等价的代数表达式；将语句提交给 DBMS 的查询优化器，查询优化器选择一个高效的查询处理策略，做完代数优化和物理优化之后，生成查询计划，由代码生成器生成查询代码；数据库处理器运行查询代码生成查询结果，最后将执行结果返回给用户。一般来讲，RDMS 的查询优化器承担了查询优化这一任务，当然，用户提交的 SQL 语句是系统优化的基础。

查询效率是关系数据库系统需要考虑的一个重要因素。关系系统和非关系系统查询效率是不一样的。非关系系统的查询效率依赖于用户的存取策略。用户需要通过过程化的语言来表达查询要求和操作序列，需要用户对查询进行优化；在关系系统中，系统选择存取策略，关系系统可以从关系表达式中分析查询语义，用户只需提出“查询什么”，不必指出“怎么查询”，它减轻了用户选择路径的负担。关系查询优化是影响数据库管理系统性能的关键因素，正是由于查询优化技术的发展，关系数据库系统获得巨大的成功。

查询优化的优点不仅在于用户不必考虑如何最好地表达查询以获得较好的效率，而且在于系统可以比用户程序的“优化”做得更好：

(1) 查询优化器可以从数据字典中获取许多统计信息，如关系中的元组数量、属性值、索引类型等，从而选择有效的执行计划，而用户程序通常很难得到这些信息。

(2) 若数据库改变了物理统计信息，则在非关系系统中必须重写程序，但在关系系统中可以自动对查询重新优化，从而选择与之相适应的执行计划。

(3) 查询优化器可以考虑数十至百种不同的执行计划，找出其中较优的一种，而程序员只能考虑到其中的有限种可能。

(4) 查询优化器中包括了很多复杂的，往往只有少数优秀的程序员才能掌握的优化技术，系统的自动优化相当于人人都拥有这些优化技术。

2.5.1　查询优化的步骤

查询优化的一般步骤如下。

(1) 将查询转换成某种内部表示，通常是语法树。

(2) 根据一定的等价变换规则把语法树转换成标准优化形式，即进行代数优化；

(3) 选择低层的操作算法。对于语法树中的每一个操作，计算各种执行算法的执行代价，选择代价小的执行算法，即进行物理优化。

(4) 生成查询计划。查询计划是由一系列内部操作组成的。

查询优化的追求目标是选择有效的策略，求得给定关系表达式的值，使得查询代价达到最小(实际上是较小)。关系数据库管理系统通过某种代价模型计算出各种查询执行策略的执行代价，然后选取代价最小的执行方案。代价模型的计算方式如下。

(1) 集中式数据库。

总代价＝ I/O 代价＋ CPU 代价＋内存代价

(2) 分布式数据库。

总代价＝ I/O 代价 ＋ CPU 代价＋ 内存代价＋ 通信代价

2.5.2　关系代数表达式的等价变换规则

各种查询语言都可以转换成关系代数表达式。代数优化指的是根据关系代数表达式的等价变换规则，改变代数表达式中操作的次序和组合，使得查询效率更加高效。关系代数表达式的等价是指用相同的关系代替两个关系代数表达式中相应的关系所得到的结果是相同的。两个关系代数表达式 E_1 和 E_2 是等价的，记为 $E_1 \equiv E_2$。

常用等价变换规则如下。

1. 交换律公式

(1) 笛卡儿积交换律:

$$E_1 \times E_2 \equiv E_2 \times E_1$$

(2) 自然连接交换律:

$$E_1 \bowtie E_2 \equiv E_2 \bowtie E_1$$

(3) 条件连接交换律:

$$E_1 \underset{F}{\bowtie} E_2 \equiv E_2 \underset{F}{\bowtie} E_1$$

2. 结合律公式

E_1、E_2、E_3 是关系代数表达式,F 是连接条件。

(1) 笛卡儿积结合律:

$$(E_1 \times E_2) \times E_3 \equiv E_1 \times (E_2 \times E_3)$$

(2) 自然连接结合律:

$$(E_1 \bowtie E_2) \bowtie E_3 \equiv E_1 \bowtie (E_2 \bowtie E_3)$$

(3) 条件连接结合律:

$$(E_1 \underset{F}{\bowtie} E_2) \underset{F}{\bowtie} E_3 \equiv E_1 \underset{F}{\bowtie} (E_2 \underset{F}{\bowtie} E_3)$$

3. 串接定律公式

(1) 选择运算串接定律:

$$\sigma_{F_1}(\sigma_{F_2}(E)) \equiv \sigma_{F_1 \wedge F_2}(E)$$

(2) 投影运算串接定律:

$$\pi_{A_1,A_2,\cdots,A_n}(\pi_{B_1,B_2,\cdots,B_n}(E)) \equiv \pi_{A_1,A_2,\cdots,A_n}(E)$$

属性名$\{A_1,A_2,\cdots,A_n\}$构成属性名$\{B_1,B_2,\cdots,B_n\}$的子集。

4. 选择、投影运算的交换律公式

$$\sigma_F(\pi_{A_1,A_2,\cdots,A_n}(E)) \equiv \pi_{A_1,A_2,\cdots,A_n}(\sigma_F(E))$$

(F 只涉及属性 $A_1,A_2,\cdots,A_n$)

5. 选择、笛卡儿积运算的交换律公式

$$\sigma_F(E_1 \times E_2) \equiv \sigma_F(E_1) \times E_2$$

(F 只涉及属性 E_1 中的属性)

6. 选择与并运算的分配律公式

$$\sigma_F(E_1 \cup E_2) \equiv \sigma_F(E_1) \cup \sigma_F(E_2)$$

7. 选择与差运算的分配律公式

$$\sigma_F(E_1 - E_2) \equiv \sigma_F(E_1) - \sigma_F(E_2)$$

(E_1 与 E_2 有相同的属性名)

8. 选择对自然连接的分配律公式

$$\sigma_F(E_1 \bowtie E_2) \equiv \sigma_F(E_1) \bowtie \sigma_F(E_2)$$

(F 涉及 E_1、E_2 的公共属性)

9. 投影与笛卡儿积的分配律公式

$$\pi_{A_1,A_2,\cdots,A_n,B_1,B_2,\cdots,B_n}(E_1 \times E_2) \equiv \pi_{A_1,A_2,\cdots,A_n}(E_1) \times \pi_{B_1,B_2,\cdots,B_n}(E_2)$$

$\{A_1,A_2,\cdots,A_n\}$是 E_1 的属性，$\{B_1,B_2,\cdots,B_n\}$是 E_2 的属性。

10. 投影与并运算的分配律公式

$$\pi_{A_1,A_2,\cdots,A_n}(E_1 \cup E_2) \equiv \pi_{A_1,A_2,\cdots,A_n}(E_1) \cup \pi_{A_1,A_2,\cdots,A_n}(E_2)$$

2.5.3　查询优化的一般准则

查询优化的启发式规则一般如下。

(1) 在执行连接操作前对关系适当进行预处理。预处理有两个方法，即索引连接法(在连接属性上建立索引，然后执行连接)、排序合并法(对关系排序，然后执行连接)。

(2) 选择运算应尽可能早做，这是最重要的一条，目的是减小中间结果。

(3) 投影尽可能早地执行，以减少关系的基数，从而降低复杂度。

(4) 投影运算和选择运算可同时进行；也可以和其前或其后的双目运算结合起来。特别是当对同一个关系操作时，可同时完成，避免重复扫描。

(5) 避免直接做笛卡儿积，把笛卡儿积操作之前和之后的一连串选择和投影合并为连接运算。

(6) 找出公共子表达式，可在第一次计算完后将其结果存储以备用。

遵循以上启发式规则，给出关系代数表达式的优化算法如下。

输入：一个关系代数表达式的语法树。

输出：优化后的结果。

具体算法如下。

(1) 分解选择运算：利用选择运算串接定律把形如 $\sigma_{F_1 \wedge F_2 \wedge \cdots \wedge F_n}(E)$的关系代数表达式变换为 $\sigma_{F_1}(\sigma_{F_2}(\cdots(\sigma_{F_n}(E))\cdots))$。

(2) 通过交换选择运算，将其尽可能移到树的叶端，即对每一个选择，利用规则 3～8 尽可能把它移到树的叶端。

(3) 通过交换投影运算，将其尽可能移到树的叶端，即对每一个投影，利用规则 3、4、9、10 中的一般形式尽可能把它移向树的叶端。

(4) 合并串接的选择和投影，以便能同时执行或在一次扫描中利用规则 3、4 把选择和投影的串接合并成单个选择、单个投影或一个选择后跟一个投影，使多个选择或投影能同时执行，或在一次扫描中全部完成。虽然这种变换似乎违背投影尽可能早做的原则，但这样做效率更高。

(5) 对内结点分组：每一双目运算($\times$,$\bowtie$,$\cup$,$-$)和它所有的直接祖先为一组(这些直接祖先是 σ,π 运算)，如果其后代直到叶子全是单目运算，则也将它们并入该组，但双目运算是笛卡儿积($\times$)，而且其后的选择不能与它结合为等值连接的除外，把这些单目运算单独分为一组。

2.5.4　查询优化的一个实例

【例 2.19】　假设有教师表 Teachers(见表 2.51)和参与项目表 Projects(见表 2.52)，求参加了项目编号为“P301”的教师姓名。

表 2.51　教师表 Teachers

教师编号	姓　　名	性　　别	部门编号
20011	陈想	女	102
20012	张平	男	101
20013	李冰	女	104
20018	刘洪	男	103
⋮	⋮	⋮	⋮

表 2.52　参与项目表 Projects

教师编号	项目编号	奖金/元
20011	P301	1000
20012	P305	1200
20013	P306	2400
20018	P301	1000
⋮	⋮	⋮

假设数据库中教师表 Teachers 有 1000 条教师记录、参与项目表 Projects 有 10 000 条记录，其中参与 P301 号项目的记录为 50 条。1 个 DBMS 内部可以用如下几种不同的执行策略来解决，查询的时间相差很大。下面来详细分析这四种执行策略解决"求参加了项目编号为'P301'的教师姓名"的问题。

第一种执行策略：$\pi_{教师姓名}(\sigma_{Teachers.教师编号=Projects.教师编号 \wedge Projects.项目编号='P301'}(Teachers \times Projects))$。

(1) 计算广义笛卡儿积：把 Teachers 和 Projects 的每个元组连接起来。

方法是：在内存中尽可能多地装入 Teachers 表的若干块元组，留出 1 块存放 Projects 表的 1 块元组。然后把 Projects 中的每个元组和 Teachers 中每个元组连接，连接后的元组装满 1 块后就写到中间文件上，再从 Projects 中读入 1 块和内存中的 Teachers 元组连接，直到 Projects 表处理完。再次读入若干块 Teachers 元组，读入 1 块 Projects 元组。重复上述处理过程至 Teachers 表处理完毕。假设 1 个内存块能装 10 个 Teachers 元组或 100 个 Projects 元组，内存中 1 次可以存放 5 块 Teachers 元组(5×10)和 1 块 Projects 元组及若干块连接结果元组，则

读取总块数＝读 Teachers 表块数＋读 Projects 表遍数×每遍块数

$$=1000/10 块+[1000/(10\times5)]\times(10\,000/100)块=2100 块$$

若每秒读/写 20 块，则读块总计时间＝2100/20 秒＝105 秒。连接后的元组数为 $1000\times10\,000=10^7$，设每块能装 10 个这样的元组，则写出这些块总计时间 $=10^7/10/20$ 秒 ＝50 000 秒。

(2) 做选择操作：忽略内存处理时间，这一步读取中间文件花费的时间共需 50 000 秒。

(3) 做投影操作：时间可以忽略。

(4) 结论：查询总时间＝(105＋50 000＋50 000) 秒＝10 0105 秒＝27.8 小时。

第二种执行策略：$\pi_{教师姓名}(\sigma_{Projects.项目编号='P301'}(Teachers \bowtie Projects))$。

(1) 做自然连接：为了执行自然连接，读取 Teachers 和 Projects 表的策略不变，读取总块数 2100，共计时间 105 秒，但自然连接的结果为 10 000，比第一种策略大大减少了，写出这些元组时间为 10 000/10/20 秒＝50 秒。

(2) 做选择操作：读取中间文件块，做选择运算共计时间 50 秒。

(3) 做投影操作：时间可以忽略。

(4) 结论：查询总时间＝(105＋50＋50)秒＝205 秒＝3.4 分钟。

第三种执行策略：$\pi_{教师姓名}(Teachers \bowtie \sigma_{Projects.项目编号='P301'}(Projects))$。

(1) 做选择操作：只需读一遍 Projects 表，读块总数＝10 000/100 块＝100 块，共计时间＝100/20 秒＝5 秒。因为满足条件的元组只有 50 个，不必使用中间文件写入外存。

(2) 做自然连接:读取 Teachers 表,把读入的 Teachers 元组和内存中的 Projects 元组做连接,只需读一遍 Teachers 表,读块总数=1000/10 块=100 块,共计时间=100/20 秒=5 秒。

(3) 做投影操作:时间可以忽略。

(4) 结论:总时间=(5+5)秒=10 秒。

第四种执行策略:$\pi_{\text{教师姓名}}(\text{Teachers} \bowtie \sigma_{\text{Projects.项目编号}='\text{P301}'}(\text{Projects}))$,假设 Projects 表在项目编号上有索引,Teachers 表在教师编号上有索引。

(1) 做选择操作:根据 Projects 表索引读取 Projects 表总块数=50/100 块<1 块,共计时间<1/20 秒。因满足条件的元组只有 50 个,不必使用中间文件写入外存。

(2) 做自然连接:根据 Teachers 表索引,读 Teachers 表总块数=50/10 块=5 块,共计时间=5/20 秒。

(3) 做投影操作:时间可以忽略。

(4) 结论:查询总时间<1 秒。

综上所述,第四种查询策略所需时间最少。数据库查询优化器会选择这一种策略来执行查询,从而完成用户要求的任务。此外,要说明的是,虽然现在的数据库产品在查询优化方面做得越来越好,但用户提交的 SQL 语句是系统优化的基础,因此用户所写 SQL 语句的质量也是非常重要的。关于 SQL 语句,将在第 3 章进行详细介绍。

【例 2.20】 下面给出例 2.19 代数优化示例。

第一步,把查询转换为查询树,如图 2.4 所示。

第二步,假设内部表示是关系代数语法树,如图 2.5 所示。

第三步,根据规则 3 和 5 把选择 $\sigma_{\text{Projects.项目编号}='\text{P301}'}$ 移到叶端,即优化的查询树是例 2.19 中第三种策略的语法树表示,如图 2.6 所示。

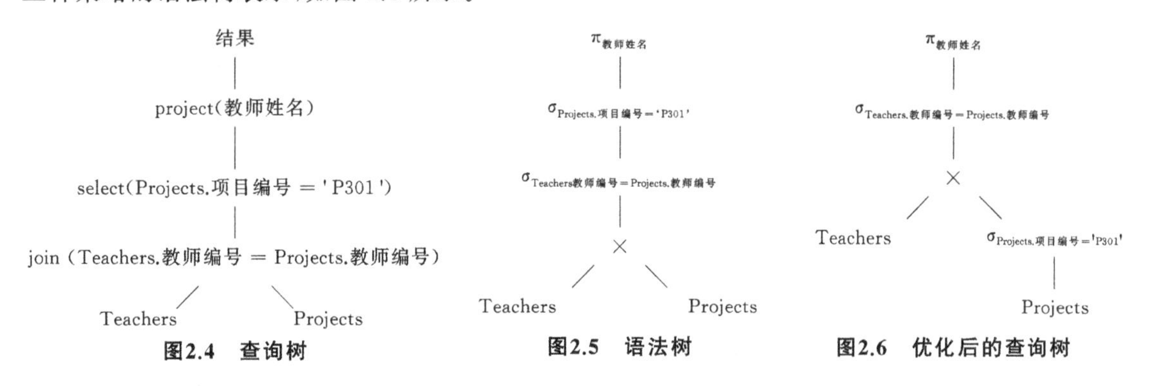

图2.4　查询树　　**图2.5　语法树**　　**图2.6　优化后的查询树**

2.6 小　　结

关系数据库系统是支持关系模型的数据库系统,也是目前使用最广泛的数据库系统。关系数据库系统的数据结构是关系,即二维表。

本章系统介绍了关系数据库的重要概念,包括关系模型的数据结构、关系的完整性以及关系操作,重点讲解了关系代数运算,最后阐述了 DBMS 查询优化的一般准则,并以一个实例详细分析了四种查询策略。

习 题 2

一、选择题

1. 给定关系 R_1 和 R_2，分别如表 2.53 和表 2.54 所示。

表 2.53 R_1

A	B	C
a_1	b_1	c_1
a_2	b_2	c_2
a_3	b_3	c_3

表 2.54 R_2

A	B	C
a_1	b_1	c_1
a_4	b_4	c_4
a_5	b_5	c_5

(1) R_1 与 R_2 做并运算，结果元组数为(　　)个。

A. 6　　B. 5　　C. 4　　D. 0

(2) R_1 与 R_2 做差运算，结果元组数为(　　)个。

A. 1　　B. 0　　C. 6　　D. 2

(3) R_1 与 R_2 做交运算，结果元组数为(　　)个。

A. 0　　B. 6　　C. 4　　D. 1

(4) R_1 与 R_2 做笛卡儿积运算，结果元组数为(　　)个。

A. 6　　B. 9　　C. 1　　D. 3

2. 在关系理论中称为“元组”的概念，在关系数据库中称为(　　)。

A. 列　　B. 记录　　C. 实体　　D. 字段

3. 下列叙述中正确的是(　　)。

A. 主码是一个属性，它能唯一标识一列

B. 主码是一个属性，它能唯一标识一行

C. 主码是一个属性或多个属性的组合，它能唯一标识一列

D. 主码是一个属性或多个属性的组合，它能唯一标识一行

4. 下列叙述中正确的是(　　)。

A. 关系中的元组没有先后顺序，属性有先后顺序

B. 关系中的元组有先后顺序，属性没有先后顺序

C. 关系中的元组没有先后顺序，属性也没有先后顺序

D. 关系中的元组有先后顺序，属性也有先后顺序

5. 有关系 $R(A,B,C)$(其中仅 A 能够唯一标识 R 的一个元组)和 $S(D,E,A)$(其中仅 D 能够唯一标识 S 的一个元组)，则 A 是 S 的(　　)。

A. 外码　　B. 主码　　C. 候选码　　D. 以上都不正确

二、简答题

1. 举例说明实体完整性规则和参照完整性规则。

2. 试述自然连接与等值连接的区别。

3. 为什么要对关系代数表达式进行优化？

三、综合题

1. 给定关系 R、S 分别如表 2.55、表 2.56 所示，计算 $R \div S$。

表 2.55　关系 R

F_1	F_2	F_3	F_4
M	N	O	P
M	N	S	T
M	N	X	Y
A	B	O	P
A	B	S	T
E	D	O	p

表 2.56　关系 S

F_3	F_4
O	P
S	T

2. 假设导师表 R_1 和学生表 R_2 分别如表 2.57 和表 2.58 所示，计算 $R_1 \bowtie R_2$。

表 2.57　R_1

导 师 编 号	导 师 姓 名
X_{001}	李德
X_{002}	王东

表 2.58　R_2

学　　号	姓　　名	导 师 编 号
2018502	刘平	X_{001}
2018503	李梅	X_{002}
2018504	杜风	X_{004}
2018505	常玉	X_{005}

3. 有关系如下：

S(S#,SNAME,AGE,SEX)

C(C#,CNAME,TEACHER)

SC(S#,C#,GRADE)

S 是学生关系，S# 是学号，SNAME 是学生姓名，AGE 是年龄，SEX 是性别；C 是课程关系，C# 是课程号，CNAME 是课程名，TEACHER 是教师；SC 是选课关系，GRADE 是成绩。用关系代数表达式来完成以下作业。

(1) 检索选修课程号为 k1 的学生学号和成绩。

(2) 检索“数据库原理及应用”课程的授课教师。

(3) 试用几种不同的代数表达式来检索选修课程号为 k3 的学生的学号和姓名，并说说那种执行效率更高。

(4) 查询选修了课程关系中所有课程的学生的学号和姓名。

第 3 章　SQL 语言

SQL 是一种通用的关系数据库语言，是用户与关系数据库管理系统（RDBMS）的接口，其英文全称是 structured query language，简写为 SQL，也称为结构化查询语言。尽管 SQL 被称为查询语言，但是除了数据查询（data query）外，它还有许多其他功能，如数据定义（data definition）、数据操纵（data manipulation）、数据控制（data control）、事务控制（transaction control）等。其中数据操纵包括数据查询和数据更新两个部分，数据更新包括数据插入、删除、修改等操作。可见，数据查询只是 SQL 的一部分功能。SQL 查询介于关系代数与关系演算之间，每一个 SQL 查询语句都可以转换为对应的关系代数表达式或关系演算表达式。SQL 是一种 English-like 式的语言，易学易用，功能强大，现在所有的关系数据库管理系统都支持 SQL。不过，不同的 DBMS 实现 SQL 的方法在一些细节上略有不同，或只支持整个语言的一个子集，要详细了解其用法，需要查阅 DBMS 的使用手册。本章介绍 SQL 语句的基本结构和用法。

3.1　SQL 概述

3.1.1　SQL 的产生与发展

SQL 是由 Boyce 和 Chamberlin 提出的。1974 年，他们为 IBM 公司 San Jose Research Laboratory 研制的关系数据库管理系统原型系统 System R 设计了一种查询语言，当时称为 SEQUEL（structured English query language）语言，后简称为 SQL。它由于功能丰富，语句采用英语表示，简洁易学，使用方法灵活，受到了用户及计算机工业界的欢迎。经各公司不断修改、扩充和完善，SQL 最终发展成为关系数据库的标准语言。

1981 年 IBM 推出关系数据库系统 SQL/DS 后，SQL 得到了广泛应用。1986 年 10 月，美国国家标准学会（American National Standard Institute，简称 ANSI）的数据库委员会 X3H2 批准将 SQL 作为关系数据库语言的美国国家标准，并公布了标准 SQL 文本，使 SQL 有了第一个标准，也称该标准为 SQL-86。1987 年国际标准化组织（International Organization for Standardization，简称 ISO）批准将 SQL 作为关系数据库语言的国际标准，并公布了标准文本。此后 ANSI 不断修改和完善 SQL 标准，并于 1989 年第二次公布 SQL 标准（SQL-89），1992 年公布了 SQL-92 标准，1999 年公布了 SQL-99（又称为 SQL3）。2016 年，ISO/IEC 发布了最新版本的 SQL 标准（ISO/IEC 9075:2016）。

自 SQL 成为国际标准语言以后，各个数据库厂家纷纷推出各自支持 SQL 的接口软件。目前大多数数据库均用 SQL 作为共同的数据存取语言和标准接口，从而使不同数据库系统之间的互操作有了共同的基础。软件厂商还对 SQL 的基本命令集进行了扩充。SQL Server 2017 使用 Transact-SQL 语言对数据库进行操作。

SQL对数据库以外的领域也产生了很大影响，不少软件产品将SQL的数据查询功能与图形功能、软件工程工具、软件开发工具、人工智能程序结合起来，不仅把SQL作为检索数据的语言规范，还把SQL作为检索图形、图像、声音、文字、知识等信息的语言规范。

3.1.2　SQL语言的基本功能

尽管说SQL是一种查询语言，但是它除了数据查询功能以外，还具有很多其他的功能，它可以定义数据结构、修改数据库中的数据以及说明安全性、完整性约束条件等。

SQL语言包括以下功能。

(1) 数据定义：提供定义、修改、删除关系表、索引及视图的命令，如CREATE、DROP、ALTER等。

(2) 数据操纵：提供基于关系代数与元组关系演算的数据查询和插入、删除、修改等数据更新操作，如SELECT、INSERT、UPDATE、DELETE等。

(3) 完整性控制：提供定义数据库中的数据必须满足的完整性约束条件的命令，破坏完整性约束条件的更新将被禁止。

(4) 事务控制：提供事务控制的命令，如COMMIT、ROLLBACK等。

(5) 权限管理：提供对表或视图访问权限进行控制的命令，如GRANT、REVOKE等。

(6) 嵌入式SQL与动态SQL：用于某种高级编程语言中访问数据库，如C、C++、JAVA、PL/I、COBOL、PASCAL和FORTRAN等。动态SQL语句在程序运行时构造，嵌入式SQL语句则必须在编译时全部确定。

本章内容涉及SQL语言的数据定义、数据操纵的基本特性和用法，重点介绍数据查询功能。关于SQL的事务控制功能将在第6章做详细介绍，关于嵌入式SQL与SQL扩展的用法将在第9章介绍。各个DBMS产品在实现标准SQL语言时略有差别，一般都做了一些扩充。因此，具体使用某个DBMS产品时，还应参阅有关手册。

3.1.3　SQL语言的基本概念

SQL语言支持关系数据库三级模式结构，如图3.1所示。其中外模式对应于视图(view)和部分基本表(base table)，模式对应基本表，内模式对应存储文件。

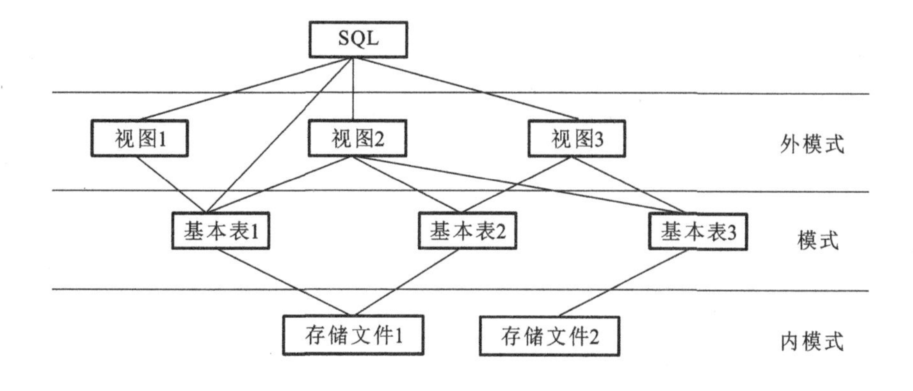

图3.1　SQL语言支持关系数据库三级模式结构

为了后面讨论方便，下面介绍与SQL语言使用有关的几个基本概念。

1. 基本表

基本表是本身独立存在的文件，一个关系对应一个基本表。

2. 视图

视图是从一个或几个基本表或视图中导出的虚表。与基本表不同的是，数据库中只存放对视图的定义，而不存放视图对应的数据，这些数据仍存放在原来的基本表中。所以，基本表中的数据发生变化，从视图中查询出的数据也随之改变。视图一经定义就可以与基本表一样被查询。它还可以像基本表一样被用来导出其他视图。

3. 游标

游标是用于嵌入式SQL中的一种技术，它提供了在查询结果集中一次一行或多行向前或向后浏览表格的能力。一个游标相当于一个指示器，指向当前被处理的元组。

4. 集函数

集函数又称为库函数，是对满足某种限制条件的从基本表导出的一个元组集的统计操作，如最大值、最小值、平均值、个数、总和等。

5. 谓词

谓词指明一个条件，该条件求解后，结果为一个布尔值。

6. 子查询

当一个查询的结果为另一个查询的条件时，称该查询为子查询。子查询可以多次嵌套。

以下的讲解均以某公司工程管理系统为例。该系统共有四个表，分别是部门表、员工表、工程表和工作表。表3.1、表3.2、表3.3和表3.4分别是它们的表结构，表3.5、表3.6、表3.7和表3.8分别是它们的示例数据。

表3.1　Department(部门)表结构

列　名	数据类型	长　度	允许空	描　述
Dno	INT	4		部门号
Dname	CHAR	16		部门名称
Daddress	CHAR	30	√	部门地址
ManagerID	INT	4	√	部门经理的员工号

表3.2　employee(员工)表结构

列　名	数据类型	长　度	允许空	描　述
Eno	INT	4		员工号
Ename	CHAR	10	√	姓名
Esex	CHAR	2	√	性别
Eaddress	CHAR	30	√	住址
Eindate	DATETIME	8	√	进入公司时间
Dno	INT	4	√	所属部门的部门号

表 3.3　Project(工程)表结构

列　名	数据类型	长　度	允许空	描　述
Pno	INT	4		工程号
Pname	CHAR	20	√	工程名称
Pincome	FLOAT	8	√	工程收入
Prates	FLOAT	8	√	利润率

表 3.4　Works(参与工程)表结构

列　名	数据类型	长　度	允许空	描　述
Eno	INT	4		员工号
Pno	INT	4		工程号
Salary	FLOAT	8	√	员工参与工程的酬金

表 3.5　Department(部门)表基本数据

部门编号	部门名称	地　址	部门经理的员工号
101	人事部	总部 3_302#	201302
102	外事部	总部 3_112#	201222
103	研发部	分部科技楼	201223
104	财务部	总部 3_232#	201010
105	生产车间	分部生产区	201705

表 3.6　Employee(员工)表基本数据

员工号	姓　名	性　别	住　址	进入公司时间	所属部门的部门号
201705	谭林	男	南区 6#	2017-12-02	105
201009	孙斌	男	北区 6#	2010-04-20	104
201010	计策	男	南区 6#	2010-09-15	104
201101	苏红	女	北区 1#	2011-06-09	102
201102	江山	男	东区 10#	2011-02-06	101
201112	何惧	男	北区 6#	2011-10-06	105
201123	伍洁	女	西区 10#	2011-04-16	103
201201	李红	女	西区 10#	2012-05-06	101
201206	李梅	女	西区 10#	2012-06-16	104
201222	李丽	女	西区 10#	2012-07-23	102
201223	张小钢	男	东区 10#	2012-12-06	103
201301	张云	男	东区 15#	2013-06-12	101

续表

员工号	姓名	性别	住址	进入公司时间	所属部门的部门号
201302	王虹	女	西区 12#	2013-08-13	101
201356	赵力	男	南区 6#	2013-02-20	105
201403	王元	女	西区 2#	2014-07-17	103

表 3.7 Project(**工程**)**表基本数据**

工程号	工程名称	工程收入/万元	利润率
301	集成电路	20 645.00	0.92
305	管理信息系统	65 498.00	0.87
306	企业门户网站	100 050.00	0.95
308	移动通信	4 567 100.00	0.69
321	嵌入式系统	120 000.00	0.85

表 3.8 Works(**工作**)**表基本数据**

员工号	工程号	酬金/万元	员工号	工程号	酬金/万元
201705	301	56.0	201101	306	10.1
201705	305	30.2	201101	321	54.0
201705	306	40.9	201112	301	89.0
201009	301	56.0	201112	305	43.3
201009	305	12.6	201123	308	23.8
201009	308	46.0	201123	321	98.6
201010	301	<NULL>	201201	301	50.0
201010	305	56.0	201206	301	49.9
201010	306	47.2	201403	301	31.0
201010	308	<NULL>	201403	305	<NULL>
201010	321	41.2	201403	306	65.0
201101	301	51.0	201403	308	120.0
201101	305	30.6	201403	321	93.0

3.2 数据定义

关系数据库系统支持的基本对象有表、视图和索引。因此,SQL的数据定义功能包括定义表、定义视图和定义索引,如表3.9所示。

表3.9 SQL的数据定义语句

操作对象	操作方式		
	创建	删除	修改
表	CREATE TABLE	DROP TABLE	ALTER TABLE
视图	CREATE VIEW	DROP VIEW	
索引	CREATE INDEX	DROP INDEX	

视图是基于基本表的虚表,索引是依附于基本表的,因此SQL通常不提供修改视图定义和修改索引定义的操作。用户如果想修改视图定义或索引定义,只能先将它们删除掉,然后重建。不过,有些关系数据库产品(如Oracle)允许直接修改视图定义。

3.2.1 基本表的定义、删除与修改

1. 定义基本表

建立数据库最重要的一步就是定义一些基本表。用TABLE语句定义基本表的一般格式为

```
CREATE TABLE 表名
    (列名1  类型[列级完整性约束条件]
    [,列名2  类型[列级完整性约束条件]]…
    [,表级完整性约束条件]);
```

其中,"表名"是所要定义的基本表的名字,它可以由一个或多个属性(列)组成。建表的同时通常还可以定义与该表有关的完整性约束条件,这些完整性约束条件被存入系统的数据字典中,当用户操作表中数据时由DBMS自动检查该操作是否违背这些完整性约束条件。列级完整性约束条件有NULL(空值)、UNIQUE(取值唯一)等。如果完整性约束条件涉及该表的多个属性列,则必须定义在表级上,表级完整性有实体完整性与参照完整性。"[ ]"表示可选项。

【例3.1】 按照表3.1、表3.2、表3.3和表3.4规定的表结构,创建公司工程管理系统中的四个基本表。

```
CREATE TABLE Department
   (Dno INT NOT NULL UNIQUE,
   Dname CHAR(16) NOT NULL,
   Daddress CHAR(30),
   ManagerID INT);
CREATE TABLE Employee
   (Eno INT NOT NULL UNIQUE,
```

```
        Ename CHAR(10) UNIQUE,
        Esex CHAR(2),
        Eaddress CHAR(30),
        Eindate DATETIME,
        Dno INT);
    CREATE TABLE Project
        (Pno INT NOT NULL UNIQUE,
        Pname CHAR(20),
        Pincome FLOAT,
        Prates FLOAT);
    CREATE TABLE Works
        (Eno INT NOT NULL,
        Pno INT NOT NULL,
        Salary FLOAT);
```

系统每执行一个 CREATE TABLE 语句后，就在数据库中建立一个新的空表，并将有关表的定义及有关约束条件存放在数据字典中。以上操作一共产生了四个新表，它们分别是 Department、Employee、Project 和 Works。

在 DBMS 中定义表时需要指明各列的数据类型及长度，以后输入或改变的数据必须符合在 CREATE TABLE 语句中预先定义的数据类型，所以数据类型还可以用来实现数据完整性。不同的数据库系统支持的数据类型不完全相同。例如，SQL Server 2017 的常用数据类型如下。

SMALLINT：占用 2 个字节存储空间的整数。

INT：占用 4 个字节存储空间的整数。

TINYINT：占用 1 个字节存储空间的整数。

BIGINT：占用 8 个字节存储空间的整数。

FLOAT：双字长浮点数。

CHAR(n)：长度为 n 的定长字符串。

VARCHAR(n)：最大长度为 n 的变长字符串。

DATETIME：日期时间型。

DECIMAL：十进制数据。

2. 删除基本表

当某个基本表不再需要时，可以删除它。删除表的一般格式为

DROP TABLE 表名；

【例 3.2】 删除部门表。

```
DROP TABLE Department;
```

基本表一旦删除，表中的数据、此表上建立的索引和视图都将自动被删除。因此，执行删除基本表的操作一定要小心。

注意：有的系统，如 Oracle 删除基本表后，建立在此表上的视图定义仍然保留在数据字典中，但是用户不能用。

3. 修改基本表

随着应用环境和应用需求的变化，有时需要修改已建立好的基本表。SQL 语言用 ALTER

TABLE语句修改基本表，其一般格式为

ALTER TABLE 表名

ADD 新列名 数据类型[列级完整性约束条件]

[DROP 完整性约束名]

[ALTER COLUMN 列名 数据类型]；

其中，“表名”是要修改的基本表的名字；ADD子句用于增加新列和新的列级完整性约束条件；DROP子句用于删除指定的完整性约束条件；ALTER COLUMN子句用于修改原有的列定义，包括修改列名和数据类型。

【例3.3】 向员工表增加“出生年月”列，其数据类型为日期型。

```
ALTER TABLE Employee ADD Ebirthday DATETIME;
```

不论基本表中原来是否已有数据，新增加的列一律为空值。

【例3.4】 将员工表的家庭住址的数据类型改为最大长度为40的变长字符类型。

```
ALTER TABLE Employee
ALTER COLUMN Eaddress VARCHAR(40);
```

注意：修改原有的列定义有可能会破坏已有数据。

【例3.5】 为Department表增加部门名称唯一的约束。

```
ALTER TABLE Department
ADD CONSTRAINT CON_DEPT_UNIQUE UNIQUE (Dname);
```

3.2.2 建立与删除索引

建立索引是加快查询速度的有效手段。用户可以根据应用环境的需要，在基本表上建立一个或多个索引，以提供多种存取路径，加快查找速度。一般来说，建立与删除索引由数据库管理员DBA或表的主人(即建立表的人)负责完成。系统在存取数据时会自动选择合适的索引作为存取路径，用户不必也不能选择索引。

1. 建立索引

在SQL语言中，建立索引使用CREATE INDEX语句，其一般格式为

CREATE UNIQUE[CLUSTER]

INDEX 索引名

ON 表名(列名[次序][，列名[次序]]…)

[其他参数]

其中，“表名”是要建索引的基本表的名字。索引可以建立在一列或几列上，其中次序可取ASC(升序)或DESC(降序)，缺省值为升序。“UNIQUE”表示每一个索引值只对应唯一的数据记录。“CLUSTER”表示要建立的索引是聚簇索引。所谓聚簇索引，是指索引项的顺序与表中记录的物理顺序一致的索引。

【例3.6】 对员工表建立索引，使员工表的记录按员工号降序排列。

```
CREATE INDEX employee_ind1 ON Employee(Eno DESC);
```

【例3.7】 在工程表的工程名列上建立一个聚簇索引，按工程名值的升序排列。

```
CREATE CLUSTERED INDEX Project_ind2 ON Project(Pname);
```

该语句执行后将会在Project表的“Pname”列上建立一个聚簇索引，Project表中的记录按

按“Pname”值的升序排放。

用户可以在最常查询的列上建立聚簇索引以提高查询效率。显然在一个基本表上最多只能建立一个聚簇索引。建立聚簇索引后，更新索引列数据时，往往导致表中记录的物理顺序的变更，代价较大，因此对于经常更新的列不宜建立聚簇索引。

2. 删除索引

索引一经建立，就由系统使用和维护它，不需要用户干预。建立索引是为了减少查询操作的时间，但如果数据增、删、改频繁，系统会花费许多时间来维护索引。这时，可以删除一些不必要的索引。

删除索引语句格式为

DROP INDEX 索引名

在 SQL Server 2017 中，对于 DROP INDEX，必须以“tablename.indexname”的形式同时给出表名和索引名。

【例 3.8】 删除工程表的 Project_ind2 索引。

```
DROP INDEX Project.Project_ind2;
```

删除索引时，系统会同时从数据字典中删去有关该索引的描述。

数据定义功能还包括视图的定义与删除操作。关于视图的操作请参考 3.4 节。

3.3 数据查询

数据库查询是数据库的常用操作。SQL 语言提供了 SELECT 语句进行数据库的查询，该语句具有灵活的使用方式和丰富的功能。用 SELECT 语句查询的一般格式为

SELECT[ALL|DISTINCT]目标列表达式[，目标列表达式]…
FROM 基本表或视图[，基本表或视图]…
[WHERE 条件表达式]
[GROUP BY 列名 1[HAVING 内部函数表达式]]
[ORDER BY 列名 2[ASC/DESC]]

其中，SELECT 子句对应关系代数中的投影运算，用于列出查询结果中的属性，它的输出可以是基本表列名和表达式、集函数(AVG，COUNT，MAX，MIN，SUM)；“DISTINCT”选项可以保证查询结果集中不存在重复元组。

FROM 子句对应关系代数中的积运算，它列出表达式求值中需要扫描的关系。

WHERE 子句对应关系代数中的选择谓词，实现对元组的筛选。

GROUP BY 子句根据指定列名对结果集中的元组进行分组。

HAVING 子句对分组进行过滤，它一般与 GROUP BY 子句配合使用。

ORDER BY 子句对结果集按指定列名进行排序，ASC 是升序，DESC 是降序。

SELECT 语句的含义是：根据 WHERE 子句的条件表达式，从 FROM 子句指定的基本表或视图中找出满足条件的元组，再按 SELECT 子句中的目标列表达式，选出元组中的属性值形成结果表。如果有 GROUP BY 子句，则将结果按“列名 1”的值进行分组，该属性列值相等的元组为一个组。通常会在每组中使用集函数。如果 GROUP BY 子句带“HAVING”短语，则只有

满足指定条件的组才予选取。如果有 ORDER BY 子句,则结果表还要按“列名 2”的值的升序或降序排序。

SELECT 语句既可以完成简单的单表查询,也可以完成复杂的连接查询和嵌套查询。下面以公司工程管理数据库为例说明 SELECT 语句的各种用法。

3.3.1　简单查询

简单查询是找出表中满足条件的元组,仅涉及一个表。这种查询与关系代数中的投影和选择操作差不多。简单查询使用:SELECT、FROM 和 WHERE 三个关键字来表示一个 SQL 查询语句。

1. SQL 语言中的投影

选择表中的全部列或部分列,就是投影运算。

(1) 查询全部列。

将表中所有列都选出来,有两种方法,一种方法就是在 SELECT 关键字后面列出所有列名。如果列的显示顺序与其在基本表中的顺序相同,也可以简单地将目标列表达式指定为 * 。

【例 3.9】 查询全体员工的详细记录。

```
SELECT *
FROM Employee;
```

它等于

```
SELECT Eno,Ename,Esex,Eaddress,Eindate,Dno
FROM Employee;
```

运行结果为(日期后面的时间用…表示)

Eno	Ename	Esex	Eadress	Eindate	Dno
201705	谭林	男	南区 6#	2017-12-02…	105
201009	孙斌	男	北区 6#	2010-04-20…	104
201010	计策	男	南区 6#	2010-09-15…	104
201101	苏红	女	北区 1#	2011-06-09…	102
201102	江山	男	东区 10#	2011-02-06…	101
⋮	⋮	⋮	⋮	⋮	⋮

(2) 查询指定列。

在很多情况下,用户只对表中的一部分列感兴趣,这时可以在 SELECT 子句的目标列表达式中指定要查询的列。

【例 3.10】 查询全体员工的员工号与姓名。

```
SELECT Eno,Ename
FROM Employee;
```

目标列表达式中各个列的先后顺序可以与表中的顺序一致,也可以根据应用的需要改变列的显示顺序。例 3.10 中先列出员工号,再列出员工姓名。

运行结果为

Eno	Ename
201705	谭林
201009	孙斌
201010	计策
201101	苏红
201102	江山
⋮	⋮

(3) 指定查询结果表的列标题。

SQL 查询语句可以通过在目标列名后面加“AS”关键字和一个别名,使结果表的列标题和 FROM 子句中给出的关系的属性有不同的名字。该别名成为结果关系的列标题。关键字 AS 是可选的,即别名可以直接跟在它所代表的列名后面。

【例 3.11】 对例 3.10 的查询结果用中文表示列标题,即用“员工号”表示 Eno,用“员工姓名”表示 Ename。

```
SELECT Eno AS 员工号, Ename AS 员工姓名
FROM Employee;
```

运行结果为

员工号	员工姓名
201705	谭林
201009	孙斌
201010	计策
201101	苏红
⋮	⋮

(4) 查询经过计算的值。

经过计算的值不是表中已有的列,需要在查询结果表中添加新的列。

【例 3.12】 查询所有工程的工程名称、工程收入和利润。

```
SELECT Pname AS 工程名称,Pincome AS 工程收入,Pincome* Prates AS 利润
FROM Project;
```

例 3.12 的查询结果中,“工程名称”和“工程收入”是表中固有的列,“利润”是查询结果中新添加的列,其值是工程收入与利润率的乘积。

该语句的运行结果为

工程名称	工程收入	利润
管理信息系统	65498	56983.26
集成电路	20645	18993.4
企业门户网站	100050	95047.5
嵌入式系统	120000	102000
移动通信	4567100	3151299

【例 3.13】 查询全部员工的姓名和工龄。员工的工龄是当前年份减去员工到公司的年份。

```
SELECT Ename AS 员工姓名,YEAR(getdate())- YEAR(Eindate) AS 工龄
FROM Employee;
```

例 3.13 用到了 SQL Server 2017 的内置函数,YEAR()将返回年份,getdate()取得系统当前日期,Eindate 为表中员工到公司的日期。运行结果为

员工姓名	工龄
谭林	1
孙斌	8
计策	8
苏红	7
江山	7
⋮	⋮

(5) 消除重复组。

投影运算可能会出现重复元组。

【例 3.14】 查询员工的所有住址。

```
SELECT Eaddress
FROM Employee;
```

查询结果为

Eaddress
南区 6#
北区 6#
南区 6#
北区 1#
东区 10#
北区 6#
西区 10#
西区 10#
西区 10#
西区 10#
东区 10#
东区 15#
西区 12#
南区 6#
西区 2#

上面的查询结果中含有重复组,可以用“DISTINCT”关键字消除重复组。

【例 3.15】 查询员工的所有住址，消除重复值。

```
SELECT DISTINCT Eaddress
FROM Employee;
```

查询结果为

Eaddress
北区 1#
北区 6#
东区 10#
东区 15#
南区 6#
西区 10#
西区 12#
西区 2#

2. SQL 语言中的选择

SQL 语言中的选择是针对表的元组的运算，即从全部元组中选择符合条件的元组。例 3.9 至例 3.15 都是无条件查询，即选取全部元组，但是在实际应用中，更多的是指定满足条件的查询。

查询满足指定条件的元组可以通过 WHERE 子句实现。WHERE 子句常用的查询谓词如表 3.10 所示。

表 3.10 常用的查询条件

运算符		含义
集合成员运算符	IN NOT IN	在集合中 不在集合中
字符串匹配运算符	LIKE	与_和%进行单个或多个字符匹配
空值比较运算符	IS NULL IS NOT NULL	为空 不为空
算术运算符	= <> != > < >= <=	等于 不等于 不等于 大于 小于 大于等于 小于等于
确定范围	BETWEEN…AND…, NOT BETWEEN…AND…	在指定范围中 不在指定范围中
逻辑运算符	AND OR NOT	与 或 非

(1) COMPARISION 谓词(比较大小)。

用于比较大小的运算符一般包括=(等于),>(大于),<(小于),>=(大于等于),<=(小于等于),以及<>(不等于),! =(不等于)。有些产品中还包括! >(不大于),! <(不小于)。逻辑运算符“NOT”可与比较运算符一起用,对条件求非。

【例 3.16】 查询在工程中利润率低于 0.86 的所有工程的工程名称、工程收入与利润率。

```
SELECT Pname, Pincome, Prates
FROM Project
WHERE Prates< 0.86;
```

运行结果为

Pname	Pincome	Prates
嵌入式系统	120000	0.85
移动通信	4567100	0.69

(2) BETWEEN 谓词(确定范围)。

谓词“BETWEEN…AND…”和“NOT BETWEEN…AND…”可以用来查找列的值在(或不在)指定范围内的元组,其中“BETWEEN”后面是范围的下限(即低值),“AND”后面是范围的上限(即高值)。

【例 3.17】 查询工程收入在 60 000 到 110 000 的所有工程的名称和工程收入。

```
SELECT Pname, Pincome
FROM Project
WHERE Pincome BETWEEN 60000 AND 110000;
```

运行结果为

Pname	Pincome
管理信息系统	65498
企业门户网站	100050

(3) IN 谓词(确定集合)。

谓词“IN”用来查找属性值属于指定集合的元组,谓词“NOT IN”用来查找属性值不属于指定集合的元组。

【例 3.18】 查询住在南区 6＃和西区 10＃的员工的姓名和住址。

```
SELECT Ename, Eaddress
FROM Employee
WHERE Eaddress IN('南区 6# ', '西区 10# ');
```

运行结果为

Ename	Eaddress
谭林	南区 6＃
计策	南区 6＃
伍洁	西区 10＃
李红	西区 10＃

续表

Ename	Eaddress
李梅	西区 10#
李丽	西区 10#
赵力	南区 6#

【例 3.19】 查询不住在南区 6#和西区 10#的员工的姓名和住址。

```
SELECT Ename, Eaddress
FROM Employee
WHERE Eaddress NOT IN('南区 6# ', '西区 10# ');
```

运行结果为

Ename	Eaddress
孙斌	北区 6#
苏红	北区 1#
江山	东区 10#
何惧	北区 6#
张小钢	东区 10#
张洪	东区 15#
王虹	西区 12#
王元	西区 2#

(4) LIKE 谓词(字符匹配)。

谓词"LIKE"可以用来进行字符串的匹配。其一般语法格式为

[NOT]LIKE 匹配串[ESCAPE 换码字符]

其含义是查找指定的属性值与匹配串相匹配的元组。匹配串可以是一个完整的字符串,也可以含有通配符"%"和"_"。其中"%"(百分号)代表任意长度(长度可以为 0)的字符串。例如,"a%b"表示以"a"开头,以"b"结尾的任意长度的字符串。"_"(下横线)代表任意单字符。例如,"a_b"表示以"a"开头,以"b"结尾,中间为任意单字符,长度为 3 的字符串。

【例 3.20】 查询所有姓"李"的员工的姓名和所属部门号。

```
SELECT Ename, Dno
FROM Employee
WHERE Ename LIKE '李% ';
```

运行结果为

Ename	Dno
李红	101
李梅	104
李丽	102

【例 3.21】 查询办公地点不在总部的所有部门的详细情况。

```
SELECT *
FROM Department
WHERE Daddress NOT LIKE '% 总部% ';
```

运行结果为

Dno	Dname	Daddress	ManagerID
103	研发部	分部科技楼	201223
105	生产车间	分部生产区	201705

如果“LIKE”后面的匹配串中不含通配符，则可以用“=”运算符取代 LIKE 谓词，用“! =”或“< >”(不等于)运算符取代 NOT LIKE 谓词。

如果用户要查询的字符串本身就含有“%”“_”等字符，就要用“换码字符”短语对通配符进行转义。

【例 3.22】 查询办公地点在 3 号楼的所有部门的详细情况。所谓 3 号楼，是指楼号以“3_”开头。

```
SELECT *
FROM Department
WHERE Daddress LIKE '%3\_%' ESCAPE '\';
```

运行结果为

Dno	Dname	Daddress	ManagerID
101	人事部	总部 3_302#	201302
102	外事部	总部 3_112#	201222
104	财务部	总部 3_232#	201010

(5) NULL 谓词(空值)。

使用谓词“IS NULL”或“IS NOT NULL”，可以查询表中某字段为空值或不为空值的元组。所谓空值，是指没有输入值，空值并不等于 0 或空格。注意，不能用“= NULL”代替“IS NULL”。

【例 3.23】 查询没有领取酬金的员工号和工程号。

```
SELECT Eno, Pno
FROM Works
WHERE Salary IS NULL;
```

运行结果为

Eno	Pno
201010	301
201010	308
201403	305

(6) 多重条件查询。

逻辑运算符“AND”和“OR”可用来连接多个查询条件。“AND”的优先级高于“OR”的优先级，但用户可以用括号改变优先级。

【例 3.24】 查询 2013 年及以后进入公司的女员工的姓名和报到日期。

```
SELECT Ename AS 姓名, CONVERT(varchar(100), Eindate, 23)AS 报到日期
FROM Employee
WHERE Eindate> '2013-1-1'AND Esex= '女';
```

“CONVERT(varchar(100), Eindate, 23)”的作用是将日期时间型数据以“yyyy-mm-dd”格式表示，有关这方面的知识请查阅 SQL Server 2017 教程。其运行结果为

姓名	报到日期
王虹	2013-08-13
王元	2014-07-17

在例 3.18 中的 IN 谓词实际上是多个“OR”运算符的缩写，因此例 3.18 中的查询也可以用 OR 运算符写成如例 3.25 所示的等价形式。

【例 3.25】 查询住在南区 6# 和西区 10# 的员工的员工姓名和住址。

```
SELECT Ename, Eaddress
FROM Employee
WHERE Eaddress= '南区 6#' OR Eaddress='西区 10#';
```

3. 集函数

SQL 提供了若干内部函数，用于求元组的个数和某个属性值的统计计算值，以提高系统的检索能力，这些内部函数称为集函数。主要的集函数如表 3.11 所示。

表 3.11 集函数

集函数名	功能
COUNT([DISTINCT|ALL] *)	统计元组个数
COUNT([DISTINCT|ALL]列名)	统计一列中值的个数
SUM([DISTINCT|ALL]列名)	计算某列值的总和(此列必须是数值型)
AVG([DISTINCT|ALL]列名)	计算某列值的平均值(此列必须是数值型)
MAX([DISTINCT|ALL]列名)	求某列值的最大值
MIN([DISTINCT|ALL]列名)	求某列值的最小值

如果指定 DISTINCT 短语，则表示在计算时要取消指定列中的重复值；如果不指定 DISTINCT 短语或指定 ALL 短语(ALL 为缺省值)，则表示不取消重复值。

【例 3.26】 查询在册员工的总人数。

```
SELECT COUNT(*)
FROM Employee;
```

运行结果为 15。

【例 3.27】 查询参与了工程的员工的总人数。

```
SELECT COUNT(DISTINCT Eno)
FROM Works;
```

运行结果为 9。

由于一个员工可以参与多个工程,每参加一个工程就在Works表中增加一条记录,为避免重复计算员工人数,必须在COUNT函数中加DISTINCT。

【例3.28】 计算所有工程收入总和。

```
SELECT SUM(Pincome)
FROM Project;
```

运行结果为4873293。

【例3.29】 计算员工号为201403的员工的平均酬金。

```
SELECT AVG(Salary)
FROM Works
WHERE Eno= 201403;
```

运行结果为77.25。

注意:空值并不参与运算。

【例3.30】 查询员工号为201403的员工在单个工程中领取酬金的最大值。

```
SELECT MAX(Salary)
FROM Works
WHERE Eno= 201403;
```

运行结果为120。

4. 排序与分组

(1) ORDER BY子句。

用ORDER BY子句用户可以对查询结果按照一个或多个属性列的升序(ASC)或降序(DESC)排列,缺省值为升序。

【例3.31】 查询员工的姓名与进入公司日期,按进入公司时间从后向前排序。

```
SELECT Ename, Eindate
FROM Employee
ORDER BY Eindate DESC;
```

运行结果为

Ename	Eindate
王元	2014-07-17…
王虹	2013-08-13…
张云	2013-06-12…
赵力	2013-02-20…
张小钢	2012-12-06…
李丽	2012-07-23…
⋮	⋮

对于空值,若按升序排,含空值的元组将最后显示;若按降序排列,含空值的元组将最先显示。

(2) GROUP BY子句。

GROUP BY子句的作用是将查询结果按分组属性划分为若干组,同组内的所有元组在分组属性上具有相同值。

【例 3.32】 求参与了工程的所有员工。

```
SELECT Eno
FROM Works
GROUP BY Eno;
```

运行结果为

Eno
201705
201009
201010
201101
201112
201123
201201
201206
201403

此例等价于

```
SELECT DISTINCT Eno
FROM Works;
```

【例 3.33】 求员工参与的所有工程。

```
SELECT Eno, Pno
FROM Works
GROUP BY Eno, Pno;
```

运行结果为

Eno	Pno
201705	301
201705	305
201705	306
201009	301
201009	305
201009	308
201010	301
201010	305
⋮	⋮

在 SQL Server 2017 中，如果 GROUP BY 后面只有“Eno”而没有“Pno”，就会提示以下错误：“列‘Works. Pno’在选择列表中无效”，因为该列既不包含在聚合函数中，也不包含在

GROUP BY 子句中。所以，指定 GROUP BY 时，选择列表中任一非聚合表达式内的所有列都应包含在 GROUP BY 列表中，或者 GROUP BY 表达式必须与选择列表表达式完全匹配。

对查询结果进行分组是为了细化集函数的作用对象，可以针对某一组使用集函数，将集函数作用于每一个组，即每一组都有一个函数值。

【例 3.34】 求每个工程的参与人员数。

```
SELECT Pno, COUNT(Eno)
FROM Works
GROUP BY Pno;
```

运行结果为

Pno	（无名列）
301	8
305	6
306	4
308	4
321	4
⋮	⋮

该语句对查询结果按“Pno”的值分组，然后对每一组用集函数 COUNT 计算“Eno”的个数。例 3.34 中“Eno”出现在集函数中，所以 GROUP BY 中可以不出现“Eno”。

(3) HAVING 子句。

如果分组后还要求按一定的条件对这些组进行筛选，最终只给出满足条件的组，则可使用 HAVING 子句指定筛选条件。

【例 3.35】 查询参与了 3 个以上工程的员工的员工号。

```
SELECT Eno
FROM Works
GROUP BY Eno
HAVING COUNT(* ) > 3;
```

例 3.35 先用 GROUP BY 子句按 Eno 进行分组，再用集函数 COUNT 对每一组计数。HAVING 子句指定选择组的条件，只有满足条件（即元组个数大于 3）才会被选中。运行结果为

Eno
201010
201101
201403

WHERE 子句与 HAVING 子句的区别在于作用对象不同：WHERE 子句作用于基本表或视图，从中选择满足条件的元组；HAVING 短语作用于分组，从中选择满足条件的组。

3.3.2　连接查询

前面的查询都是针对一个表进行的。若一个查询同时涉及两个或两个以上的表，即从两个

或两个以上的表中检索数据，则称为连接查询。连接查询是关系数据库的重要特色之一，也是关系模型区别于其他模型的重要标志。

连接查询包括广义笛卡儿积、等值连接、自然连接、非等值连接查询、自身连接查询、外连接查询和复合条件连接查询等。

1. 广义笛卡儿积

广义笛卡儿积是指不带连接谓词的连接，参与连接运算的表做简单的笛卡儿积。如果是两个表做笛卡儿积，则其执行过程是：首先在表 1 中找到第一个元组，然后从头开始扫描表 2，逐一将表 2 的元组与表 1 中的第一个元组拼接起来；表 2 全部查找完后，再找表 1 中第二个元组，然后从头开始扫描表 2，逐一将表 2 的元组与表 1 中的第二个元组拼接起来。重复上述操作，直到表 1 中的全部元组都处理完毕。得到的新表的元组的个数是原两个表的元组的个数的乘积。事实上这个新表没有任何实际意义，很少使用。

【例 3.36】 广义笛卡儿积。

```
SELECT  Employee.*, Works.*
FROM Employee, Works;
```

运行结果为

Eno	Ename	Esex	Eaddress	Eindate	Dno	Eno	Pno	Salary
201705	谭林	男	南区 6#	2017-12-02…	105	201705	301	56
201705	谭林	男	南区 6#	2017-12-02…	105	201705	305	30.2
201705	谭林	男	南区 6#	2017-12-02…	105	201705	306	40.9
201705	谭林	男	南区 6#	2017-12-02…	105	201009	301	56
201705	谭林	男	南区 6#	2017-12-02…	105	201009	305	12.6
⋮	⋮	⋮	⋮	⋮	⋮	⋮	⋮	⋮

以上查询结果共有 390 个元组，而有意义的只有 26 个。例如，第一个至第三个元组有意义，它显示了 201705 号员工及其参与工程的详细情况；而第四个元组没有意义，因为第四个元组应该显示 201009 号员工的详细情况。

2.等值连接与非等值连接

可以对广义笛卡儿积增加连接条件，消除无意义的元组。

连接查询中用来连接两个表的条件称为连接条件或连接谓词。它的一般格式为

[表名 1.]列名 1　比较运算符 [表名 2.]列名 2

其中，比较运算符有=、>、<、>=、<=、! =。当连接运算符为“=”时，称为等值连接。使用其他运算符称为非等值连接。

非等值连接的另外一种格式为

[表名 1.]列名 1　BETWEEN [表名 2.]列名 2　AND [表名 2.]列名 3

等值连接比非等值连接应用要多些。

等值连接的连接谓词中的列名称为连接字段，连接字段的数据类型必须都是数值型或字符

型。从理论上讲，等值连接并不要求两个表的数据类型一致，但实际应用中，只有相同的数据类型才有意义。等值连接不要求连接字段名相同，也不要求连接字段出现在结果集中。

【例 3.37】 查询参与了工程的员工的详细情况。

```
SELECT Employee.*,Works.*
FROM Employee,Works
WHERE Employee.Eno=Works.Eno;
```

运行结果为

Eno	Ename	Esex	Eaddress	Eindate	Dno	Eno	Pno	Salary
201705	谭林	男	南区 6＃	2017-12-02…	105	201705	301	56
201705	谭林	男	南区 6＃	2017-12-02…	105	201705	305	30.2
201705	谭林	男	南区 6＃	2017-12-02…	105	201705	306	40.9
201009	孙斌	男	北区 6＃	2010-04-20…	104	201009	301	56
201009	孙斌	男	北区 6＃	2010-04-20…	104	201009	305	12.6
⋮	⋮	⋮	⋮	⋮	⋮	⋮	⋮	⋮

例 3.37 的查询涉及 Employee 和 Works 两个表，它们通过公共属性“Eno”实现连接，查询结果表中有两个“Eno”属性。与例 3.36 相比，元组的个数减少为 26 个。

3.自然连接

把等值连接中的目标列中重复的属性列去掉就是自然连接。自然连接是等值连接的一种特殊情况，与等值连接相比，增加了以下限制：

（1）连接字段具有相同的字段名；

（2）连接字段相有相同的数据类型；

（3）结果表中不含重复属性。

针对例 3.37，修改 SELECT 子句中的属性列，即可去掉重复属性 Pno，得到自然连接查询结果。

【例 3.38】 查询参与了工程的员工的详细情况。

```
SELECT Employee.*, Pno,Salary
FROM Employee,Works
WHERE Employee.Eno=Works.Eno;
```

运行结果为

Eno	Ename	Esex	Eaddress	Eindate	Dno	Pno	Salary
201705	谭林	男	南区 6＃	2017-12-02…	105	301	56
201705	谭林	男	南区 6＃	2017-12-02…	105	305	30.2
201705	谭林	男	南区 6＃	2017-12-02…	105	306	40.9
201009	孙斌	男	北区 6＃	2010-04-20…	104	301	56
201009	孙斌	男	北区 6＃	2010-04-20…	104	305	12.6
⋮	⋮	⋮	⋮	⋮	⋮	⋮	⋮

事实上，SQL 语言并不区分自然连接与等值连接，甚至不区分其他连接，只认连接条件，即

可以通过修改连接条件或修改 SELECT 子句中的字段，实现不同的连接查询。如果参与连接的两个表的同名字段同时出现在 WHERE 或 SELECT 子句中，则必须在字段名前面加表名前缀进行区分，格式为“表名.字段名”。

4. 复合条件连接

连接查询可以连接两个以上的多个表。另外，除了连接谓词外，WHERE 子句中还可以包含其他条件。这时 WHERE 子句中就含多个连接条件。

WHERE 子句中含多个连接条件的连接查询，称为复合条件连接。

【例 3.39】 查询参与工程的员工姓名和工程名。

```
SELECT Ename, Pname
FROM Employee,Works,Project
WHERE Employee.Eno=Works.Eno AND Works.pno=Project.Pno;
```

运行结果为

Ename	Pname
谭林	集成电路
谭林	管理信息系统
谭林	企业门户网站
孙斌	集成电路
孙斌	管理信息系统
⋮	⋮

例 3.39 连接了 Employee、Works、Project 三个表，用了两个连接条件。

【例 3.40】 查询参与了 301 工程且酬金在 50 万元以上的所有员工的员工号和姓名。

```
SELECT Employee.Eno, Ename
FROM Employee,Works
WHERE Employee.Eno=Works.Eno        /*连接谓词*/
AND Pno=301 AND Salary> 50;        /*其他限定条件*/
```

运行结果为

Eno	Ename
201705	谭林
201009	孙斌
201101	苏红
201112	何惧
⋮	⋮

5. 自身连接

连接操作不仅可以在两个表之间进行，而且可以是一个表与其自己进行连接，这种连接称为表的自身连接。

【例 3.41】 查询每个员工所在部门的经理的姓名。

分析：这个查询一共涉及两个表 Employee 和 Department，查询过程是先从 Employee 找到每个员工的部门号，再在 Department 表中找到经理的员工号，因为经理也是员工，再回到 Employee 中找到员工姓名。这样 Employee 用到两次，即 Employee 与 Employee 之间存在连接关系，这种连接称为自身连接。

SQL 语言通过别名方法可实现表的自身连接查询。第一次使用 Employee 查员工，取别名为 First，第二次使用 Employee 查经理，取别名 Second。该查询语句为

```
SELECT First.Ename as 员工, Second.Ename AS 经理
FROM Employee First, Department, Employee Second
WHERE First.Dno=Department.Dno AND Department.ManagerId=Second.Eno;
```

运行结果为

员　工	经　理
谭林	谭林
孙斌	计策
计策	计策
苏红	李丽
江山	王虹
何惧	谭林
伍洁	张小钢
李红	王虹
李梅	计策
李丽	李丽
张小钢	张小钢
张洪	王虹
王虹	王虹
赵力	谭林
王元	张小钢
⋮	⋮

6. 外连接

在通常的连接操作中，只有满足连接条件的元组才能作为结果输出。例如，例 3.38 的结果只输出参与了工程的员工的详细情况，但在实际应用中，有时也需要了解没有参与工程的员工基本情况，对参与了工程的员工列出员工基本情况和参与工程情况，对没有参与工程的员工只输出员工基本情况，这时就需要用到外连接。外连接操作以指定表为连接主体，将主体表中不满足连接条件的元组一并输出。

【例 3.42】 查询每个员工及其参与工程的情况，包括没有参与工程的员工，用外连接操作。

```
SELECT Employee.*, Pno, Salary
FROM Employee FULL OUTER JOIN Works
ON Employee.Eno=Works.Eno;
```

运行结果为

Eno	Ename	Esex	Eaddress	Eindate	Dno	Pno	Salary
201705	谭林	男	南区 6#	2017-12-02…	105	301	56
201705	谭林	男	南区 6#	2017-12-02…	105	305	30.2
⋮	⋮	⋮	⋮	⋮	⋮	⋮	⋮
201102	江山	男	东区 10#	2011-02-06…	101	NULL	NULL
201112	何惧	男	北区 6#	2011-10-06…	105	301	89
⋮	⋮	⋮	⋮	⋮	⋮	⋮	⋮
201222	李丽	女	西区 10#	2012-07-23…	102	NULL	NULL
201223	张小钢	男	东区 10#	2012-12-06…	103	NULL	NULL
201301	张云	男	东区 15#	2013-06-12…	101	NULL	NULL
201302	王虹	女	西区 12#	2013-08-13…	101	NULL	NULL
201356	赵力	男	南区 6#	2013-02-20…	105	NULL	NULL
201403	王元	女	西区 2#	2014-07-17…	103	301	31
⋮	⋮	⋮	⋮	⋮	⋮	⋮	⋮

本查询以 Employee 表为主体列出每个员工的基本情况及其参与工程的情况，若某个员工没有参与工程，只输出其基本情况信息，其参与工程信息为空值。运行结果表中“Pno”和“Salary”列的值均为空值，表示该员工没有参与工程。

如果外连接符出现在连接条件的右边，则称其为右外连接(如例 3.42)。如果外连接符出现在连接条件的左边，则称为左外连接。

3.3.3 嵌套查询

前面讨论的查询，WHERE 或 HAVING 子句里的条件都是确定的。然而在实际应用中，经常给不出确定的条件，要通过对数据库的查询才能确定这些条件。这种在 WHERE 或 HAVING 子句中包含的查询称为子查询，也称为嵌套查询。

1. 带有 IN 谓词的子查询

【例 3.43】 查询参与了 308 号工程的所有员工的姓名。

```
SELECT Ename        /*外层查询/父查询*/
FROM Employee
WHERE Eno IN
    (SELECT Eno                /*内层查询/子查询*/
    FROM Works
    WHERE Pno=308);
```

这个查询涉及 Employee 和 Works 两个表。在 Works 表中只能找到参与了 308 号工程的所有员工的员工号，但是有了员工号就可以在 Employee 表中找到对应的员工姓名。这样本查询就可以分为两步进行。

第一步，执行子查询。

```
SELECT Eno   /*内层查询/子查询*/
FROM Works
WHERE Pno=308;
```

运行结果为

Eno
201009
201010
201123
201403

第二步，执行外层查询，外层查询等价于：

```
SELECT Ename
FROM Employee
WHERE Eno IN
       (201009, 201010, 201123, 201403);
```

运行结果为

Ename
孙斌
计策
伍洁
王元

在这个嵌套查询中，外层查询中的"Eno"和子查询中的"Eno"来自不同的表。为了便于理解，可以将查询语句改写为

```
SELECT Ename
FROMEmployee
WHERE Employee.EnoIN
   (SELECT Works.Eno
   FROM Works
   WHERE Pno=308);
```

其运行结果是一样的。

【例 3.44】 查询与"谭林"在同一个部门的员工。

```
SELECT Eno,Ename,Dno
FROM Employee
WHEREDno IN
  (SELECT Dno
  FROM Employee
  WHERE Ename='谭林');
```

例 3.44 的子查询与父查询针对同一个表，其处理过程与上例是一样的。可以采用别名机制改写本例查询，即与父查询和子查询相关的表是同一个表的两个不同的别名：

```
SELECT E1.Eno, E1.Ename, E1.Dno
FROM Employee E1
WHERE E1.Dno IN
  (SELECT E2.Dno
  FROM Employee E2
  WHERE E2.Ename='谭林');
```

运行结果为

Eno	Ename	Dno
201705	谭林	105
201112	何惧	105
201356	赵力	105

2. 多重嵌套查询

如果在子查询中又包含子查询,就是多重嵌套查询。

【例 3.45】 查询参与了移动通信工程的所有员工的姓名。

```
SELECT Ename          /* 外层查询/父查询* /
FROM Employee
WHERE Eno IN
  (SELECT Eno                 /*中层查询/子查询*/
   FROM Works
   WHERE Pno IN
     (SELECT Pno                        /*内层查询/子查询*/
      FROM Project
      WHERE Pname='移动通信'));
```

本查询涉及 Employee、Works、Project 三个表,查询分三步进行,第一步从 Project 表中找到移动通信工程的工程号 308,第二步和第三步的查询与例 3.43 相同,运行结果与例 3.43 相同。

3. 不相关子查询与相关子查询

不相关子查询与相关子查询是嵌套查询的两大类,它们的执行过程有显著区别。先看例 3.46。

【例 3.46】 查询参与了 308 号工程的所有员工的姓名。

```
SELECT Ename
FROM Employee
WHERE 308 IN
  (SELECT Pno
  FROM Works
  WHERE Employee.Eno=Works.Eno);
```

运行结果与例 3.43 相同,但这两个例子执行过程不相同。例 3.43 的嵌套查询称为不相关子查询。不相关子查询的查询条件不依赖于父查询,它的处理过程是由里向外逐层处理,即每个子查询在上一级查询处理之前求解,子查询的结果用于建立其父查询的查找条件。

相关子查询的查询条件依赖于父查询,它的处理过程是

① 首先取外层查询中表的第一个元组，根据它的值和内层查询相关的属性值处理内层查询，若WHERE子句返回值为真，则取此元组放入结果表；

② 取外层表的下一个元组，重复①的操作，直到外层表全部检查完为止。

分析例3.46的执行过程：

第一步，先从Employee表取第一个元组，它的Eno为201705；再执行子查询，在Works表中，找到201705参与的工程有301、305、306；最后判断308不在子查询的结果集中，所以舍弃Employee表的第一个元组。

第二步，从Employee表取第二个元组，按第一步同样的方法执行。依此类推，直到Employee表中的所有元组处理完毕。

4. 带有比较运算符和限量谓词的子查询

当能确切知道内层查询返回的值是单值时，可用比较运算符（＞、＜、＝、＞＝、＜＝、！＝或＜＞）。限量谓词有ANY和ALL，ANY表示某一个值，ALL表示所有值。限量谓词需要配合使用比较运算符，其含义及等价转换关系如表3.12所示。

表3.12　限量谓词

谓　词	语　义	等价转换关系
＞ANY	大于子查询结果中的某个值	＞MIN
＞ALL	大于子查询结果中的所有值	＞MAX
＜ANY	小于子查询结果中的某个值	＜MAX
＜ALL	小于子查询结果中的所有值	＜MIN
＞＝ANY	大于等于子查询结果中的某个值	＞＝MIN
＞＝ALL	大于等于子查询结果中的所有值	＞＝MAX
＜＝ANY	小于等于子查询结果中的某个值	＜＝MAX
＜＝ALL	小于等于子查询结果中的所有值	＜＝MIN
＝ANY	等于子查询结果中的某个值	IN
＝ALL	等于子查询结果中的所有值	—
！＝（或＜＞）ANY	不等于子查询结果中的某个值	—
！＝（或＜＞）ALL	不等于子查询结果中的任何一个值	NOT IN

【例3.47】 假设一个员工只能属于一个部门，并且必须属于一个部门，则在例3.44中可以用“＝”代替“IN”。

```
SELECT Eno,Ename,Dno
FROM Employee
WHERE Dno =
  (SELECT Dno
  FROM Employee
  WHERE Ename= '谭林');
```

【例3.48】 查询其他部门中比105号部门任意一个员工晚到公司的员工的姓名和进入公司的时间。

```
SELECT Ename, Eindate
FROM Employee
WHERE Eindate>ANY (SELECT Eindate
                   FROM Employee
                   WHERE Dno= 105)
  AND Dno<>105;
```

本查询的执行过程是：先执行子查询“SELECT Eindate FROM Employee WHERE Dno=105”得到“2017-12-02，2011-10-06，2013-02-20”；然后执行外层查询，外查询有两个条件，一是Eindate比子查询结果集中的某一个大（所谓晚到公司，就是到公司的日期时间值大于某个值），实际上就是要比子查询结果集中的最小日期大，即比“2011-10-06 00:00:00.000”大；二是部门编号不等于105号。本例运行结果为

Ename	Eindate
李红	2012-05-06…
李梅	2012-06-16…
李丽	2012-07-23…
张小钢	2012-12-06…
张云	2013-06-12…
王虹	2013-08-13…
王元	2014-07-17…

【例 3.49】 查询其他部门中比105号部门所有（其中任一个）员工晚到公司的员工的姓名和进入公司的时间。

```
SELECT Ename, Eindate
FROM Employee
WHERE Eindate > ALL (SELECT Eindate
  FROM Employee
  WHERE Dno=105)
  AND Dno<>105;
```

本例只是将例3.48中的关键字“ANY”改为“ALL”。运行结果为

Ename	Eindate
张云	2013-06-12…
王虹	2013-08-13…
王元	2014-07-17…

5. 使用存在量词的子查询

在SQL语言中，用EXISTS关键字可以实现存在量词∃。带有EXISTS谓词的子查询返回一个逻辑值。

(1) EXISTS谓词。

【例 3.50】 查询参与了308号工程的所有员工的姓名。

```
SELECT Ename
FROM Employee
WHERE EXISTS
  (SELECT Pno
  FROM Works
  WHERE Employee.Eno=Works.Eno AND Pno=308);
```

运行结果与例 3.43 相同。

若内层查询结果非空，则返回真值；若内层查询结果为空，则返回假值。子查询的目标列表达式通常都用“*”，因为带 EXISTS 的子查询只返回真值或假值，给出列名无实际意义。例 3.50 的执行过程是：依次从 Employee 表取出每个元组，用这个元组的值考察子查询，如果子查询结果非空，即含有存在量词的谓词为真，则取该元组；否则，舍弃该元组。可见，使用存在量词的子查询是相关子查询。

(2) NOT EXISTS 谓词。

【例 3.51】 查询没有参与 308 号工程的所有员工的姓名。

```
SELECT Ename
FROM Employee
WHERE NOT EXISTS
  (SELECT Pno
  FROM Works
  WHERE Employee.Eno=Works.Eno AND Pno=308);
```

由 NOT EXISTS 引出的子查询与由 EXISTS 引出的子查询相反，若内层查询结果非空，则返回假值；若内层查询结果为空，则返回真值。运行结果为

Ename
谭林
苏红
江山
何惧
李红
⋮

(3) 用 EXISTS/NOT EXISTS 实现全称量词。

SQL 语言中没有全称量词 ∀(for all)，但是可以把带有全称量词的谓词转换为等价的带有存在量词的谓词：

$$(\forall x)p \equiv \neg(\exists x(\neg p))$$

$(\forall x)p$ 表示任取 x 都满足条件 p，$\neg(\exists x(\neg p))$ 表示不存在 x 不满足 p，可见两者是等价的。

【例 3.52】 查询参与了全部工程的员工的员工号和姓名。

```
SELECT Eno,Ename
```

```
FROM Employee
WHERE NOT EXISTS
  (SELECT *
  FROM Project
  WHERE NOT EXISTS
    (SELECT *
    FROM Works
    WHERE Eno=Employee.Eno
      AND Pno=Project.Pno));
```

本例是三层相关子查询，其运行过程如下(注意参照前面表 3.6、表 3.7 和表 3.8 给出的示例数据)。

从 Employee 表中取出第一个元组(201705，谭林)，这个元组是否放入结果集中，要看子查询(记为 A 子查询)的结果集是否为空：如果是空，则取该元组；如果非空，则放弃该元组。

```
(SELECT *
FROM Project
WHERE NOT EXISTS
  (SELECT *
  FROM Works
  WHERE Eno=Employee.Eno
    AND Pno=Project.Pno));
```

A 子查询选取员工没有参加的工程，如果没有参加的工程为空则表明该员工参加了所有工程。这个子查询又是一个相关子查询，其处理过程是：从 Project 表中取出第一个元组，工程号为 301，这个元组是否放入结果集中，要看子查询(记为 B 子查询)的结果集是否为空，如果是空，则取该元组；如果非空，则放弃该元组。

```
(SELECT *
FROM Works
WHERE Eno=Employee.Eno
  AND Pno=Project.Pno));
```

考察 B 子查询，201705 号员工参与了 301 工程，结果集非空，所以舍弃 Project 表中的第一个元组。再取出 Project 表中的第二个元组，工程号为 305，考察 B 子查询，201705 号员工也参与了 305 号工程，所以 Project 表中的第二个元组也要舍去，依次考察下去，得到子查询 A 的结果集有两个元组，308 和 321 号工程为非空。回到最外层查询，Employee 表的第一个元组应该舍弃。依次取出 Employee 表的第二个元组，按照上面的过程进行考察，最后运行结果为

Eno	Ename
201010	计策
201403	王元
⋮	⋮

(4) 用 EXISTS/NOT EXISTS 实现逻辑蕴涵。

SQL 语言中没有蕴涵(implication)逻辑运算。可以利用下面的谓词演算公式将逻辑蕴涵谓词进行等价转换：

$p \rightarrow q \equiv \neg p \vee q$

$p \equiv \neg \neg p$

$\neg (p \wedge q) \equiv \neg p \vee \neg q$

【例 3.53】 查询至少参与了 201705 号员工参与的全部工程的员工的员工号和姓名。

这个问题用逻辑蕴涵表达为:查询员工号为 x 的员工,对所有的工程 y,只要 201705 号员工参与了,则 x 也参与了。若用 p 表示谓词"员工 201705 参与了工程 y",用 q 表示谓词"员工 x 参与了工程 y",则上述查询可表示为$(\forall y)p \rightarrow q$。进行如下等价变换:

$$
\begin{aligned}
(\forall y)p \rightarrow q &\equiv \neg(\exists y(\neg(p \rightarrow q))) \\
&\equiv \neg(\exists y(\neg(\neg p \vee q))) \\
&\equiv \neg(\exists y(p \wedge \neg q))
\end{aligned}
$$

变换后语义为:不存在这样的工程 y,员工 201705 参与了而员工 x 没有参与。

用 NOT EXISTS 谓词表示:

```
SELECT DISTINCT Eno
FROM Works WX
WHERE NOT EXISTS
  (SELECT *
  FROM Works WY
  WHERE WY.Eno=201705
  AND  NOT EXISTS
    (SELECT *
    FROM Works WZ
    WHERE WZ.Eno=WX.Eno
    AND WZ.Pno=WY.Pno));
```

运行结果为

Eno
201705
201010
201101
201403

6. 子查询小结

利用子查询可以提高查询效率,因为它可以避免笛卡儿积的运算。另外,层层嵌套方式反映了 SQL 语言的结构化。

有些嵌套查询可以用连接运算替代。例如,例 3.43"查询参与了 308 号工程的所有员工的姓名",可以用下面的语句实现。

```
SELECT Ename
FROM Employee, Works
WHERE Employee.Eno=Works.Eno
  AND Pno=308;
```

另外,在子查询中不能使用 ORDER BY 子句,ORDER BY 只能对最终查询结果进行排序。

3.3.4 集合查询

标准 SQL 直接支持并操作(UNION)。一般商用数据库还支持交操作(INTERSECT)和差操作(MINUS)。

1. 并操作

并操作的一般形式为

<查询块>

UNION

<查询块>

参加 UNION 操作的各结果表的列数必须相同,对应项的数据类型也必须相同。

【例 3.54】 查询 101 号部门的员工以及 2013 年 1 月 1 日以后到公司的员工。

```
SELECT *
FROM Employee
WHERE Dno=101
UNION
SELECT *
FROM Employee
WHERE Eindate> '2013-1-1';
```

本查询也可以用复合条件 OR 实现。

```
SELECT DISTINCT *
FROM Employee
WHERE Dno=101 OR Eindate>'2013-1-1';
```

运行结果为

Eno	Ename	Esex	Eaddress	Eindate	Dno
201102	江山	男	东区 10#	2011-02-06…	101
201201	李红	女	西区 10#	2012-05-06…	101
201301	张云	男	东区 15#	2013-06-12…	101
201302	王虹	女	西区 12#	2013-08-13…	101
201356	赵力	男	南区 6#	2013-02-20…	105
201403	王元	女	西区 2#	2014-07-17…	103

2. 交操作

标准 SQL 中没有提供集合交操作,但可用其他方法间接实现。

【例 3.55】 查询 101 号部门的员工以及 2013 年 1 月 1 日以后到公司的员工的交集。

```
SELECT DISTINCT *
FROM Employee
WHERE Dno=101 AND Eindate>'2013-1-1';
```

运行结果为

Eno	Ename	Esex	Eaddress	Eindate	Dno
201301	张云	男	东区 15#	2013-06-12…	101
201302	王虹	女	西区 12#	2013-08-13…	101

【例 3.56】 查询参与了 301 号工程与参与了 305 号工程的员工的交集。

本例实际上是查询既参与了 301 号工程又参与了 305 号工程的员工。

```
SELECT Eno
FROM Works
WHERE Pno=301 AND Eno IN
  (SELECT Eno
  FROM Works
  WHERE Pno=305);
```

运行结果为

Eno
201705
201009
201010
201101
201112
201403

本查询不能写成下面的形式：

```
SELECT Eno
FROM Works
WHERE Pno=301 AND Pno=305);
```

该形式存在语法错误，查询语句不能被执行。

3. 差操作

标准 SQL 中没有提供集合差操作，但可用其他方法间接实现。

【例 3.57】 查询 101 号部门的员工以及 2013 年 1 月 1 日以后到公司的员工的差集。

本例的目标是先构造属于 101 号部门的员工的集合，然后从该集合中减去 2013 年 1 月 1 日以后到公司的员工，剩下的是 2013 年 1 月 1 日以前到公司的 101 号部门的员工。

```
SELECT DISTINCT *
FROM Employee
WHERE Dno=101 AND Eindate<='2013-1-1';
```

运行结果为

Eno	Ename	Esex	Eadress	Eindate	Dno
201102	江山	男	东区 10#	2011-02-06…	101
201201	李红	女	西区 10#	2012-05-06…	101

4. 对集合操作结果的排序

由于 ORDER BY 子句只能用于对最终查询结果排序，不能对中间结果排序，所以在集合操作中，ORDER BY 子句不能用于参与集合运算的查询块中，只能出现在最后，即只能完成集合运算后再排序。对集合操作结果排序时，ORDER BY 子句中用字段名指定排序属性，也可以用数字指定排序属性，数字是结果表中列的序号。

【例 3.58】 对例 3.54 的查询结果按员工号降序排列。

```
SELECT *
FROM Employee
WHERE Dno=101
UNION
SELECT *
FROM Employee
WHERE Eindate>'2013-1-1'
ORDER BY Eno DESC;
```

运行结果为

Eno	Ename	Esex	Eadress	Eindate	Dno
201403	王元	女	西区 2#	2014-07-17…	103
201356	赵力	男	南区 6#	2013-02-20…	105
201302	王虹	女	西区 12#	2013-08-13…	101
201301	张云	男	东区 15#	2013-06-12…	101
201201	李红	女	西区 10#	2012-05-06…	101
201102	江山	男	东区 10#	2011-02-06…	101

以下是错误的写法。

```
SELECT *
FROM Employee
WHERE Dno=101
ORDER BY Eno DESC
UNION
SELECT *
FROM Employee
WHERE Eindate>'2013-1-1'
ORDER BY Eno DESC
```

在 SQL Sever 2017 的查询编辑窗口中运行这条语句，显示“在关键字' UNION '附近有语法错误”。

3.4 视图操作

视图为用户提供了一种以多角度观察数据库中数据的手段，它就像一个窗口，透过它，用户可以看到数据库中自己感兴趣的数据及其变化。视图定义可以来自当前或其他数据库中的一个或多个基本表，也可以在视图上再定义新的视图。一个用户可以定义多个视图，一个视图也可以被多个用户共享。视图可以和基本表一样被查询、被删除，但是利用视图进行数据增、删、改操作，会受到一定的限制。

3.4.1　定义视图

定义视图的语句格式为

CREATE VIEW 视图名[(列名 1[，列名 2]…)]

AS 子查询

[WITH CHECK OPTION]

说明：

(1) 视图所用字段名可与基本表中字段名不一致；

(2) 当视图列名与基本表中字段名不一致或子查询中目标列是非列名(函数或一般表达式)或子查询中目标列有相同列名时，在视图定义中必须指出视图的各个列名，否则可不列出，默认与子查询结果相同；

(3) 在子查询中一般不能包括 DISTINCT、ORDER BY 等子句，不能涉及临时表；

(4) "WITH CHECK OPTION"选项表示在通过视图对基本表进行插入、删除和修改等操作时，必须满足子查询中 WHERE 语句中规定的条件。

关于子查询，可以参考 3.3 节中所讲的内容。

(1) 从单一表中导出视图。

【例 3.59】 从 Employee 表中导出一个女员工情况的视图。

```
CREATE VIEW Employee_V1
AS SELECT *
FROM Employee
WHERE Esex='女';
```

当这个 CREATE VIEW 语句执行时，AS 之后的子查询并不执行，而是把视图定义存入数据字典中，但对于用户来说，好像在数据库确实有一个名为 Employee_V1 的表。

这个视图的缺点是，修改基表 Employee 的结构后，如果影响了视图，Employee 表与 Employee_V1 视图的映像关系可能会被破坏，会导致该视图不能正确工作。

【例 3.60】 建立部门号为 103 的员工视图，要求有员工号、姓名和性别等字段，并要求进行修改和插入操作时仍需保证该视图只有 103 号部门的员工。

```
CREATE VIEW Employee_V2
AS SELECT Eno,Ename,Dno
FROM Employee
WHERE Dno=103
WITH CHECK OPTION;
```

由于在定义 Employee_V2 视图时加上了 WITH CHECK OPTION 子句，以后对该视图进行插入、删除和修改操作时，DBMS 会自动加上"Dno＝103"的条件。

若一个视图是从单个基本表导出的，并且只是去掉了基本表的基本行和列，但保留了码，称这类视图为行列子集视图。Employee_V2 就是行列子集视图。

(2) 由多个表导出的视图。

【例 3.61】 创建一个视图表示员工参与工程的情况，要求有员工姓名、工程名称和酬金字段。

```
CREATE VIEW Works_V1
AS SELECT Ename,Pname,salary
FROM Employee,Works,Project
WHERE Employee.Eno=Works.Eno AND Works.Pno=Project.Pno;
```

(3) 由视图导出的视图。

【例 3.62】 创建一个视图，显示所有女员工的员工号、姓名和性别。

```
CREATE VIEW Employee_V1_V1
AS SELECT Eno,Ename,Esex
FROM Employee_V1;
```

与 Employee_V1 视图相比，Employee_V1_V1 视图显示的字段减少。

(4) 由基本表与视图导出的视图。

【例 3.63】 创建一个视图，显示所有女员工参与工程的情况。

```
CREATE VIEW Works_V2
AS SELECT Employee_v1.Eno, Pno,Salary
FROMEmployee_V1,Works
WHERE Employee_V1.Eno=Works.Eno;
```

(5) 带表达式的视图。

【例 3.64】 将员工的员工号和参与工程的平均酬金定义为一个视图。

```
CREATE VIEW Works_V3(Eno,Salary_avg)
AS SELECT Eno,AVG(Salary)
FROM Works
GROUP BY Eno;
```

定义基本表时，为了减少数据库中的冗余数据，表中只存放基本数据，由基本数据经过各种计算派生出的数据一般是不存储的。使用视图可以根据需要设置一些派生属性列，由于这些派生属性列在基本表中并不存在，故称为虚拟列。虚拟列的值一般是用表达式求出的，所以带虚拟列的视图也称为带表达式的视图。本例中"Salary_avg"是虚拟列，AVG()是集函数。

3.4.2 删除视图

删除视图的语句格式为

DROP VIEW 视图名

【例 3.65】 删除例 3.59 建立的视图。

```
DROP VIEW Employee_V1;
```

执行此语句，视图的定义从数据字典中删除。

一个基本表的删除，由它导出的视图将自动删除。当一个视图被删去后，由它导出的其他视图也将自动被删除。

视图不仅可用于查询，还可借助视图实现对基本表的插入、修改和删除操作。

3.4.3　视图查询

前面讲到，视图是从基本表中导出的虚表，视图一旦定义，用户就可像查询基本表一样查询视图。

DBMS 实现视图查询的方法是，先从数据字典中取出视图的定义，再把视图定义中的子查询与用户的查询结合起来，转换成等价的对基本表的查询，最后执行这个查询。这一过程称为视图消解。

1. 对单一视图的查询

【例 3.66】　在视图 Employee_V1 中查找住在北区的女员工。视图 Employee_V1 的定义见例 3.59。

```
SELECT *
FROM Employee_V1
WHERE Eaddress LIKE '北区%';
```

利用视图消解法执行本语句，将视图定义中的子查询与本查询结合起来生成新的查询：

```
SELECT *
FROM Employee
WHERE Esex='女' AND Eaddress LIKE '北区%';
```

运行结果为

Eno	Ename	Esex	Eaddress	Eindate	Dno
201101	苏红	女	北区 1#	2011-06-09…	102

2. 对基本表与视图的查询

【例 3.67】　查询参与了 301 号工程的女员工的员工号和姓名。

```
SELECT Employee_V1.Eno,Ename
FROM Employee_V1,Works
WHERE Employee_V1.Eno=Works.Eno
AND Pno=301;
```

本查询涉及视图 Employee_V1 和基本表 Works，通过连接这两个表完成查询。

运行结果为

Eno	Ename
201101	苏红
201201	李红
201206	李梅
201403	王元

3. 对带表达式视图的查询

【例 3.68】　在 Works_V3 视图中查询平均酬金在 50 万元以上的员工的员工号与平均酬金。Works_V3 视图定义见例 3.64，针对视图查询语句为：

```
SELECT *
FROM Works_V3
```

```
WHERE Salary_avg>=50;
```

本例如果做视图消解，就会得到以下的语句：

```
SELECT Eno,AVG(Salary)
FROM Works
WHERE AVG(Salary)>=50
GROUP BY Eno;
```

但是上面的语句是错误的，因为在 WHERE 子句中不能用聚集函数作为条件表达式。正确的语句为

```
SELECT Eno,AVG(Salary)
FROM Works
GROUP BY Eno
HAVING AVG(Salary)>=50;
```

运行结果为

Eno	Salary_avg
201112	66.15
201123	61.2
201201	50
201403	77.25

3.4.4 视图的作用

视图定义在基本表之上，对视图的一切操作最终要转换为对基本表的操作。合理使用视图能够带来许多好处。

（1）视图为数据库的重构提供了一定程度的逻辑独立性。

在数据库中，数据库的重构往往是不可避免的。重构数据库常见的操作是将一个基本表垂直地分成多个基本表或修改表结构。如果对基本表的修改不影响视图，则基于视图的应用程序就可以不修改。但是，视图只能提供一定程度上数据的逻辑独立性，因为对视图的更新是有条件的，因此应用程序中修改数据的语句可能仍会因基本表结构的改变而改变。

（2）简化用户观点，隐藏了表之间的连接。

视图可以隐藏用户不需要的数据，也可以隐藏表之间的连接，使数据看起来结构简单、清晰，从而简化用户的数据查询操作。例如，Works 表中显示的是员工号和工程号等数据，而用户更多的是想看到员工姓名和工程名，这时就可以定义一个 Works_V1 视图，如例 3.61，将表与表之间的连接操作对用户隐蔽起来，用户所做的只是对一个虚表的简单查询，而这个虚表是怎样得来的，用户无须了解。

（3）方便用户，使用户从不同角度看待数据。

视图机制能使不同的用户以不同的方式看待同一数据，当许多不同种类用户共享同一个数据库时，这种灵活性是非常重要的。

（4）提供数据安全功能。

使用视图机制，可以对不同的用户定义不同的视图，使机密数据不会出现在不应看到这些数据的用户视图上。例如，在 Works 表中，如果只向用户提供不同员工参与工程的情况，而对

酬金数据保密，这时就可以定义一视图，只提取 Eno 和 Pno 两个字段。

(5) 简化程序设计。

在一些数据库系统中，利用视图可建立两个不同数据库系统的联系和通信。例如，在 VFP 中，可十分容易地建立 ORACLE、ACCESS、SQL Server 等系统中的表的视图，称之为远程视图，VFP 的程序可如同自己的基本表一样对这些视图做查询、录入、修改、删除等操作，并借之实现对相关数据库系统中表的操作，使得程序设计大大简化。

3.5 数据更新

SQL 中数据更新有以下三种类型的操作：

(1) 插入数据，即插入元组到表中去；

(2) 删除数据，即从表中删除元组；

(3) 修改数据，即修改某个元组的某些字段的值。

执行数据更新操作的语句只改变数据库的状态，不返回执行结果。

3.5.1 插入数据

插入数据分为插入单个元组和插入子查询结果两种方式，后一种方式可以一次插入多个元组。

1. 插入单个元组

插入单个元组的语句格式为

```
INSERT
INTO 表名[(列名 1[, 列名 2]…)]
VALUES (常量 1[, 常量 2]…)
```

它的功能是将新元组插入指定表中。其中，新记录属性列 1 的值为常量 1，属性列 2 的值为常量 2……INTO 子句的作用是指定要插入数据的表名及属性列，属性列的顺序可以与表定义中的顺序不一致。如果没有指定属性列，表示要插入的是一条完整的元组，新插入的记录必须在每个属性列上均有值，且属性列属性与表定义中的顺序一致。如果只指定部分属性列，插入的元组在其余属性列上取空值，但必须注意的是，在表定义时说明了 NOT NULL 的属性列不能取空值，否则会出错。VALUES 子句的作用是提供值的个数和值的类型，值的个数与值的类型必须与 INTO 子句匹配。

【例 3.69】 将一个新的员工记录(员工号:201506;姓名:刘文;性别:男;住址:南区 6#;报到日期:2015-06-05;部门号:103)插入到 Employee 表中。

```
INSERT
INTO Employee
VALUES (201506, '刘文', '男', '南区 6# ', '2015-06-05', 103);
```

在 SQL 查询编辑器的消息栏中显示“所影响的行数为 1 行”，表明插入成功。

本例 INTO 子句中没有指定属性列，表明要插入一条完整记录。这种方法固然省事、方便，但存在一种潜在危险，即当表结构有修改时，如增加或删除一个属性，就可能出问题。因此，此方法只适合交互式 SQL，而不适合嵌入式 SQL。

【例 3.70】 插入一条员工参与工程的记录(员工号:'201506',工程号:'321')。

```
INSERT
INTO Works(Eno,Pno)
VALUES ('201506','321');
```

新插入的记录在 Salary 列上取空值。

2. 插入子查询结果

子查询嵌套在 INSERT 语句中，可以生成要插入的批量数据。

【例 3.71】 构造一张新表 Abstract_Employee，只用来存放员工的员工号、姓名和所属部门号。新表的数据可以从 Employee 表抽取并批量插入。

先定义一个新表：

```
CREATE TABLE Abstract_Employee
    (Eno INT NOT NULL UNIQUE,
    Ename CHAR(10) UNIQUE,
    Dno INT);
```

再采取插入子查询结果的方法插入数据：

```
INSERT
INTO Abstract_Employee
SELECT Eno,Ename,Dno
FROM Employee;
```

3. 插入多行数据

SQL Server 2017 支持在单个 INSERT 语句中将多行数据插入指定的表中。例如：

```
INSERT INTO Employee
VALUES (201511, '郑文', '男', '南区 6# ', '2015-06-05', 102),
       (201312, '赵毅', '女', '南区 6# ', '2013-01-05', 104),
       (201013, '钱霞', '女', '北区 6# ', '2010-10-05', 105);
```

在 Oracle 12C 中，也支持在单个 INSERT 语句中将多行数据插入指定的表中。例如：

```
INSERT ALL
INTO Employee VALUES(201705, 谭林, 男, 南区 6# , TO_DATE('2011/12/2'), 105)
INTO Employee VALUES(201009, 孙斌, 男, 北区 6# , TO_DATE('2010/4/20'), 104)
INTO Employee VALUES(201010, 计策, 男, 南区 6# , TO_DATE('2010/9/15'), 104)
INTO Employee VALUES(201101, 苏红, 女, 北区 1# , TO_DATE('2011/6/9'), 102)
SELECT * FROM DUAL;
```

3.5.2 删除数据

删除数据的一般格式为

```
DELETE
FROM 表名
[WHERE 条件];
```

它的功能是删除指定表中满足 WHERE 子句条件的元组，如果没有 WHERE 子句，表示删除表中的所有元组。删除数据有三种方式，即单个元组删除、多个元组删除和带子查询的删除。

1. 单个元组删除

【例 3.72】 删除员工“刘文”。

```
DELETE
FROM Employee
WHERE Ename='刘文';
```

如果 Works 表中有刘文参与工程的记录，则删除操作将破坏数据库的一致性。这属于表级完整性问题。如果 Works 与 Employee 之间定义了参照完整性，则这一操作将受到限制。

2. 多个元组删除

【例 3.73】 删除 201705 号员工参与工程的所有记录。

```
DELETE
FROM Works
WHERE Eno=201705;
```

语句执行后删除 3 条记录，SQL 查询分析器的消息栏显示“所影响的行数为 3 行”。

【例 3.74】 删除 Abstract_Employee 表中的所有记录。

```
DELETE FROM Abstract_Employee;
```

3. 带子查询的删除

【例 3.75】 删除没有参与工程的所有员工。

```
DELETE
FROM Employee
WHERE NOT EXISTS
  (SELECT *
  FROM Works
  WHERE Employee.Eno=Works.Eno);
```

本语句执行后，一共删除了 6 条记录。它们分别是

Eno	Ename	Esex	Eadress	Eindate	Dno
201102	江山	男	东区 10#	2011-02-06…	101
201222	李丽	女	西区 10#	2012-07-23…	102
201223	张小钢	男	东区 10#	2012-12-06	103
201301	张云	男	东区 15#	2013-06-12	101
201302	王虹	女	西区 12#	2013-08-13	101
201356	赵力	男	南区 6#	2013-02-20	105

3.5.3　修改数据

修改数据的语句格式为

UPDATE 表名

SET 列名 1=表达式 2[，列名 2=表达式 2]…

[WHERE 条件];

它的功能是把表中满足 WHERE 子句条件的元组按 SET 子句中的赋值语句进行修改。修改数据也有三种方式,即单个元组修改、多个元组修改和带子查询的修改。

1. 单个元组修改

【例 3.76】 将李梅从 104 号部门调到 103 号部门。

```
UPDATE Employee
SET Dno=103
WHERE Ename='李梅';
```

2. 多元组修改

【例 3.77】 将所有住在南区的员工搬家到东区 5#。

```
UPDATE Employee
SET Eaddress='东区 5# '
WHERE Eaddress LIKE'%南区%';
```

本句执行后,SQL 查询编辑器的结果栏显示"所影响的行数为 3 行",说明 3 条记录同时被修改。

3. 带有子查询的修改

【例 3.78】 将 103 号部门的所有员工的员工号增加 10。

Eno 的数据类型是整型,只需要做 Eno=Eno+10 的运算即可,若原来的 Eno 为 201705,则改为 201715。

但这是一个较复杂的问题,因为 Eno 与 Employee 和 Works 两个表有关,它是 Employee 的主码,同时是 Works 的外码。这会引起两个方面的问题:

一是参照完整性的问题,如果数据库管理系统提供了参照完整性检查,则对 Eno 的修改将受到限制。

另一个问题是实体完整性问题,Eno 是 Employee 的主码,对 Eno 修改时可能使 Employee 中某些元组的 Eno 相同,这与 Eno 是主码的约束相背。一般的商用数据库系统也提供了实体完整性的检查,用户可不担心。下面是对这个问题的求解:

```
UPDATE Employee
SET Eno=Eno+10
WHERE Dno=103 ;
UPDATE Works
SET Eno=Eno+10
WHERE Eno IN
  (SELECT Eno
  FROM Employee
  WHERE Dno=103);
```

3.5.4 更新视图

更新视图是指通过视图来插入(INSERT)、删除(DELETE)和修改(UPDATE)数据。由于视图是不实际存储数据的虚表,因此对视图的更新,最终要转换为对基本表的更新,这称为视图消解。

为防止用户通过视图对数据进行增加、删除、修改时，有意无意地对不属于视图范围内的基本表数据进行操作，可在定义视图时加上 WITH CHECK OPTION 子句。这样在视图上增删改数据时，DBMS会检查视图定义中的条件，若不满足条件，则拒绝执行该操作。

1. 插入数据

【例3.79】 向103号部门员工视图 Employee_V2 中插入一条新的员工记录，其员工号为201605，姓名为汪华。视图 Employee_V2 的定义见例3.60。

```
INSERT
INTO Employee_V2
VALUES(201605, '汪华',103);
```

DBMS转换为对基本表的更新：

```
INSERT
INTO Employee (Eno, Ename, Dno)
VALUES(201605, '汪华',103 );
```

由于创建视图 Employee_V2 时加了 WITH CHECK OPTION 子句，向视图插入记录时必须指定部门号为"103"。本语句执行完毕后，可以查看到基本表 Employee 和 Employee_V2 都增加了一条新的记录。

2. 修改数据

【例3.80】 女员工视图 Employee_V1 中员工号为201101的员工姓名改为"冯雨"。视图 Employee_V1 的定义见例3.59。

```
UPDATE Employee_V1
SET Ename='冯雨'
WHERE Eno=201101;
```

DBMS转换后的语句：

```
UPDATE Employee
SET Ename='冯雨'
WHERE Eno=201101 AND Esex='女';
```

本语句执行完毕后，可以查看基本表 Employee 和 Employee_V1，201101的员工姓名已改为"冯雨"。

3. 删除数据

【例3.81】 删除女员工视图 Employee_V1 中员工号为201101的员工。

```
DELETE
FROM Employee_V1
WHERE Eno=201101;
```

DBMS转换为对基本表的更新：

```
DELETE
FROM Employee
WHERE Eno=201101 AND Esex='女';
```

与对基本表的更新一样，对涉及主码和外码的更新要受到系统实体完整性和参照完整性的限制。

4. 视图更新限制

在关系数据库中，并不是所有的视图都是可更新的，因为有些视图不能唯一地有意义地转换成对相应基本表的更新。

例如，考察员工平均酬金视图 Works_V3(见例 3.64 中的视图定义)由 Eno、Salary_avg 两个属性组成，其中 Salary_avg 是用 Eno 对 Works 分组后求酬金的平均值得到的。显然更新视图 Salary_avg 的值是不可行的，因为系统无法将对视图 Works_V3 的更新转换成对基本表的 Works 的更新。

目前各 DBMS 一般都只允许对行列子集视图进行更新，由于各系统实现方法上的差异，不同的 DBMS 对视图更新的限制也略有不同。例如，DB2 有以下限制：

(1) 若视图是由两个以上基本表导出的，则此视图不允许更新；

(2) 若视图的字段来自表达式或常数，则不允许对此视图执行 INSERT 和 UPDATE 操作，但允许执行 DELETE 操作；

(3) 若视图的字段来自集函数，则此视图不允许更新；

(4) 若视图定义中含有 GROUP BY 子句，则此视图不允许更新；

(5) 若视图定义中含有 DISTINCT 任选项，则此视图不允许更新；

(6) 若视图定义中有嵌套查询，并且内层查询的 FROM 子句中的表是相同的，则此视图不允许更新；

(7) 一个不允许更新的视图所导出的视图不允许更新。

应该区分不可更新的视图与不允许更新的视图两个概念，前者指理论上已证明其是不可更新的，后者指实际系统中不支持其更新，但它本身有可能是可更新的视图。

3.6 数据控制

由 DBMS 提供统一的数据控制功能是数据库系统的特点之一。SQL 的数据控制功能是数据保护的一个重要措施，它包括事务管理功能和数据保护功能，即数据库的恢复、并发控制、数据库的安全性和完整性控制。这些概念和技术将在后面章节详细讨论。这里主要讨论 SQL 语言安全控制功能。

SQL 的安全控制功能可以使一个用户对不同的对象有不同的操作权限，使不同的用户对同一个对象有不同的操作权限，操作的对象有数据库、基本表、视图和属性列等，操作的权限有定义、查询、更新、删除等。用户对数据的操作权限是由 DBA 授予的。授权只是一个政策问题而非技术问题。DBMS 的任务是保证这些权力的实施。

DBMS 是通过 SQL 的授权语句 GRANT 和撤销权力语句 REVOKE 实现这些功能。GRANT 和 REVOKE 语句把 DBA 或用户的授权决定告知 DBMS，并将授权结果存入数据字典，当用户提出操作请求时，DMBS 查阅数据字典，决定是否允许执行请求的操作。

3.6.1 授权

SQL 语言用 GRANT 语句向用户授予操作权限。GRANT 语语的格式为

GRANT 权限[,权限]...

[ON 对象类型 对象名]

TO 用户[,用户]...
[WITH GRANT OPTION];

其语义为,将对指定操作对象的指定操作权限授予指定的用户。

对不同类型的操作对象有不同的操作权限,常见的操作权限如表3.13所示。

表3.13　不同类型操作对象的操作权限

对　象	对象类型	操作权限
属性列	TABLE	SELECT,INSERT,UPDATE,DELETE,ALL PRIVILEGES
视图	TABLE	SELECT,INSERT,UPDATE,DELETE,ALL PRIVILEGES
基本表	TABLE	SELECT,INSERT,UPDATE,DELETE,ALTER,INDEX,ALL PRIVILEGES
数据库	DATABASE	CREATE TABLE

说明:

(1) 对属性列、视图和基本表的操作权限有查询(SELECT)、插入(INSERT)、修改(UPDATE)、删除(DELETE),以及这四种权限的总和(ALL PRIVILEGES)。

(2) 对基本表还有修改表(ALTER)和建立索引(INDEX)的权限。

(3) 对数据库可以有建立表(CREATE TABLE)的权限。该权限属于DBA,可由DBA授予普通用户,普通用户拥有此权限后可以建立基本表,基本表的属主(owner)拥有对该表的一切操作权限。

(4) 接受权限的用户可以是一个或多个具体用户;也可以是PUBLIC,即全体用户。

(5) 如果指定了WITH GRANT OPTION子句,则获得某种权限的用户还可以把这种权限再授予其他的用户。

【例3.82】 把对Employee表查询的权限授给用户USER1。

```
GRANT SELECT
ON Employee
TO USER1;
```

【例3.83】 把对Employee.Project表的全部操作权限授予用户USER2和USER3。

```
GRANT ALL
ON Employee.Project
TO USER1,USER2;
```

【例3.84】 把对表Works的查询权限授予所有用户。

```
GRANT SELECT
ON Works
TO PUBLIC;
```

【例3.85】 把修改Employee表的员工号和查询Employee表的权限授给用户USER4。

```
GRANT UPDATE(Eno), SELECT
ON Employee
TO USER4;
```

授予关于属性列的权限时必须明确指出相应属性列名。

【例 3.86】 把在数据库 Company 中建表的权限授予用户 USER5。

```
USE Company;
GRANT CREATE TABLE TO USER5;
```

【例 3.87】 把对表 Project 的 INSERT 权限授予用户 USER6，并允许他再将此权限授予其他用户。

```
GRANT INSERT
ON Project
TO USER6
WITH GRANT OPTION;
```

由于此句带有 WITH GRANT OPTION，所以 USER6 有权将此权限授予给其他用户。

从上面的例子可以看出，SQL 的授权机制非常灵活。用户对自己建立的基本表和视图拥有全部的操作权限，也可以将这些权限授予其他用户。用户可以一次向一个用户授权，如例 3.82；也可以一次向多个用户授权，如例 3.83、例 3.84；还可以一次传播多个同类对象的权限，如例 3.83；甚至一次可以完成对基本表、视图和属性列这些不同对象的授权，如例 3.85，授予关于 DATABASE 的权限必须与授予关于 TABLE 的权限分开，因为对象类型不同。

3.6.2 收回权限

授予的权限可以由 DBA 或其他授权者用 REVOKE 语句收回。REVOKE 语句的格式为：

REVOKE 权限[,权限]...
[ON 对象类型 对象名]
FROM 用户[,用户]...;

它的功能是从指定用户那里收回对指定对象的指定权限。

【例 3.88】 把用户 USER4 修改 Employee 表的 Eno 的权限收回。

```
REVOKE UPDATE(Eno)
ON Employee
FROM USER4;
```

【例 3.89】 收回所有用户对表 Works 的查询权限

```
REVOKE SELECTON Works FROM PUBLIC;
```

【例 3.90】 把用户 USER6 对表 Project 的 INSERT 权限收回。

```
REVOKE INSERT
ON Project
FROM USER6 ;
```

SQL 提供了非常灵活的授权机制。DBA 拥有对数据库中所有对象的所有权限，并可以根据应用的需要将不同的权限授予不同的用户。

用户对自己建立的基本表和视图拥有全部的操作权限，并且可以用 GRANT 语句把其中某些权限授予其他用户。被授权的用户如果有“继续授权”的许可，还可以把获得的权限再授予其他用户。

所有授予出去的权限在必要时又都可以用 REVOKE 语句收回。

3.7 小　结

SQL语言是一种综合的、通用的、功能极强的语言，是关系数据库语言的工业标准。大多数商用关系数据库系统都遵循这个标准。本章结合一个数据库实例——公司工程管理，详细地介绍了SQL语言，所用的语句实例都在SQL Server 2017上运行通过。由于不少商用数据库系统对SQL做了不同的扩充和修改，有的例子也许在某些系统上需要稍做修改才能运行。

SQL语言包括数据定义、数据查询、数据更新和数据控制等四大功能，9个动词(CREATE、DROP、ALTER、INSERT、UPDATE、DELETE、SELECT、GRANT、REVOKE)，操作的对象有数据库、基本表、索引、视图、属性列等。数据定义包括创建、删除和修改数据库、基本表、索引和视图。数据查询是SQL最富特色的部分，它包括单表查询、多表查询、集合查询、集函数计算、嵌套查询和基于视图的查询。数据更新包括增加记录、删除记录和修改记录等操作。数据控制是SQL提供的数据保护的重要功能。人们有时把数据更新称为数据操纵，或把数据查询和数据更新合称为数据操纵。

视图是关系数据库系统中的一个重要概念，合理使用视图具有很多优点。视图是从一个或几个基本表中导出的虚表。数据库中只存放对视图的定义，而不存放视图对应的数据，基本表中的数据发生变化，从视图中查询出的数据也随之改变。视图一经定义就可以和基本表一样被查询，还可以像基本表一样被用来导出其他视图。可以通过更新视图实现对基本表的更新，但这类更新受到很多限制。

习　题　3

一、选择题

1. SQL属于(　　)数据库语言。

A. 关系　　B. 网状　　C. 层次　　D. 面向对象

2. 两个子查询可以执行并、交、差操作的条件是两个子查询结果(　　)。

A. 结构完全不一致　　B. 结构完全一致

C. 结构部分一致　　D. 主码一致

3. 视图创建完毕后，数据字典中存放的是(　　)。

A. 查询语句　　B. 查询结果

C. 视图定义　　D. 所引用的基本表的定义

4. 关系代数中的π运算符对应SQL中的(　　)子句。

A. SELECT　　B. FROM　　C. WHERE　　D. GROUP BY

5. 已知成绩表如表3.14所示。执行SQL语句“SELECT COUNT(DISTINCT 学号) FROM 成绩 WHERE 分数＞60”，查询结果中包含的元组数目是(　　)。

表 3.14 成绩表

学号	课程号	分数
1001	C01	89
1001	C02	85
1001	C01	null
1002	C02	55
1003	C03	70

A. 1 个 B. 2 个 C. 3 个 D .4 个

6. SELECT 语句执行的结果是(　　)。

A. 数据项 B. 视图 C. 表 D. 元组

7. SQL 中创建基本表的语句是(　　)。

A. CREATE TABLE B. CREATE DATABASE

C. CREATE VIEW D. CREATE INDEX

8. 在 SQL 语言中,修改表结构时,应使用的命令是(　　)。

A. UPDATE B. INSERT C. MODIFY D. ALTER

9. 为了加速对特定表数据的查询而创建的数据库对象是(　　)。

A. 视图 B. 索引 C. 表 D. 以上都不是

10. SELECT 语句中与 HAVING 子句同时使用的子句是(　　)。

A. GROUP BY B. ORDER BY C. WHERE D. 无须配合

二、简答题

1. SQL 的功能有哪些? 它们有什么特点?
2. 什么是基本表? 什么是视图? 两者的区别和联系是什么?
3. 请举例说明哪一类视图可以更新,哪一类视图不可以更新。
4. 相关子查询与不相关子查询的区别是什么?

三、综合题

1. 针对学生成绩管理系统,用 SQL 语句建立表 3.15、表 3.16、表 3.17 和表 3.18 四个表。

表 3.15 Student(学生信息表)

SNO	NAME	SEX	BIRTHDAY	CLASS
101	曾华	男	1997-09-01	95033
102	匡明	男	1995-10-02	95031
103	王丽	女	1996-02-23	95033
104	李军	男	1996-02-02	95033
105	王芳	女	1995-02-10	95031
106	陆君	男	1994-06-03	95031
107	李强	男	1996-02-02	95033
108	赵红	女	1995-02-10	95034
109	张伟	男	1994-06-03	95035

表 3.16　Teacher(教师信息表)

TNO	NAME	SEX	BIRTHDAY	PROF	DEPART
804	李诚	男	1968-12-02	副教授	计算机系
856	张旭	男	1975-09-02	讲师	电子工程系
825	王萍	女	1978-05-08	助教	计算机系
831	刘冰	女	1979-08-10	助教	电子工程系

表 3.17　Course(课程表)

CNO	CNAME	TNO
3-105	计算机导论	825
3-245	操作系统	804
6-166	数字电路	856
9-888	高等数学	831

表 3.18　Score(成绩表)

SNO	CNO	DEGREE	SNO	CNO	DEGREE
103	3-245	86	101	3-105	64
105	3-245	75	107	3-105	91
109	3-245	68	108	3-105	78
103	3-105	92	101	6-166	85
105	3-105	88	107	6-166	79
109	3-105	76	108	6-166	81

2. 针对学生成绩管理系统，试用 SQL 语言完成以下各项操作：

(1) 查询 Student 表中学生的姓名和年龄；

(2) 查询 Student 表中“王”姓学生的记录；

(3) 查询“男”教师及其所上的课程；

(4) 查询最高分同学的 SNO，CNO 和 DEGREE 列；

(5) 查询和“李军”同性别的同班同学的 NAME；

(6) 查询所有选修“计算机导论”课程的“男”同学的成绩表；

(7) 查询选修了 2 门以上课程的学生号和姓名；

(8) 求各个课程号相应的选课人数；

(9) 查询选修了全部课程的学生姓名；

(10) 查询至少选修了学生号为 109 的学生选修的全部课程的学生号。

3. 针对学生成绩管理系统，用 SQL 语句完成以下各项操作：

(1) 把对 Student 表的 INSERT 权限授予用户张勇，并允许他再将此权限授予其他用户；

(2) 把查询 Teacher 表和修改 PROF 属性的权限授给用户李天明；

(3) 收回所有用户对 Score 表的查询的权限。

4. 已知图书馆数据库有如下关系：

BOOKS(Bno,Title,Author,Pname)

PUBLISHERS(Pname,City,Telephone)

BORROWERS(CardNo,Name,Age,Addr)

LOANS(CardNo,Bno,Date)

各属性的含义如下：Bno(图书编号)，Title(图书名)，Author(作者)，Pname(出版社名)，City(出版社所在城市名)，Telephone(出版社电话)，CardNo(借书证号)，Name(借书人姓名)，Age(借书人年龄)，Addr(借书人地址)，Date(图书借出日期)。试用 SQL 语句完成以下各项操作：

(1) 创建出版社名为 P1 的图书视图 VIEW_1，并要求在进行修改和插入操作时仍需保证该视图只有 P1 出版社的图书；

(2) 定义视图 VIEW_2，反映图书的图书编号、书名、出版社以及出版社所在城市；

(3) 创建视图 VIEW_3，反映图书借出情况，要求有借书人姓名、图书名和图书借出日期字段；

(4) 在 VIEW_3 上创建视图 VIEW_4，反映借阅时间超过 1 个月的所有借书人姓名。

第4章　关系规范化理论

关系数据库是建立在关系模型基础上的数据库。关系数据库性能的好坏很大程度上取决于关系模型的好坏。人们对客观世界的认识理解不同,导致由现实世界抽象而成的概念数据模型不尽相同,由此转化的关系模式也多种多样。在一个关系数据库中如何构造一个合适的关系模式,每个关系又由哪些属性组成,就是关系数据库的逻辑设计。关系规范化理论是关系数据库逻辑设计的理论依据。由于关系中各属性之间存在着相互依赖性,因此在构造关系时,经常发生数据冗余和操作异常等现象。研究关系模式中各属性之间的依赖关系及其对关系模式的影响,提供判断关系模式优劣的理论标准,就是关系数据库的规范化理论。本章主要介绍关系规范化理论,包括数据依赖、范式和模式分解。

4.1　规范化问题的提出

4.1.1　关系模式中的操作异常

E.F.Codd 最早提出关系数据库规范化理论。提出规范化理论是为了进一步优化数据库的设计,更好地处理数据冗余以及由此带来的操作异常现象。将太多的信息存在一个关系中,就可能会引起数据冗余,而数据冗余就有可能引起各种操作异常的现象,给数据库性能的正常发挥造成极大的影响。

一个不好的关系模式有怎样的表现呢?下面以某学校管理系统设计为例来说明。

【例 4.1】 假定在某学校管理系统中需要建立一个数据库来描述教师和课程的一些信息,有如下属性:教师编号,教师姓名,所在系部名称,课程编号,课程名称,课程学分。上述属性之间有如下对应关系:

(1) 一个系部有若干名教师,但一个教师只在一个系中工作;

(2) 一个教师可讲授多门课程,每门课程可由不同教师讲授;

(3) 每门课有一个课程编号和一个课程名称,对应一个课程学分。

怎样设计一个合理的关系模式?

第一种方案:采用一个总的关系模式,将这些属性放在 Teachers 表中。

Teachers(Tno,Tname,Dname,Cno,Cname,Credit)

其中 Tno 表示教师编号,Tname 表示教师姓名,Dname 表示所在系部名称,Cno 表示课程编号,Cname 表示课程名称,Credit 表示课程学分。在此关系模式中填入一部分具体的数据,则可得到 Teachers 关系,如表 4.1 所示。

分析以上关系中的数据可以看出,(Tno,Cno)属性的组合能唯一标识一个元组,表示某教师讲授某门课程的情况。所以,(Tno,Cno)是该关系模式的主码。但在进行数据库的操作时,可能会出现很多操作异常问题。

表 4.1 Teachers 关系

Tno	Tname	Dname	Cno	Cname	Credit
001	王林	软件工程系	C01	操作系统	2
001	王林	软件工程系	C02	数据库原理与应用	3
002	李斌	大数据系	C02	数据库原理与应用	3
002	李斌	大数据系	C03	数据结构	2
003	张成	计算机科学系	C04	算法设计	2
004	王红	计算机科学系	C05	嵌入式系统设计	2

1. 数据冗余太大

教师所在的系部名称在该教师每讲授一门课程时，就要重复存放一次。假如该教师讲授了5门课程，则其所在的系部名称就要重复存放5次。这实际上是没有必要的，不仅造成了存储空间的浪费，而且存在数据不一致的潜在危险，数据冗余太大。

2. 插入异常

如果某个教师新调进某个系部，此时该教师还没有讲授任何课程，那么这个教师的姓名和所在系部的信息就无法插入数据库中。因为在这个关系模式中，(Tno，Cno)是该关系模式的主码。根据关系的实体完整性约束，主属性取值不能为空，而此时这个教师没有参与讲授任何课程，Cno 未定，因此不能进行插入操作。

3. 删除异常

如果某个教师由于某种特殊原因中途退出了其讲授的课程，而又未再参与讲授其他新的课程，数据库此时就把这个教师的姓名和所在系部名称信息都删除了。这个教师仍在这个系部工作的这一事实也随之删除了，在数据库中无法再找到关于这个教师的信息。例如，表4.1中王红老师因故不上“嵌入式系统设计”这门课，删除该记录，就把王红老师和他的职工编号及其在计算机科学系工作的信息也删除了。

4. 更新异常

由于数据存储冗余，当更新系部名称时，必须修改与之相关所有教师的信息。如果某个教师因为工作变动而改换系部，则与该教师相关的所有元组中的系部名称就必须全部修改，即数据修改需要重复多次，且容易导致数据不一致。

由此可以看出，Teachers 关系模式显然不是一个好的关系模式，它存在着插入异常、删除异常、更新异常以及数据冗余问题。上述问题的产生是由于这个关系模式中，系部名称不仅依赖于教师，还依赖于课程，属性间存在着某些不合适的依赖关系。

4.1.2 解决的方案

规范化理论可用来改造这种关系模式，通过分解关系模式消除不合理的数据依赖，从而解决上述数据冗余和数据操作异常的问题。若将 Teachers 关系模式分解为下面三个关系模式，上面的问题就会迎刃而解：

T_D(Tno，Tname，Dname)

T_C(Tno,Cno)

C_C(Cno,Cname,Credit)

其具体的实例如表 4.2、表 4.3 和表 4.4 所示。

表4.2　T_D关系实例

Tno	Tname	Dname
001	王林	软件工程系
002	李斌	大数据系
003	张成	计算机科学系
004	王红	计算机科学系

表4.3　T_C关系实例

Tno	Cno
001	C01
001	C02
002	C02
002	C03
003	C04
004	C05

表4.4　C_C关系实例

Cno	Cname	Credit
C01	操作系统	2
C02	数据库原理与应用	3
C03	数据结构	2
C04	算法设计	2
C05	嵌入式系统设计	2

将 Teachers 关系模式分解为三个关系后，教师及所在系部信息存放在 T_D 关系中，每个教师对应一个系部；教师讲授课程信息存放在 T_C 关系中，表示授课信息；课程信息放在 C_C 关系中，之前的插入异常、更新异常、删除异常现象均可消除，数据冗余现象也得到控制。当然，分解后的关系模式也存在另一问题，如果已知某个教师的姓名，想查询他讲授的课程，则需要进行连接才能完成查询。所以，什么样的关系模式需要分解？如何分解？分解后的模式又如何评价呢？

按照一定的规范设计关系模式，将一个存在数据冗余大、插入异常、删除异常和更新异常等情况的关系模式通过模式分解的方法转换为“较好”关系模式的集合，即将结构复杂的关系分解成等价的结构简单的关系，这就是关系的规范化。

关系模式的好坏与关系中各属性间的依赖关系有关。在设计关系模式时，必须从语义上分析这些依赖关系，按照每个关系中属性间满足的内在语义条件来构造关系。因此，先讨论属性间的依赖关系，然后讨论关系规范化理论。

4.2　函数依赖

4.2.1　函数依赖的定义

在关系数据库中，各个属性之间的相互依赖、相互制约的关系称为数据依赖(data independence)。数据依赖有许多类型，通常有函数依赖、多值依赖等。其中函数依赖是最为常见和最为基本的情形。

1. 函数依赖

函数依赖(functional dependency)反映了同一关系中属性间的相互依赖和相互制约，是属性间的一种联系。它意味着，如果给定一个属性或属性组的值，就可以获得另一个属性或属性组的值。

函数依赖的一般定义如下。

定义 4.1 设 $R(U)$ 是属性全集 U 上的一个关系模式，X 和 Y 是 U 的子集，r 是 $R(U)$ 中的任意一个可能的关系，r 中不可能存在这样的两个元组，它们在 X 上的属性值相等，而在 Y 上的属性值不等，即属性 Y 的取值取决于属性 X 的取值，则称 X 函数决定 Y 或 Y 函数依赖于 X，记作 $X \to Y$。通常称 X 为决定因素，是这个函数依赖的决定属性组，Y 为依赖因素。

当 Y 不函数依赖于 X 时，记做 $X \nrightarrow Y$。

需要说明以下几点。

(1) 一旦确定关系模式 $R(U)$ 中存在某个函数依赖，则 $R(U)$ 关系模式中所有的关系 r 都必须满足该函数依赖。

(2) 对于 X 的每一个具体值，Y 都有唯一的具体值与之对应。这类似于变量之间的单值函数关系。假设有单值函数 $Y=F(X)$，则自变量 X 的值可以决定一个唯一的函数值 Y。

(3) $R(U)$ 中函数依赖的存在是一个语义范畴，只能从属性的含义上来确定，而不能按照其形式化定义来证明一个函数依赖是否成立。

【例 4.2】在关系模式 T_D(Tno，Tname，Dname)中，每个教师只有一个编号，所以一旦知道了教师的编号，就可以知道该教师的姓名，即教师的编号可以确定教师姓名，而每一个教师只在一个系里工作，则在这个关系模式中存在下列函数依赖：

Tno→Tname，Tno→Dname

【例 4.3】 对于关系模式 T_D(Tno，Tname，Dname)，当教师不存在重名的情况下，可以得到：Tname→Dname。这种函数依赖关系，必须是在没有重名的教师的条件下才成立，否则就不存在这种函数依赖了。所以，函数依赖反映了一种语义完整性约束。

【例 4.4】 在关系模式 T_C(Tno，Cno)中，一个 Tno 有多个 Cno 的值与其对应，因此 Cno 不能由 Tno 唯一确定。同理，一个 Cno 有多个 Tno 的值与其对应，因此 Tno 不能由 Cno 唯一确定。要表达某个教师讲授某门课程，需要两个属性，缺一不可。所以，在这个关系模式中存在下列函数依赖：(Tno，Cno)→U。

2. 非平凡与平凡的函数依赖

定义 4.2 如果 $X \to Y$，但 $Y \not\subseteq X$，即 Y 不是 X 的子集，则 $X \to Y$ 称为非平凡的函数依赖。

定义 4.3 若 $X \to Y$，$Y \subseteq X$，则 $X \to Y$ 称为平凡的函数依赖。

按照函数依赖的定义，当 Y 是 X 的子集时，Y 必然是函数依赖于 X 的，不过这里的“依赖”并不反映任何新的语义。

若不特别声明，本书讨论的都是非平凡的函数依赖。

3. 完全函数依赖

定义 4.4 假设 $R(U)$ 是属性全集 U 上的一个关系模式，X 和 Y 是 U 的子集。如果 $X \to Y$，并且对于 X 的任何一个真子集 X'，有 $X' \to Y$ 都不成立，则称 Y 完全函数依赖于 X，记作 $X \xrightarrow{F} Y$。

【例 4.5】 假设有一个学生选课关系模式 S_C(Sno，Course，Grade)，三个属性分别表示学号，课程名，分数。表示学生选修某门课程，得到一个分数，则在该关系模式中，有(Sno，Course) $\xrightarrow{F}$ Grade，其中(Sno，Course)属性集的任意真子集 Sno 或 Course 都不能单独确定 Grade，即

Sno→Grade,Course→Grade 都不成立,所以说该函数依赖为完全函数依赖。

4. 部分函数依赖

定义 4.5　假设 $R(U)$是属性全集 U 上的一个关系模式,X 和 Y 是 U 的子集。如果 $X\rightarrow Y$,且 X 的某个真子集 X',有 $X'\rightarrow Y$ 成立,则称 Y 部分函数依赖于 X,记作 $X\xrightarrow{P}Y$。

【例 4.6】　假设有关系模式 Students(Sno,Sname,Course,Grade)中,决定因素为属性组(Sno,Course)。在该关系模式中就存在部分函数依赖:(Sno,Course)$\xrightarrow{P}$Sname,因为 Sname 只是函数依赖于属性组(Sno,Course)的一个真子集 Sno,并不函数依赖于 Course。

很明显,当决定因素是单属性时,是不存在部分函数依赖的。只有当决定因素是组合属性时,讨论部分函数依赖才有意义。

5. 传递函数依赖

定义 4.6　假设 $R(U)$是属性全集 U 上的一个关系模式,X、Y、Z 是 U 的子集。如果有两个非平凡函数依赖 $X\rightarrow Y$ 和 $Y\rightarrow Z$,而且 $Y\nrightarrow X$,则称 Z 传递函数依赖于 X,记作 $X\xrightarrow{T}Z$。

在上述定义中,$Y\nrightarrow X$ 表示 X 不函数依赖于 Y,意味着 X 与 Y 不是一一对应的,如果 $Y\rightarrow X$,则 Z 就是直接函数依赖于 X,而不是传递函数依赖于 X 了,即如果 $X\rightarrow Y$,$Y\rightarrow X$,则 X 和 Y 等价,记作 $X\leftrightarrow Y$。

【例 4.7】　假设有关系模式 Workers(Wno,Wname,Wsex,Dno,Daddress),各属性分别表示职工编号,职工姓名,性别,所在部门,部门地址。每个部门有对应的办公地点。该关系模式的决定因素为属性 Wno。在该关系模式中存在传递函数依赖:Wno $\xrightarrow{T}$Daddress,因为 Wno→Dno,Dno→Daddress,且不存在 Dno→Wno,因此有 Daddress 传递函数依赖于 Wno。

【例 4.8】　假设在关系模式 Workers(Wno,Wname,Wsex,Dno,Daddress)中加入 pid 属性,表示身份证号,则 pid→Wno,Wno→Wname,但是 pid 不传递决定 Wname,因为 Wno→pid,即 Wno 与 pid 等价,也就是说这两个属性在关系中的地位相当,可以相互替代。所以 pid→Wname 不是传递函数依赖。

4.2.2　码的定义

在本书 2.1 节我们曾给出过码的定义,即关系中的某一属性或属性组能唯一地标识一个元组,则称该属性或属性组为候选码。现在用函数依赖的概念来定义码。

1. 超码

定义 4.7　超码(superkey)是一个或多个属性的组合,它可以在一个关系中唯一地标识一个元组。设 K 为关系模式 $R(U,F)$中的属性或属性组合(U 为 R 的属性全集,F 为 R 所满足的一组函数依赖),即如果函数依赖 $K\rightarrow U$,则 K 为 R 的一个超码。

例如,学生关系中,学号属性足以将不同的学生实体区分开来,因此,学号是一个超码;但在该关系中,姓名就不能作为一个超码,因为有可能重名。当然,学号和姓名的组合属性也能将不同的学生区别开来,也是学生关系中的一个超码。

在超码中,可能包含无关紧要的属性,如果 K 是一个超码,那么 K 的任意超集也是超码。最小超码称为候选码。

2. 候选码

定义 4.8 设 K 为关系模式 $R(U,F)$ 中的属性或属性组合（U 为 R 的属性全集，F 为 R 所满足的一组函数依赖），若 $K \xrightarrow{F} U$，则称 K 为 R 的候选码(candidate key)。

候选码可简称为码。

3. 主码

定义 4.9 若候选码多于一个，则选定其中一个为主码(primary key)。

【例 4.9】 在关系模式 Workers(Wno，Wname，Wsex，Dno)中，Wno 可函数决定关系模式中的每一个属性，即 Wno →(Wname，Wsex，Dno)，而且 Wno 是单属性，不可能存在部分函数依赖，所以 Wno 是关系模式 Workers 的主码。

凡组成候选码的属性都称为主属性，未包含在任何码中的属性称为非主属性。最简单的情况，单个属性是码；最极端的情况，关系中所有的属性组合起来才能做主码，称为全码。

【例 4.10】 设有关系模式 $R(S,W,A)$，其中属性 S 表示歌唱家，W 表示歌曲，A 表示听众。假设一个歌唱家可以演唱多首歌曲，某一歌曲也可以被多个歌唱家演唱，听众可以欣赏不同歌唱家的不同歌曲，则这个关系模式的码为(S,W,A)，即 R 为全码关系。

4. 外码

定义 4.10 关系模式 R 中属性或属性组 X 并非 R 的码，但 X 是另一个关系模式的码，则称 X 是 R 的外码(foreign key)。

主码与外码表示了关系间的联系。

4.3 范　　式

我们把在关系数据库的规范化过程中为不同程度的规范化要求设立的不同标准称为范式(normal form)。由于规范化的程度不同，所以产生了不同的范式。关系模式规范化的基本思想是消除关系模式中的数据冗余，消除数据依赖中的不合适的部分，解决数据插入、删除、更新时的异常现象。如本章例 4.1 中 Teachers 模式就存在着这些问题，通过模式分解可以消除操作异常现象。分解后的模式如何评价？何为标准呢？E.F.Codd 最先提出范式的概念，随后提出第一范式、第二范式、第三范式。满足最基本规范化要求的关系模式称为第一范式(1NF)，在第一范式中进一步满足一些约束条件的称为第二范式(2NF)，以此类推就产生了第三范式(3NF)等概念。除此之外，还有 BCNF，4NF，5NF。每种范式对关系模式的设计都规定了一些限制约束条件。范式级别越高，规范化的程度也就越高。

4.3.1 第一范式(1NF)

定义 4.11 关系模式 R 的每一个具体关系 r，都应该满足的最低要求：如果每个属性值都是不可再分的最小数据单位，则称 R 符合第一范式，简称为 1NF，记作 $R \in 1NF$。

第一范式是最基本的规范形式，它规定了一个关系中的属性值必须是“原子”的，要求每一个属性都必须是不可再分的数据项。1NF 是对关系模式的起码要求，任何符合关系定义的关系都在第一范式中，但满足第一范式的关系模式，如例 4.1 的 Teachers 模式，并不是一个好的关系模式。

【例 4.11】 关系模式教师(教师编号，教师姓名，工资)如表 4.5 所示。它不满足第一范式，其中“工资”属性并不是“原子”的，还可以分为“薪级工资”“岗位津贴”。

表 4.5　教师关系实例

教师编号	教师姓名	工资	
		薪级工资	岗位津贴
001	王林	2200	1300
002	李斌	2600	1200

4.3.2　第二范式(2NF)

定义 4.12 如果关系模式 $R \in 1NF$，且每个非主属性都完全函数依赖于 R 的码，即任何非主属性都不部分函数依赖于码，则称 R 属于第二范式，简称为 2NF，记作 $R \in 2NF$。

由此可知，第二范式的实质是在第一范式基础上消除非主属性对码的部分函数依赖。

【例 4.12】 假设有关系模式 Workers(Wno，Wname，Wsex，Pname，Salary)，Pname 表示项目名称，Salary 表示薪水。该关系模式满足第一范式，但它不满足第二范式。该关系模式表示某职工参与某个项目获取一定薪水。该关系模式的码为(Wno，Pname)，存在以下函数依赖：(Wno，Pname)$\xrightarrow{F}$Salary，(Wno，Pname)$\xrightarrow{P}$Wname。

在这个关系模式，码为(Wno，Pname)，Wno，Pname 是主属性；Wname，Wsex，Salary 是非主属性。其中，Salary 对码是完全函数依赖，Wname 和 Wsex 对码部分函数依赖。正是这个原因使得该关系模式产生数据冗余和操作异常。

在此例中，决定因素有两个，即 Wno、Wno 与 Pname 的组合。

Wno $\xrightarrow{F}$Wname，Wno $\xrightarrow{F}$Wsex，则它们组成新关系模式 W_D(Wno，Wname，Wsex)，主码即为决定因素 Wno，该关系模式描述教师的信息。

同理，(Wno，Pname)$\xrightarrow{F}$Salary，则组成新关系模式 W_P(Eno，Pname，Salary)，主码为(Wno，Pname)，该关系模式描述教师与所参与项目之间的联系。

将该关系模式规范成第二范式的方法就是对关系模式进行投影分解，消除非主属性对码的部分函数依赖。分解时遵循的基本原则就是“一事一地”，即让一个关系只描述一个实体或者实体间的联系。如果多于一个实体或联系，则进行投影分解。

分解后非主属性对码都是完全函数依赖，因此分解得到的两个关系模式都符合第二范式。

4.3.3　第三范式(3NF)

定义 4.13 如果关系模式 $R \in 2NF$，且每个非主属性都不传递函数依赖于 R 的码，则称 R 属于第三范式，简称为 3NF，记作 $R \in 3NF$。

由此可知，第三范式的实质是要在第二范式基础上消除非主属性对码的传递函数依赖。

【例 4.13】 关系模式 Workers(Wno，Wname，Wsex，Dno，Daddress)满足第二范式，但不满足第三范式。

该关系模式的码为 Wno，存在着函数依赖 Wno→Dno，Dno→Daddress，Dno$\nrightarrow$Wno，因此有 Wno $\xrightarrow{T}$ Daddress，即存在非主属性 Daddress 传递函数依赖于码 Wno。

该关系模式中传递函数依赖的存在，也是产生数据冗余和操作异常的原因之一。

(1) 数据冗余。在 Workers 关系模式中，某个部门增加一名员工，该部门所在的办公地点信息就要重复存储一次，这将浪费大量的存储空间。

(2) 插入异常。当一个新成立的部门还没有员工时，该部门的有关信息就无法插入。

(3) 删除异常。某个部门的员工全部离职而又没有新的员工调入时，删除全部员工的记录也随之删除了该部门的有关信息，部门的信息也丢掉了。

(4) 更新异常。由于数据冗余，当更换部门办公地点时，需要改动较多的与该部门有关的每一个员工记录，容易造成数据的不一致。

将该关系模式规范成第三范式仍是对关系模式进行投影分解，消除非主属性对码的传递函数依赖。分解的原则和方法与 2NF 规范化时遵循的原则和采用的方法相同。

在关系模式 Workers(Wno，Wname，Wsex，Dno，Daddress)中，实际上描述了两个实体：一个是员工实体，属性有 Wno、Wname、Wsex 和 Dno；另一个是部门实体，属性有 Dno 和 Daddress。根据分解的原则，可将上述关系模式分解为下面的两个关系模式：Workers(Wno，Wname，Wsex，Dno)用以描述员工实体，码为 Wno；Department(Dno，Daddress)用以描述部门实体，码为 Dno。分解后的两个关系模式均不存在非主属性对码的部分函数依赖和传递函数依赖，两个关系模式均符合第三范式。

4.3.4 BC 范式

2NF 和 3NF 讨论了关系模式中的非主属性对主码的函数依赖关系，主属性对主码是否也可能存在函数依赖关系呢？BC 范式(BCNF)是由 Boyce 和 Codd 在 1974 年共同提出的一个新的范式。BC 范式讨论主属性对与主码的依赖程度。

定义 4.14 如果关系模式 $R \in$ 1NF，且所有的函数依赖 $X \rightarrow Y(Y \not\subseteq X)$，决定因素 X 都包含了 R 的码，则称 R 符合 BC 范式，记作 $R \in$ BCNF。

换言之，若关系模式 R 属于第一范式，且每个属性都不部分函数依赖和传递函数依赖于码，则 R 属于 BCNF。由 BCNF 的定义可知，一个满足 BCNF 的关系模式有下列性质：

(1) 关系模式所有的非主属性对每一个候选码都是完全函数依赖；

(2) 关系模式所有的主属性对每一个不包含它的码也都是完全函数依赖；

(3) 关系模式中没有任何属性完全函数依赖于任何一组非码的属性。

如果 $R \in$ BCNF，将消除任何属性(主属性或非主属性)对码的部分函数依赖和传递函数依赖，所以 $R \in$ 3NF。

反过来，如果 $R \in$ 3NF，则 R 不一定属于 BCNF。

【例 4.14】 关系模式 Workers(Wno，pid，Wname，Wsex，Dno)，各属性分别表示职工编号，身份证号，职工姓名，性别，所在部门。其中每个职工有唯一的编号，并且有唯一的身份证号，所以有候选码 Wno 和 pid，主属性 Wno 和 pid。

在 Workers 关系模式中，如果选定主码 Wno，则存在函数依赖：Wno $\xrightarrow{F}$ Wsex，Wno $\xrightarrow{F}$ Dno，所以 Workers 关系模式属于 3NF，并且主属性 pid 也完全函数依赖于不包含它的码 Wno，

即 Wno $\xrightarrow{F}$pid，所以 Workers 关系模式属于 BCNF。

【例 4.15】 关系模式 T_S_C(Tno，Sno，Cno)，其中 Tno 表示教师，Sno 表示学生，Cno 表示课程。假设每一个教师只讲授一门课，每门课由若干个教师讲授，某学生选定某门课，对应一名教师。

由语义可知，学生对应多门课程，每门课程对应多个学生，所以 Sno 不能决定 Cno；此外，学生选定不同的课程，对应有不同的教师，所以 Sno 不能决定 Tno。因此，Sno 本身不能成为该关系模式的码。(Sno，Cno)组合可以决定 Tno，(Sno，Tno)组合可以决定 Cno，因此，(Sno，Cno)和(Sno，Tno)这两个属性组合都可以作为候选码。

在关系模式 T_S_C 中，还存在一种函数依赖：Tno→Cno(一个教师只讲授一门课，所以给定 Tno，就能确定 Cno)。因此，Tno 是一个决定因素。

在该关系模式中，不存在非主属性，所以不存在任何非主属性对码的传递函数依赖或部分函数依赖，关系模式 T_S_C 属于 3NF，但不属于 BCNF，因为 Tno 是决定因素，而 Tno 不包含码，即该关系模式中存在着主属性对码的部分函数依赖：(Sno，Tno)$\xrightarrow{P}$Cno。

将关系模式 T_S_C 规范成 BCNF，消除主属性对码的部分函数依赖，就可以解决上述问题。将关系模式 T_S_C 分解成下面的两个关系模式：

T_S(Tno，Sno)

T_C(Tno，Cno)

由此可知，在 3NF 中可能存在主属性对码的部分函数依赖和传递函数依赖；而 BCNF 在函数依赖范围内消除了任何属性对码的部分函数依赖和传递函数依赖，BCNF 比 3NF 更为严格，是更高一级的范式。在一个关系数据库中，如果所有关系模式都属于 BCNF，那么在函数依赖的范畴内，已经实现了关系模式的彻底分解，消除了操作异常问题，并将数据冗余也降低到极小程度。

4.4 多值依赖与 4NF

符合 BCNF 的关系模式在函数依赖范畴内是一个完美的关系模式，它最大限度地消除了数据冗余和操作异常问题，但数据操作异常问题还可以在函数依赖以外的情况下出现。

来看下面的例子。

【例 4.16】 设有一个关系模式 Teach (Course，Teacher，Books)，其中 Course 表示课程，Teacher 表示教师，Books 表示课程对应参考教材。假设一门课程对应多名教师，有一套相同的参考教材。具体实例如表 4.6 所示。

该关系模式的码是(Course，Teacher，Books)，即全码，三个属性都是主属性，没有任何属性完全函数依赖于非码的任何一组属性，该关系模式是 BCNF。

来分析一下 Course 与 Teacher、Books 的关系。这样一个关系模式会产生大量的冗余数据并引发数据操作异常问题。

(1) 数据冗余。课程、教师和参考书被多次存储。当某门课程增加一名教师，使用同一套参考教材，则必须插入多个元组。如“数据库原理与应用”课程增加一名教师“徐海”，就必须插入(数据库原理与应用,徐海,数据库概论)和(数据库原理与应用,徐海,数据库习题集)两个元组。

表 4.6 Teach 关系实例

Course	Teacher	Books
数据库原理与应用	王林	数据库概论
数据库原理与应用	王林	数据库习题集
数据库原理与应用	李斌	数据库概论
数据库原理与应用	李斌	数据库习题集
数据结构与算法	张成	数据结构与算法
数据结构	张成	数据结构习题集
数据结构	王红	数据结构习题集
数据结构	王红	数据结构与算法

(2) 插入异常。由于该关系模式为全码,因此属性取值不能为空。当课程还未分配给教师时,课程信息无法插入;当课程的参考教材还未指定时,教师信息也无法插入。

(3) 删除异常。当删除某门课程的参考教材时,必须删除多个元组,且与该参考教材相关的信息一并被删除。

(4) 更新异常。如果使用的参考教材需要修改,那么对应需要修改的元组的数据量将是非常大的。

产生以上问题的原因在于以下两个方面。

(1) 对应于一个具体的课程,有多个教师值与其相对应;同理,也有多个参考教材值与其对应。

(2) 对应于一个具体的课程,与其对应的一组教师值与参考教材值无关。Course 与 Teacher、Books 之间的关系不是函数依赖的关系,而是另外一种关系,通常称为多值依赖(multi-valued dependency)。

4.4.1 多值依赖的定义

定义 4.15 假设 $R(U)$是属性全集 U 上的一个关系模式,X、Y、Z 是的 U 的子集,并且 $Z=U-X-Y$。对 $R(U)$中任意给定的一个关系 r,如果有下述条件成立,则称 Y 多值依赖于 X,记为 $X\rightarrow\rightarrow Y$:

(1) 对于关系 r 在 X 上的一个确定的值,r 都存在一组 Y 值与之对应;

(2) Y 的这组对应值与 r 在 Z 中的属性值无关。

如果 $X\rightarrow\rightarrow Y$,但 $Z=U-X-Y\neq\Phi$,则称为非平凡多值依赖,否则称为平凡多值依赖。多值依赖具有以下性质。

(1) 多值依赖具有对称性。

如果 $X\rightarrow\rightarrow Y$ 成立,则有 $X\rightarrow\rightarrow Z(Z=U-X-Y)$。例如,在关系模式 Teach (Course, Teacher, Books)中,Course→→Teacher 成立,则 Course→→Books 也成立。

(2) 函数依赖是多值依赖的特殊情况。

如果 $X\to Y$，则有 $X\to\to Y$。这是因为当 $X\to Y$ 时，对 X 的每一个给定值，Y 都有一个确定的值与之对应，所以 $X\to\to Y$。

(3) 多值依赖具有传递性。

若 $X\to\to Y, Y\to\to Z$，则 $X\to\to Z-Y$。

若 $X\to\to Y, X\to\to Z$，则 $X\to\to YZ$。

若 $X\to\to Y, X\to\to Z$，则 $X\to\to Y\cap Z$

若 $X\to\to Y, X\to\to Z$，则 $X\to\to Y-Z, X\to\to Z-Y$。

多值依赖与函数依赖的区别主要表现在以下两个方面。

(1) 多值依赖的有效性与属性集的范围有关。

若 $X\to\to Y$ 在 U 上成立，则在 $W(XY\subseteq W\subseteq U)$ 上一定成立；反之则不然，即 $X\to\to Y$ 在 W $(W\subset U)$ 上成立，在 U 上并不一定成立。这是因为多值依赖的定义中不仅涉及属性组 X 和 Y，还涉及 U 中的其余属性 Z。

一般来说，如果在 $R(U)$ 上有 $X\to\to Y$ 在 $W(W\subset U)$ 上成立，则称 $X\to\to Y$ 为 $R(U)$ 的嵌入型多值依赖。

但是在关系模式 $R(U)$ 中，函数依赖 $X\to Y$ 的有效性仅取决于 X 和 Y 这两个属性集的值。只要在 $R(U)$ 的任何一个关系 r 中，元组在 X 和 Y 上的值满足“如果它们在 X 上的值相等，则它们在 Y 上的值也必然相等”这一要求，函数依赖 $X\to Y$ 就在任何属性集 $W(XY\subseteq W\subseteq U)$ 上成立。

(2) 若函数依赖 $X\to Y$ 在 $R(U)$ 上成立，则对于 Y 的任何真子集 $Y'\subset Y$，均有 $X\to Y'$ 成立；而若多值依赖 $X\to\to Y$ 在 $R(U)$ 上成立，却不能断言对于 Y 的任何真子集 Y'，均有 $X\to\to Y'$ 成立。

在关系模式 Teach (Course, Teacher, Books) 中存在 Course→→Teacher 和 Course→→Books 两个非平凡多值依赖。非平凡多值依赖的存在正是造成该关系模式产生数据冗余及操作异常的根本原因。为解决这一问题，必须对该关系模式进行比 BCNF 更高一级的规范化，为此引入第四范式(4NF)。

4.4.2 第四范式(4NF)

定义 4.16　如果关系模式 $R\in 1NF$，且对于 R 的每个非平凡多值依赖 $X\to\to Y(Y\not\subseteq X)$，$X$ 都含有码，则称 R 符合第四范式，记作 $R\in 4NF$。

4NF 就是限制关系模式的属性之间不允许有非平凡且非函数依赖的多值依赖。也就是说，4NF 模式有两种情况：要么存在非平凡且函数依赖的多值依赖；要么存在平凡的多值依赖。因为根据定义，对于每一个非平凡的多值依赖 $X\to\to Y$，X 都含有候选码，因此就有 $X\to Y$，所以 4NF 所允许的非平凡的多值依赖实际上是函数依赖。同时，正由于 X 就是候选码，所以 $X\to Y$ 满足 BCNF。

由此可见，如果一个关系模式符合 4NF，则它必符合 BCNF。反过来，一个关系模式符合 BCNF，不一定符合 4NF，关系模式 Teach (Course, Teacher, Books) 就是这种情况。

【例 4.17】　在关系模式 Teach (Course, Teacher, Books) 中，存在两个非平凡多值依赖 Course→→Teacher, Course→→Books, Course 不是候选码，所以该关系模式不属于 4NF。

将该关系模式规范成 4NF，消除非平凡且非函数依赖的多值依赖，就可以解决该关系模式

所存在的问题。采用投影分解的方法将其分为下面的两个关系模式：

C_T(Course,Teacher)

C_B(Course,Books)

关系模式实例如表 4.7 和表 4.8 所示。

表4.7　C_T关系实例

Course	Teacher
数据库原理与应用	王林
数据库原理与应用	李斌
数据结构	张成
数据结构	王红

表4.8　C_B关系实例

Course	Books
数据库原理与应用	数据库概论
数据库原理与应用	数据库习题集
数据结构	数据结构与算法
数据结构	数据结构习题集

在关系模式 C_T 中，有 Course→→Teacher，已经规范为平凡的多值依赖，所以 C_T 属于 4NF，同理 C_B 也属于 4NF。

函数依赖和多值依赖是两种最重要的数据依赖。如果只考虑函数依赖，则属于 BCNF 的关系模式规范化程度是最高的；如果考虑多值依赖，则属于 4NF 的关系模式规范化程度是最高的。

此外，消除不是由候选码所蕴含的连接依赖就达到更高级别的范式 5NF，感兴趣的读者可以查阅相关的参考书。

4.5　关系规范化

关系数据库的规范化理论是数据库逻辑设计的有力工具。其目的就是使关系模式结构合理，尽可能减少数据冗余和由此带来的数据插入、删除、更新等操作异常问题。最基本的规范化就是满足第一范式，关系的每个分量都是不可再分的数据项。规范化的基本方法就是从关系模式中各属性之间的数据依赖关系着眼，找出数据依赖关系中不合适的部分，通过投影分解的方法将其逐步消除，分解时遵循的基本原则就是"一事一地"，即让分解后得到的每一个关系模式尽可能只描述一个实体或者实体间的联系。

规范化的程度有不同的级别。范式即是为不同程度的规范化要求设立的不同标准，不同级别的范式代表了对关系模式的不同限制约束条件。范式的级别越高，对关系模式的约束就越严格，1NF⊃2NF⊃3NF⊃BCNF⊃4NF⊃5NF。对关系模式的规范化过程实际上就是从第一范式到更高范式的逐步严格的过程，如图 4.1 所示。

范式的等级可通过对关系模式的逐步分解得到提高，但范式分解并不应是盲目地去追求高的等级，而是应从实际出发，综合考虑。其原因是，虽然提高范式的等级可以减少数据冗余和由此带来的数据操作异常问题，但是对于查询操作而言，通常需要在表之间进行连接操作，关系模式分解得越细，查询所花费的时间就越多，大大降低了数据的查询速度。对于那些只要求查询而不要求插入、删除等操作的系统，这样做更有可能是得不偿失。因此，在处理实际问题时，对于模式分解，要全面衡量，统一权衡利弊，最终给出一个比较切合实际的合理关系模式。在实际应用中，3NF 和 BCNF 是应用最广的两种关系模式。

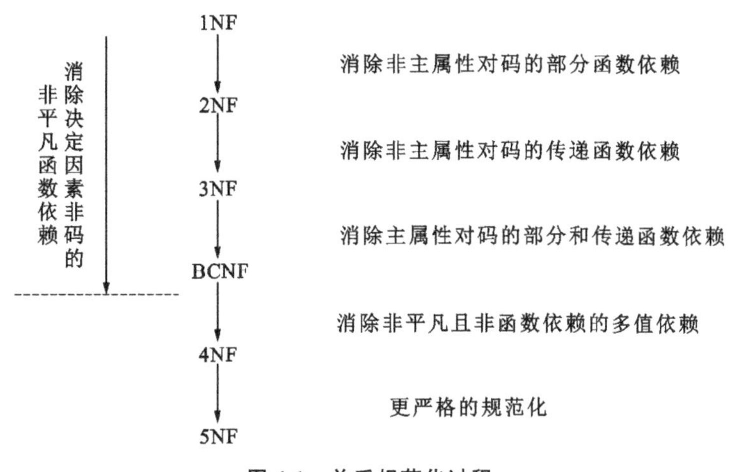

图 4.1　关系规范化过程

4.6　数据依赖的公理系统

一个关系若存在部分函数依赖或传递函数依赖，则必然会存在着数据冗余和操作异常。规范化的一个立足点就是研究数据依赖关系。在进行数据库设计过程中，有时需要从一组已知的数据依赖去推断另外的数据依赖关系是否成立，或者求出给定关系模式的码，这需要一套推理规则，这套规则称为数据依赖的公理系统，它是模式分解算法的理论基础。函数依赖的推理规则最先是在 1974 年由 W.W.Armstrong 提出的，通常称之为 Armstrong 公理系统。

4.6.1　逻辑蕴涵的定义

在完整介绍函数依赖公理之前，先给出逻辑蕴涵的定义。

定义 4.17　假设 F 是关系模式 $R(U,F)$ 的一个函数依赖集，X、Y 是 R 的属性子集，若对于 $R(U,F)$ 的任意一个关系 r，函数依赖 $X\rightarrow Y$ 都成立，则称 F 逻辑蕴涵 $X\rightarrow Y$，或称 $X\rightarrow Y$ 可以由 F 推出，记做 $F|=X\rightarrow Y$。

定义 4.18　F 逻辑蕴涵的所有函数依赖构成的集合，称为 F 的闭包，用符号 F^+ 表示。即：

$F^+=\{X\rightarrow Y|F|=X\rightarrow Y\}$

在一般情况下，F 是 F^+ 的子集，如果 $F=F^+$，则称 F 是一个完备的函数依赖集。

关于已知 F 后，如何找出 F^+ 的问题，可以根据 Armstrong 公理推导得出。

为了表述问题的方便，对有关符号的使用做如下的约定：

对于属性或属性集 X 和 Y，将 $X\cup Y$ 或 (X,Y) 统一简记为 XY，对多个对象也做类似的约定。

4.6.2　Armstrong 公理系统

1. 推理规则

假设 U 为属性集全体，F 是 U 上的一组函数依赖，则对于关系模式 $R(U,F)$ 来说有以下的推理规则：

(1) A1：自反律(reflexivity rule)。若 $Y\subseteq X\subseteq U$，则 $X\rightarrow Y$ 为 F 所蕴涵，记作 $F|=X\rightarrow Y$。

(2) A2：增广律(augmentation rule)。若 $X\rightarrow Y$ 为 F 所蕴涵，且 $Z\subseteq U$，则 $XZ\rightarrow YZ$ 为 F 所蕴涵，记作 $F|=XZ\rightarrow YZ$。

(3) A3：传递律(transitivity rule)。若 $X\rightarrow Y$ 及 $Y\rightarrow Z$ 为 F 所蕴涵，则 $X\rightarrow Z$ 为 F 所蕴涵，记作 $F|=X\rightarrow Z$。

Armstrong 公理给出的推理规则是正确的，即如果 $X\rightarrow Y$ 是由 F 按推理规则推导得出，则 $X\rightarrow Y$ 在任何满足 F 的关系 R 中成立。下面从定义出发证明推理规则的正确性。

(1) 证明自反律是正确的。

对 $R(U,F)$ 的任一关系 r 中的任意两个元组 t 和 s，若 $t[X]=s[X]$，由于 $Y\subseteq X$，则必有 $t[Y]=s[Y]$，所以 $X\rightarrow Y$ 成立，自反律得证。

例如，在选课关系中，(学号，课程号)→学号，(学号，课程号)→课程号。

(2) 证明增广律是正确的。

对 $R(U,F)$ 的任一关系 r 中任意的两个元组 t 和 s，若 $t[XZ]=s[XZ]$，则有 $t[X]=s[X]$ 和 $t[Z]=s[Z]$；又由于 $X\rightarrow Y$，则当 $t[X]=s[X]$ 时，有 $t[Y]=s[Y]$，于是有 $t[YZ]=s[YZ]$，所以 $XZ\rightarrow YZ$ 为 F 所蕴涵，增广律得证。

例如，若学号→专业，则(学号，课程号)→(专业，课程号)。

(3) 证明传递律是正确的。

对 $R(U,F)$ 的任一关系 r 中任意的两个元组 t 和 s，若 $t[X]=s[X]$，由于 $X\rightarrow Y$，有 $t[Y]=s[Y]$，又由于 $Y\rightarrow Z$，有 $t[Z]=s[Z]$，所以 $X\rightarrow Z$ 为 F 所蕴涵，传递律得证。

例如，若职工→职称，职称→工资，则职工→工资。

由 Armstrong 公理可以推导出下面三条很有用的推理规则：

(1) A4：合并规则。如果 $X\rightarrow Y$，$X\rightarrow Z$，则有 $X\rightarrow YZ$。

证明：由于 $X\rightarrow Y$，$X\subseteq U$，根据增广律可得 $X\rightarrow XY$；由于 $X\rightarrow Z$，$Y\subseteq U$，同样可得 $XY\rightarrow YZ$。对 $X\rightarrow XY$ 和 $XY\rightarrow YZ$ 由传递律可得 $X\rightarrow YZ$。

例如，若学号→姓名，学号→年龄，则学号→(姓名，年龄)。

(2) A5：伪传递规则。如果 $X\rightarrow Y$，$WY\rightarrow Z$，则有 $XW\rightarrow Z$。

证明：由于 $X\rightarrow Y$，$W\subseteq U$，根据增广律可得 $WX\rightarrow WY$；对 $WX\rightarrow WY$ 和 $WY\rightarrow Z$，使用传递律可得 $XW\rightarrow Z$。

例如，职工→职称，(职称，工龄)→基本工资，则存在(职工，工龄)→基本工资。

(3) A6：分解规则。如果 $X\rightarrow Y$ 和 $Z\subseteq Y$，则有 $X\rightarrow Z$。

证明：由于 $Z\subseteq Y$，根据自反律可得 $Y\rightarrow Z$；对 $X\rightarrow Y$ 和 $Y\rightarrow Z$，使用传递律可得 $X\rightarrow Z$。

例如，若学号→(姓名，年龄)，则学号→姓名，学号→年龄。

(4) A7：复合规则。如果 $X\rightarrow Y$，$W\rightarrow Z$，则有 $XW\rightarrow ZY$。

证明：由于 $X\rightarrow Y$，$W\subseteq U$，根据增广律可得 $WX\rightarrow WY$；同理，对于 $W\rightarrow Z$，根据增广律可得 $WY\rightarrow ZY$。对于 $WX\rightarrow WY$，$WY\rightarrow ZY$，根据传递律，可得 $XW\rightarrow ZY$。

例如，若学号→姓名，课程号→课程名，则(学号，课程号)→(姓名，课程名)。

根据合并规则和分解规则，可以得到一个重要的结论：

如果 $A_1,A_2,\cdots,A_n$ 是关系模式 R 的属性集，则 $X \rightarrow A_1A_2\cdots A_n$ 成立的充分必要条件是 $X \rightarrow A_i(i=1,2,\cdots,n)$ 成立。

2. 公理的有效性和完备性

Armstrong 公理是有效的和完备的。

Armstrong 公理的有效性指的是由 F 出发，根据公理推导出来的每一个函数依赖一定在 F^+ 中。

Armstrong 公理的完备性指的是 F^+ 中的每一个函数依赖，必定可以由 F 出发根据 Armstrong 公理推导出来。

由 Armstrong 公理系统的完备性可以知道，F^+ 是由 F 根据 Armstrong 公理系统推导出的函数依赖的集合，从而在理论上解决了由 F 计算 F^+ 的问题。

【例 4.18】　假设有关系模式 $R(U,F)$，其中 $U=ABC$，$F=\{A\rightarrow B,B\rightarrow C\}$。根据 Armstrong 公理系统，由 F 可计算出 F^+。F^+ 由 43 个函数依赖组成。

由自反律公理可以得到如下函数依赖：$A\rightarrow\Phi$，$B\rightarrow\Phi$，$C\rightarrow\Phi$，$A\rightarrow A$，$B\rightarrow B$，$C\rightarrow C$ 等；由增广律公理可以得到如下函数依赖：$A\rightarrow AB$，$B\rightarrow BC$，$AB\rightarrow B$，$BC\rightarrow C$ 等；由传递律公理可以得到函数依赖 $A\rightarrow C$ 等。

F^+ 的所有函数依赖如表 4.9 所示。

表 4.9　F 的闭包 F^+

$A\rightarrow\Phi$	$AB\rightarrow\Phi$	$AC\rightarrow\Phi$	$ABC\rightarrow\Phi$	$B\rightarrow\Phi$	$C\rightarrow\Phi$
$A\rightarrow A$	$AB\rightarrow A$	$AC\rightarrow A$	$ABC\rightarrow A$	$B\rightarrow B$	$C\rightarrow C$
$A\rightarrow B$	$AB\rightarrow B$	$AC\rightarrow B$	$ABC\rightarrow B$	$B\rightarrow C$	$\Phi\rightarrow\Phi$
$A\rightarrow C$	$AB\rightarrow C$	$AC\rightarrow C$	$ABC\rightarrow C$	$B\rightarrow BC$	
$A\rightarrow AB$	$AB\rightarrow AB$	$AC\rightarrow AB$	$ABC\rightarrow AB$	$BC\rightarrow\Phi$	
$A\rightarrow AC$	$AB\rightarrow AC$	$AC\rightarrow AC$	$ABC\rightarrow AC$	$BC\rightarrow B$	
$A\rightarrow BC$	$AB\rightarrow BC$	$AC\rightarrow BC$	$ABC\rightarrow BC$	$BC\rightarrow C$	
$A\rightarrow ABC$	$AB\rightarrow ABC$	$AC\rightarrow ABC$	$ABC\rightarrow ABC$	$BC\rightarrow BC$	

表中各函数依赖可由 Armstrong 公理及其推理规则推导而出。计算函数依赖集 F 的闭包 F^+ 是一件十分麻烦的事情，即使在 F 不大的情况下，F^+ 也可能非常大。上例中一个小的具有两个元素的函数依赖集 F 就有一个具有 43 个元素的闭包 F^+，当然 F^+ 中会有许多平凡函数依赖，如 $A\rightarrow\Phi$，$AB\rightarrow A$ 等，这些并非都是实际中所需要的。

F^+ 计算问题是相当复杂和困难的问题。从理论上讲，对于给定的函数依赖集 F，只要反复使用 Armstrong 公理系统给出的推理规则，就可以推导出函数依赖，直到不能再产生新的函数依赖为止，就可以算出 F 的闭包 F^+。但是，一个 $F=\{X\rightarrow A_1,\cdots,X\rightarrow A_n\}$ 的闭包 F^+ 计算是一个 NP(non-deterministic polynomial)完全问题，即多项式复杂程度的非确定性问题，至少可以推导出 2^n 个不同的函数依赖。在实际的应用中，人们感兴趣的可能只是 F^+ 的某个子集。为了简化计算，通常将 F^+ 的计算转化为属性集的闭包计算。

3. 属性集闭包的定义

定义 4.19 假设 F 为属性集 U 上的一组函数依赖，$X \subseteq U$，称

$X_F^+ = \{A \mid X \rightarrow A$ 能由 F 根据 Armstrong 公理系统导出，$A \in U\}$，X_F^+ 为属性集 X 关于函数依赖集 F 的闭包。

如果只涉及一个函数依赖集 F，即无须对函数依赖集进行区分，属性集 X 关于 F 的闭包就可简记为 X^+。需要注意的是，上述定义中的 A 是 U 中单属性子集时，总有 $X \subseteq X^+ \subseteq U$。

4. F 逻辑蕴含的充要条件

假设 F 为属性集 U 上的一组函数依赖，X 和 Y 是 U 的子集，$X \rightarrow Y$ 能由 F 根据 Armstrong 公理导出的充分必要条件是 $Y \subseteq X_F^+$。

证明：假设 $Y = A_1A_2\cdots A_n$，并假定 $Y \subseteq X_F^+$，根据 X_F^+ 的定义，对于所有的 $X \rightarrow A_i$，都可由 Armstrong 公理推出，根据合并规则就有 $X \rightarrow Y$，充分性得证。

反之，假设 $X \rightarrow Y$ 可由 Armstrong 公理推出，并且 $Y = A_1A_2\cdots A_n$，根据分解规则，对于所有的 i，$X \rightarrow A_i$ 成立，所以 $Y \subseteq X_F^+$，必要性得证。

现在要判断一个函数依赖 $X \rightarrow Y$ 是否能由 F 通过公理推导出来，就不用计算 F 的闭包 F^+ 了，只需计算属性集 X 的闭包 X_F^+，再判定 Y 是否为 X_F^+ 的子集。显然计算一个属性集的闭包比计算一个函数依赖集的闭包简单得多。

5. 属性集闭包 X_F^+ 的求解算法

设 F 为属性集 U 上的一组函数依赖，$X \subseteq U$，其闭包 X_F^+ 的计算步骤如下：

(1) 选取 X 作为闭包 X_F^+ 的初值 $X^{(0)}$，即令 $X^{(0)} = X$，$i = 0$；

(2) 求属性集 B，这里 $B = \{A \mid (\exists V)(\exists W)(V \rightarrow W \in F \wedge V \subseteq X^{(i)} \wedge A \in W)\}$；

(3) $X^{(i+1)} = B \cup X^{(i)}$；

(4) 判断 $X^{(i+1)} = X^{(i)}$ 是否相等；

(5) 若相等或 $X^{(i)} = U$，则 $X^{(i)}$ 就是 X_F^+，算法终止；

(6) 若不相等，则 $i = i+1$，返回第(2)步。

【例 4.19】 假设有关系模式 $R(U,F)$，其中 $U = ABCDEG$，$F = \{AC \rightarrow B, B \rightarrow A, CB \rightarrow G, ABG \rightarrow C, G \rightarrow ED, CE \rightarrow B\}$。设 $X = CG$，求 X_F^+。

计算步骤如下。

(1) 设 $X^{(0)} = CG$。

(2) 计算 $X^{(1)}$：在 F 中找一个函数依赖，其左边部分为 C，G 或 CG，在 F 中有函数依赖 $G \rightarrow ED$，所以 $X^{(1)} = CG \cup ED = CDEG$。

(3) 计算 $X^{(2)}$：在 F 中找出左边部分为 $X^{(1)}(CDEG)$ 子集的函数依赖，$G \rightarrow ED$，$CE \rightarrow B$，所以 $X^{(2)} = CDEG \cup B = BCDEG$。

(4) 计算 $X^{(3)}$：在 F 中找出左边部分为 $X^{(2)}(BCDEG)$ 子集的函数依赖，除去已使用过的函数依赖以外，还有 $B \rightarrow A$，$CB \rightarrow G$，从而得 $X^{(3)} = ABCDEG$；由于 $X^{(3)}$ 等于全部属性集合，至此，算法终止，因此有 $(CG)_F^+ = ABCDEG$。

6. 求解候选码

利用 Armstrong 公理及其推论，可以找出一个关系模式中的候选码。

【例 4.20】 找出关系模式 $R(A,B,C)$ 中的候选码。其中 $F = \{AC \rightarrow B, B \rightarrow A\}$。推导过

程如下：

(1) $B \to A$（条件）；

(2) $BC \to AC$（增广律）；

(3) $AC \to B$（条件）；

(4) $AC \to AC$（自反律）；

(5) $AC \to ABC$（对(3)、(4)合并）；

(6) $BC \to ABC$（对(2)、(5)用传递律）。

根据(5)(6)可知，该关系模式 R 的候选码为 AC 和 BC。

4.6.3　最小函数依赖集

针对某一关系模式的函数依赖集 F，可以使用 Armstrong 公理系统推导出其对应的函数依赖集 F^+。如果有两个函数依赖集，它们在某种意义上等价，那它们所包含的函数依赖数量是否一致？对于一个给定的函数依赖集 F，如何得到一个与 F 等价的最小函数依赖集 F_{min}？

1. *函数依赖的等价与覆盖*

定义 4.20　假设 F 和 G 是关系模式 $R(U)$ 上的两个函数依赖集，如果所有为 F 蕴涵的函数依赖都为 G 所蕴涵，即 F^+ 是 G^+ 的子集：$F^+ \subseteq G^+$，则称 G 是 F 的覆盖。

当 G 是 F 的覆盖时，只要实现了 G 中的函数依赖，就自动实现了 F 中的函数依赖。

定义 4.21　如果 G 是 F 的函数覆盖，同时 F 又是 G 的函数覆盖，即 $F^+ = G^+$，则称 F 和 G 是等价的函数依赖集。

当 F 和 G 等价时，只要实现了其中一个的函数依赖，就自动实现了另一个的函数依赖。

$F^+ = G^+$ 的充分必要条件是 $F \subseteq G^+$ 且 $G \subseteq F^+$。

因此要判断 $F^+ = G^+$ 是否成立，可以检查 F 中的每一个函数依赖 $X \to Y$ 是否属于 G^+，即 $Y \in X_G^+$，如果某一函数依赖不属于 G^+，则 $F^+ \neq G^+$。用同样方法可检查 G 中的函数依赖是否属于 F^+。只有 $F \subseteq G^+$ 且 $G \subseteq F^+$ 时，$F^+ = G^+$。

2. *最小函数依赖集*

定义 4.22　对于一个函数依赖集 F，满足下列条件的函数依赖集 F_{min} 称为 F 的最小函数依赖集：

(1) F_{min} 中的任一函数依赖 $X \to Y$，其右部仅含有一个属性；

(2) F_{min} 中不存在这样的函数依赖 $X \to A$，使得 F_{min} 与 $F_{min} - \{X \to A\}$ 等价；

(3) F_{min} 中不存在这样的函数依赖 $X \to A$，X 有真子集 Z，使得 $F_{min} - \{X \to A\} \cup \{Z \to A\}$ 与 F_{min} 等价。

该定义中，条件(1)表明 F_{min} 中的每一个函数依赖的依赖因素都是单属性子集，没有冗余的属性；条件(2)表明 F_{min} 中没有冗余的函数依赖，删掉函数依赖 $X \to A$ 后，F_{min} 中不存在可以由 F 中剩余函数依赖导出的函数依赖；条件(3) 表明 F_{min} 中每一个函数依赖的决定因素都没有冗余的属性。

冗余的函数依赖集可能会给关系模式的分解带来一些不必要的工作，而最小函数依赖集显然已消除了冗余。可以证明每一个函数依赖集 F 均等价于一个最小函数依赖集 F_{min}。由此可知，任何一个函数依赖集的最小函数依赖集都是存在的，但并不唯一。

计算 F 的最小函数依赖集 F_{min} 的步骤如下。

(1) 逐一检查 F 中各函数依赖：$X \to Y$，若 $Y = A_1A_2 \cdots A_k$，$k > 2$，则利用分解规则，用 $\{X \to A_j \mid j=1,2,\cdots,k\}$ 来取代 $X \to Y$，达到 F_{min} 定义的第一条条件。

(2) 逐一检查 F 中各函数依赖：$X \to A$，令 $G = F - \{X \to A\}$，若 $A \in X_G^+$，则从 F 中去掉此冗余的函数依赖，达到 F_{min} 定义的第二条条件。

(3) 逐一取出 F 中各函数依赖：$X \to A$，设 $X = B_1B_2 \cdots B_m$，逐一考查 $B_i(i=1,2,\cdots,m)$，若 $A \in (X-B_i)_F^+$，则以 $X-B_i$ 取代 X，消除决定因素中的冗余属性，达到 F_{min} 定义的第三条条件。

【例 4.21】 假设有关系模式 $R(U,F)$，其中 $U=ABC$，$F=\{A \to BC, B \to A, B \to C, C \to A, AB \to C\}$，求 F 的最小函数依赖集 F_{min}。

求解过程：

(1) F 中函数依赖的右部单属性化。

$G=\{A \to B, A \to C, B \to A, B \to C, C \to A, AB \to C\}$

(2) 去掉多余的函数依赖。

检查 $A \to B$，令 $G=\{A \to C, B \to A, B \to C, C \to A, AB \to C\}$，$A_G^+=AC$，$B \notin A_G^+$，因此 $A \to B$ 保留。

检查 $A \to C$，令 $G=\{A \to B, B \to A, B \to C, C \to A, AB \to C\}$，$A_G^+=ABC$，$C \in A_G^+$，因此 $A \to C$ 属于冗余的函数依赖，应该消去。

检查 $B \to A$，令 $G=\{A \to B, B \to C, C \to A, AB \to C\}$，$B_G^+=ABC$。$A \in B_G^+$，因此 $B \to A$ 属于冗余的函数依赖，应该消去。

检查 $B \to C$，令 $G=\{A \to B, C \to A, AB \to C\}$，$B_G^+=B$，$C \notin B_G^+$，因此 $B \to C$ 保留。

检查 $C \to A$，令 $G=\{A \to B, B \to C, AB \to C\}$，$C_G^+=C$，$A \notin C_G^+$，因此 $C \to A$ 保留。

检查 $AB \to C$，令 $G=\{A \to B, B \to C, C \to A\}$，$(AB)_G^+=ABC$，$C \in (AB)_G^+$，$AB \to C$ 属于冗余的函数依赖，应该消去，$F=\{A \to B, B \to C, C \to A\}$。

(3) 在第二步得到的 F 已满足最小函数依赖集的第三个条件，所以 F 的最小函数依赖集 $F_{min}=\{A \to B, B \to C, C \to A\}$。

在上面的第二步中如果先考虑 G 中的 $B \to C$，由于它可以从 $B \to A$、$A \to C$ 推导出来，所以应该消去，因此得到的 $F_{min}=\{A \to B, B \to A, A \to C, C \to A\}$。可以看出，最小函数依赖集不是唯一的，它与具体的求解过程有关。

4.7 模式的分解

通过对关系模式进行分解，可以将关系规范化程度提高，但是投影分解方案并不是唯一的，不同的投影分解会得到不同的结果。只有能够保证分解后的关系模式与原关系模式等价，分解方法才有意义。那么模式分解是否有标准可循？这正是本节要讨论的问题。

4.7.1 模式分解的定义

定义 4.23 关系模式 $R(U)$ 的一个分解 ρ 是如下的一个集合：$\rho=\{R_1<U_1,F_1>, R_2<U_2,$

$F_2>, \cdots, R_n<U_n, F_n>\}$，其中 $U=U_1 \cup U_2 \cup \cdots \cup U_n$，且对于任何 $1 \leqslant i, j \leqslant n, i \neq j, U_i \subseteq U_j$ 都不成立，F_i 是 F 在 U_i 上的投影。

定义 4.24　函数依赖集合 $\{X \rightarrow Y \mid X \rightarrow Y \in F^+ \wedge XY \subseteq U_i\}$ 的一个覆盖 F_i 称为 F 在属性 U_i 上的投影。

对关系模式的分解，其方法是多样的。无论采取哪种分解方案，其分解后的关系模式应当能准确地反映原关系模式的所有信息，并且不会增加任何不存在的信息，即一方面要求分解后的关系模式经过某种连接操作后与原关系模式的元组相同，既没有增加也没有减少；另一方面要求分解以后的关系模式保持了原关系模式中的函数依赖。这两点是关系模式分解的原则。

等价的概念有三种不同的定义：

(1) 分解具有“无损连接性”；

(2) 分解要“保证函数依赖”；

(3) 分解既要“保持无损连接性”，又要“保证函数依赖”。

【例 4.22】　给定关系 R(职工编号，部门名称，办公地点)，假设 R 上成立的函数依赖集 $F=\{$职工编号→部门名称，部门名称→办公地点$\}$。R 中数据如表 4.10 所示。

表 4.10　R 数据集合

职 工 编 号	部 门 名 称	办 公 地 点
18123	人事处	行政楼 A201
18124	财务处	行政楼 A101
18129	科技处	科技楼 A102

在该关系模式中存在传递函数依赖，不存在部分函数依赖，该模式满足 2NF。该模式的分解方法如下：

方案一：将 R 分解成独立的 3 个关系，即 R_1(职工编号)，R_2(部门名称)，R_3(办公地点)。

分解后的数据如图 4.2 所示。

R_1

职 工 编 号
18123
18124
18129

R_2

部 门 名 称
人事处
财务处
科技处

R_3

办 公 地 点
行政楼 A201
行政楼 A101
科技楼 A102

图 4.2　第一种分解方案

很显然，这种分解方案中每个关系都是单属性，属性间的函数依赖信息完全丢失，既没有保持函数依赖，也不具有无损连接性。

方案二：将 R 分解成

R_1(职工编号，部门名称)，$F_1=\{$职工编号→部门名称$\}$；

R_2(职工编号，办公地点)，$F_2=\{$职工编号→办公地点$\}$。

分解后的数据如图 4.3 所示。

R_1

职工编号	部门名称
18123	人事处
18124	财务处
18129	科技处

R_2

职工编号	办公地点
18123	行政楼 A201
18124	行政楼 A101
18129	科技楼 A102

图 4.3　第二种分解方案

从该分解方案中可以了解到职工及所在的部门和职工对应的办公地点，部门的办公地点可以从 R_1 和 R_2 的连接中得到，数据信息没有损失，但是部门名称→办公地点这个数据依赖关系丢掉了。这种方案具有无损连接性，但是丢失了函数依赖。

方案三：将 R 分解成

R_1(职工编号，办公地点)，F_1＝{职工编号→办公地点}；

R_2(部门名称，办公地点)，F_2＝{部门名称→办公地点}。

分解后的数据如图 4.4 所示。

R_1

职工编号	办公地点
18123	行政楼 A201
18124	行政楼 A101
18129	科技楼 A102

R_2

部门名称	办公地点
人事处	行政楼 A201
财务处	行政楼 A101
科技处	科技楼 A102

图 4.4　第三种分解方案

从该分解方案中可以了解到职工及所在的办公地点和部门及对应的办公地点，职工所在的部门可以从 R_1 和 R_2 的连接中得到，数据信息没有损失。但是，职工编号→部门名称这个数据依赖关系丢掉了。这种方案具有无损连接性，但是丢失了函数依赖。

方案四：将 R 分解成

R_1(职工编号，部门名称)，F_1＝{职工编号→部门名称}；

R_2(部门名称，办公地点)，F_2＝{部门名称→办公地点}。

分解后的数据如图 4.5 所示。

R_1

职工编号	部门名称
18123	人事处
18124	财务处
18129	科技处

R_2

部门名称	办公地点
人事处	行政楼 A201
财务处	行政楼 A101
科技处	科技楼 A102

图 4.5　第四种分解方案

从该分解方案中可以了解到职工及所在的部门和部门及对应的办公地点，数据信息没有损失。同时，$F_1 \cup F_2 = F$。这种方案具有无损连接性，也保持了函数依赖。

上述四种方案，第四种方案是最合理的方案。

4.7.2　无损连接的分解

1. 无损连接分解的概念

定义 4.25　假设关系模式 $R<U,F>$的一个分解 $\rho=\{R_1<U_1,F_1>,\cdots,R_k<U_k,F_k>\}$，$F$ 是 $R(U)$上一个函数依赖集。如果对于 $R<U,F>$上的任一关系 r，都有

$$r=\pi_{R_1}(r)\bowtie\pi_{R_2}(r)\bowtie\cdots\bowtie\pi_{R_k}(r)$$

即 r 与它在 $R_1,R_2,\cdots,R_k$上投影自然连接的结果相等，则称关系模式 R 的分解 ρ 具有无损连接性。

2. 无损连接性的判定算法

如果一个关系模式的分解不能保持无损连接性，那么分解后得到的关系就不能通过自然连接运算恢复到分解之前的关系。如何保证关系模式的分解具有无损连接性呢？这需要利用该模式的属性间的函数依赖来判断，下面给出判断无损连接性的算法。

输入：关系模式 $R(A_1,A_2,\cdots,A_n)$和函数依赖集 F 以及分解 $\rho=\{R_1(U_1),R_2(U_2),\cdots,R_k(U_k)\}$，$U=U_1\cup U_2\cup\cdots\cup U_k$。

输出：判断 ρ 是否具有无损连接性。

计算步骤如下。

(1) 构造一个 k 行 n 列的初始表，每一列对应 R 的一个属性 $A_j(j=1,2,\cdots,n)$，每一行对应于分解后的每个模式 $R_i(i=1,2,\cdots,k)$的组成。如果 A_j 是 R_i 中的属性，则在第 i 行第 j 列处填上 a_j，否则就填上 b_{ij}。

(2) 逐个检查 F 中的函数依赖，并且修改表中的元素，直到表格出现全 a 行或表格不再发生变化为止。具体的方法是：对于 F 中的任一函数依赖 $X\rightarrow Y$，在 X 的分量列中寻找值相等的那些行，根据函数依赖的定义，r 中不可能存在这样的两个元组 u、v，它们在 X 上的属性值相等，而在 Y 上的属性值不等，所以如果在 X 上值相等，则必然在 Y 值上相等，将这些对应行中 Y 分量列改为相等的值。如果这些行的 Y 分量中有一个为 a_j，则其他行都改成 a_j；否则就用行号较小的 b_{mj}(m 为这些行中的最小行号)来填充。

(3) 对表格进行上述处理后，如果发现有一行是 $a_1,a_2,\cdots,a_n$(全 a 行)，则分解 ρ 具有无损连接性；如果没有这样的行存在，则 ρ 不具有无损连接性。

【例 4.23】　设有关系模式 $R(U,F)$，其中 $U=ABCDE$，$F=\{A\rightarrow B,B\rightarrow E,CD\rightarrow A\}$，$R$ 的一个分解为 $\rho=\{R_1(A,C,D),R_2(A,B),R_3(B,E)\}$，判断 ρ 是否具有无损连接性。

(1) 构造初始表，如表 4.11 所示。

(2) 逐一检查 F 中的函数依赖，修改表格的元素。

对于 $A\rightarrow B$，在表中可以发现 A 列在第一行、第二行的元素值均为 a_1，因此在 B 列上将这两行的符号改为一致，即将 b_{12}改为 a_2，如表 4.12 所示。

对于 $B\rightarrow E$，在表中可以发现 B 列在三行中的元素值均为 a_2，因此在 E 列将这三行的符号改为一致，即将 b_{15}、b_{25}都改为 a_5，如表 4.13 所示。

对于 $CD\rightarrow A$，由于表中(C,D)列没有出现相同的分量，所以不改写表格元素。

表 4.11 初始表格

	A	B	C	D	E
$R_1(A,C,D)$	a_1	b_{12}	a_3	a_4	b_{15}
$R_2(A,B)$	a_1	a_2	b_{23}	b_{24}	b_{25}
$R_3(B,E)$	b_{31}	a_2	b_{33}	b_{34}	a_5

表 4.12 对初始表第一次的修改结果

	A	B	C	D	E
$R_1(A,C,D)$	a_1	a_2	a_3	a_4	b_{15}
$R_2(A,B)$	a_1	a_2	b_{23}	b_{24}	b_{25}
$R_3(B,E)$	b_{31}	a_2	b_{33}	b_{34}	a_5

表 4.13 对初始表第二次的修改结果

	A	B	C	D	E
$R_1(A,C,D)$	a_1	a_2	a_3	a_4	a_5
$R_2(A,B)$	a_1	a_2	b_{23}	b_{24}	a_5
$R_3(B,E)$	b_{31}	a_2	b_{33}	b_{34}	a_5

(3) 所有 F 中的函数依赖都检查完毕，发现第一行由 a_1、a_2、a_3、a_4、a_5 组成，所以分解 ρ 具有无损连接性。

上述算法是判定模式分解是否具有无损连接性的一般算法，如果一个关系模式只被分解为两个关系模式，还可以用下面的定理来判定。

定理 如果关系模式 $R(U)$ 的一个分解 $\rho=\{R_1(U_1),R_2(U_2)\}$，$F$ 是 $R(U)$ 上一个函数依赖集，则分解 ρ 具有无损连接性的充分必要条件是：$U_1\cap U_2\rightarrow U_1-U_2$ 或 $U_1\cap U_2\rightarrow U_2-U_1$。

【例 4.24】 假设有关系模式 $R(U,F)$，其中 $U=XYZ$，$F=\{X\rightarrow Y\}$，判定分解 $\rho_1=\{R_1(X,Y),R_2(X,Z)\}$，$\rho_2=\{R_1(X,Y),R_2(Y,Z)\}$ 是否具有无损连接性。

因为 $XY\cap XZ=X$，$XY-XZ=Y$ 满足 $X\rightarrow Y$，所以分解 ρ_1 具有无损连接性。

因为 $XY\cap YZ=Y$，$XY-YZ=X$，$YZ-XY=Z$，而 $Y\rightarrow X$，$Y\rightarrow Z$ 不成立，所以分解 ρ_2 不具有无损连接性。

4.7.3 保持函数依赖的分解

1. 保持函数依赖分解的概念

定义 4.26 假设 F 是属性集 U 上的函数依赖集，Z 是 U 的一个子集，F 在属性集 Z 上的投影用 $\pi_Z(F)$ 表示，定义为

$$\pi_Z(F)=\{X\rightarrow Y \mid X\rightarrow Y\in F^+, \text{且 } XY\subseteq Z, Y\not\subseteq X\}$$

注意：函数依赖集的投影，并不要求 $X\rightarrow Y\in F$，只要它属于 F^+。

定义 4.27 设关系模式 $R(U)$ 的一个分解 $\rho=\{R_1<U_1,F_1>,\cdots,R_k<U_k,F_k>\}$，$F$ 是 $R<U,F>$ 上一个函数依赖集。若 $F^+=(\bigcup_{i=1}^{k}\pi_{U_i}(F))^+$，即 F 中的函数依赖应该与 F 在 U_i 上的投影并集等价，则称关系模式 R 的分解 ρ 具有保持函数依赖性。

【例 4.25】 假设有关系模式 $R(U,F)$，其中 $U=XYZ$，$F=\{XY\rightarrow Z,Z\rightarrow X\}$，$R$ 的一个分

解为 $\rho=\{R_1(Y,Z),R_2(X,Z)\}$，判断 ρ 是否具有保持函数依赖性。

首先检查该分解是否具有无损连接性。

因为 $YZ \cap XZ=Z$，$XZ-YZ=X$ 满足 $Z \to X$，所以分解 ρ 具有无损连接性。

$\pi_{U_1}=\{Y \to \Phi, Z \to \Phi, Y \to Y, Z \to Z$ 等按自反律推出的一些平凡函数依赖$\}$

$\pi_{U_2}=\{Z \to X$ 及 $X \to \Phi, Z \to \Phi, X \to X, Z \to Z$ 等按自反律推出的一些平凡函数依赖$\}$

$\pi_{U_1}(F) \cup \pi_{U_2}(F)=\{Z \to X$，及按自反律推出的一些平凡函数依赖$\}$

分解 ρ 丢掉了函数依赖 $XY \to Z$，所以该模式分解不具有保持函数依赖性。

由于 R_1 中的 Y 和 Z 之间丢失了函数依赖关系，所以该分解不保持函数依赖性，因此 DBMS 不能保证关系数据的完整性。例如，在 R_1 的关系 r_1 中插入元组(y_1,z_1)和(y_1,z_2)，在 R_2 的关系 r_2 中插入元组(x_1,z_1)和(x_1,z_2)。若将 r_1 和 r_2 进行自然连接，得到 R 的一个关系 r，如图 4.6所示。

Y	Z
y_1	z_1
y_1	z_2

关系 r_1 关系

X	Z
x_1	z_1
x_1	z_2

r_2 关系

X	Y	Z
x_1	y_1	z_1
x_1	y_1	z_2

$r=r_1 \bowtie r_2$

图 4.6　不保持函数依赖的分解

连接以后得到的关系 r 没有了原关系模式 R 的函数依赖 $XY \to Z$，因此无法保证原来关系数据的完整性约束。

2. 保持函数依赖分解的算法

由保持函数依赖的概念可知，判断一个分解是否保持函数依赖，其实就是检验函数依赖集 $G=(\bigcup_{i=1}^{n}\pi_{U_i}(F))$，$G^+$ 与 F^+ 是否等价，若 $F^+=G^+$，则 $F \subseteq G^+$ 且 $G \subseteq F^+$，也就是检验对于任意一个函数依赖 $X \to Y \in F^+$ 能否由 G 根据 Armstrong 公理导出，即 $Y \subseteq X_G^+$ 是否成立，反之亦然。

由 $\pi_{U_i}(F)$ 的定义可知，该集合中的每一个函数依赖 $X \to Y \in F^+$，又因为 $G=(\bigcup_{i=1}^{n}\pi_{U_i}(F))$，因此，$G \subseteq F^+$，而 $F \cap G \subseteq G^+$，所以，判断 $F^+=G^+$ 就可以简化为 $F-G \subseteq G^+$。

根据上面的分析，可以得到如下保持函数依赖的测试算法。

输入：关系模式 $R(U)$，$R(U)$ 上的函数依赖集 F，$R(U)$ 的一个分解 $\rho=\{R_1(U_1),R_2(U_2),\cdots,R_n(U_n)\}$。

输出：如果 ρ 保持函数依赖，result=true；否则 result=false。

计算步骤如下。

(1) 计算 F 在每一个 U_i 上的投影 $\pi_{U_i}(F)(i=1,2,\cdots,n)$，并令 $G=(\bigcup_{i=1}^{n}\pi_{U_i}(F))$。$F=F-G$，result=true。

(2) 对于每一个 $X \to Y \in F$，计算 X_G^+。并令 $F=F-\{X \to Y\}$。

(3) 若 $Y \notin X_G^+$，则 result=false，转第(4)步；否则若 F 不空，转第(2)步，F 为空，转第(4)步。

(4) 若 result=false，算法结束；若 result=true，则 ρ 保持函数依赖。

【例 4.26】　假设有关系模式 $R(U,F)$，其中 $U=ABCD$，$F=\{A \to B, B \to C, C \to D, D \to$

$A\}$，R 的一个分解为 $\rho=\{R_1(A,B),R_2(B,C),R_3(C,D)\}$，判断 ρ 是否保持函数依赖。按照上述算法计算过程如下：

(1) $\pi_{U_1}=\{A\to B,B\to A\}$，$\pi_{U_2}=\{B\to C,C\to B\}$，$\pi_{U_3}=\{C\to D,D\to C\}$，所以 $G=\pi_{U_1}(F)\cup\pi_{U_2}(F)\cup\pi_{U_3}(F)=\{A\to B,B\to A,B\to C,C\to B,C\to D,D\to C\}$。

(2) $F-G=\{D\to A\}$，现在只需判断 $\{D\to A\}\subseteq G^+$ 是否成立。

求 D 关于 G 的闭包：$D^+=\{A,B,C,D\}$，显然 $A\in D^+$，result=true，因此 ρ 保持函数依赖。

如果分解后的模式具有无损连接性，则分解后的关系通过自然连接可以恢复成原有的关系，从而保证不丢失信息；如果分解后的模式具有保持函数依赖性，则可以减轻或解决各种异常情况，从而保证关系数据满足完整性约束条件。

4.7.4 模式分解小结

1. 模式分解的等价标准

关系模式分解的方案有多种，但并不是每一种分解都是合理的，有用的分解应当与原来的模式等价。

由于观察问题的角度以及应用场合的不同，模式分解中的“等价”有三种标准：

(1) 分解具有“无损连接性”；

(2) 分解要“保持函数依赖”；

(3) 分解既要“保持函数依赖”，又要具有“无损连接性”。

“无损连接性”与“保持函数依赖性”是两个独立的标准，具有“无损连接性”不一定“保持函数依赖”，反之亦然。在对关系模式进行分解的过程中，根据实际需要确定采用哪条标准。

2. 模式分解的规范化程度

为了提高规范化程度，通常将低一级的关系模式分解为若干个高一级的关系模式，也就是在 1NF 中去除部分函数依赖，分解成 2NF；在 2NF 中去除传递函数依赖，分解成 3NF；去除了主属性对码的部分依赖和传递依赖，可进一步地将模式分解成 BCNF。

规范化理论提供了一套完整的模式分解算法，按照这套算法进行分解，在分解过程中存在以下几个重要事实：

(1) 若要求分解具有无损连接性，那么模式分解一定可以达到 4NF；

(2) 若要求分解保持函数依赖，那么模式分解可以达到 3NF，但不一定能达到 BCNF；

(3) 若要求分解既具有无损连接性，又保持函数依赖，则模式分解一定能够达到 3NF，但不一定能够达到 BCNF。

这就是在数据库设计中一般采用“基于 3NF 的数据库设计”的根本原因。

关于模式分解的算法，有兴趣的读者可以参考其他相关的书籍。

4.8 小　结

关系模式设计的质量直接影响到关系数据库系统的性能。本章第一节用实例说明满足第一范式的某个关系模式，由于其结构的不合理，带来了许多数据冗余及操作异常，究其主要原因，就是因为数据依赖关系的存在。

数据依赖表现出关系模式中的各属性之间相互依赖、相互制约的联系，它包括完全函数依赖、部分函数依赖、传递函数依赖和多值依赖。而解决的方法就是利用关系规范化理论对其进行有效的分解，使之达到一定的关系规范化程度。

关系规范化程度可以用范式进行衡量。本章主要介绍了1NF、2NF、3NF、BCNF和4NF。前4种范式都是在函数依赖的范畴内讨论规范化问题，4NF则是在多值依赖的范畴内讨论规范化问题，多值依赖是广义的函数依赖。

关系模式的规范化过程是通过对关系模式的分解来实现的。数据依赖的公理系统是模式分解算法的理论基础。自反律、增广律和传递律是Armstrong公理系统的三大定律。Armstrong公理系统是有效的和完备的。

模式分解可能有多种方案，但合理的方案应该是分解后的模式与原来的模式等价，无损连接性和保持函数依赖是模式分解的两个基本原则。

习　题　4

一、选择题

1. 已知$R(A,B,C,D)$，函数依赖$F=\{D\to B,B\to D,AD\to B,AC\to D\}$，则该关系模式的候选码是(　　)。

   A. AC　　B. BD　　C. AD　　D. AB

2. 假设works关系(Wno,Wname,Wsex,Dno,Pname,Salary)的主码为Wno和Pname，其满足(　　)。

   A. 1NF　　B. 2NF　　C. 3NF　　D. BCNF

3. 关系模式R中的主码是全码，则R的最高范式必定是(　　)。

   A. 1NF　　B. 2NF　　C. 3NF　　D.BCNF

4. IBM公司的研究员E.F.Codd于1970年发表了一篇著名论文，主要是论述(　　)。

   A.层次模型　　B. 关系模型

   C. 网状模型　　D. 面向对象模型

5. 设有关系模式$R\{A,B,C,D\}$，R上成立的函数依赖集$F=\{A\to C,B\to C,B\to D\}$，则属性集$BD$的闭包$(BD)^+$为(　　)。

   A. BD　　B. BCD　　C. ABD　　D. $ABCD$

6. 现有学生关系Student，属性包括学号(Sno)，姓名(Sname)，所在系(Sdept)，系主任姓名(Mname)，课程名(Cname)和成绩(Grade)。这些属性之间存在如下联系：一个学号只对应一个学生，一个学生只对应一个系，一个系只对应一个系主任；一个学生的一门课只对应一个成绩；学生名可以重复；系名不重复；课程名不重复，则以下不正确的函数依赖是(　　)。

   A. Sno→Sdept　　B. Sno→Mname

   C. Sname→Sdept　　D. (Sno,Cname)→Grade

7. 关系模式的任何属性(　　)。

   A. 不可再分　　B. 可再分

   C. 命名在该关系模式中可以不唯一　　D. 以上都不是

8. 下列关于关系模式规范化的说法中，错误的是(　　)。

A. 规范化的关系消除了操作中出现的异常现象

B. 规范化的规则是绝对化的，规范化的程度越高越好

C. 关系模式规范化的过程是通过对关系模式进行分解来实现的

D. 对多数应用来说，分解到 3NF 就够了

9. 对于主码的描述错误的是(　　)。

A. 主码是唯一地确定一个实体的属性集合

B. 主码是候选码的子集

C. 主码可以不唯一

D. 主码可以包含多个属性

10. 对于第三范式的描述错误的是(　　)。

A. 如果一个关系模式 R 不存在非主属性对码的部分依赖和传递依赖，则 R 满足 3NF

B. 属于 BCNF 的关系模式必属于 3NF

C. 属于 3NF 的关系模式必属于 BCNF

D. 3NF 的"不彻底"性表现在当关系模式具有多个候选码，且这些候选码具有公共属性时，可能存在主属性对不包含它的码的部分依赖

二、简答题

1. 在关系模式 $R(A,B,C,D,E)$ 中，存在函数依赖关系 $\{A \to BC, CD \to E, B \to D, E \to A\}$，求 R 的候选码。

2. 设 $R=\{A,B,C,D\}$，$F=\{A \to B, A \to C, C \to D\}$，$\rho=\{ABC, CD\}$。该分解是否是无损连接分解？试说明理由。

3. 已给出关系模式和函数依赖集，指出它们分别是第几范式？并说明理由。

(1) $R(X, Y, Z)$，$F=\{XY \to Z\}$。

(2) $R(X, Y, Z)$，$F=\{Y \to Z, XZ \to Y\}$。

(3) $R(X, Y, Z)$，$F=\{Y \to Z, Y \to X, X \to YZ\}$。

(4) $R(X, Y, Z)$，$F=\{X \to Y, X \to Z\}$。

(5) $R(W, X, Y, Z)$，$F=\{X \to Z, WX \to Y\}$。

三、综合题

1. 设关系模式 $R(A,B,C,D,E)$，函数依赖 $F=\{A \to B, CB \to D, B \to E\}$，$R$ 最高属于第几范式？试说明理由，并将关系模式 R 规范化到 BCNF。

2. 设有关系模式 R(运动员编号，比赛项目，成绩，比赛类别，比赛主管)，存储运动员比赛成绩及比赛类别、主管等信息。如果规定：

每个运动员每参加一个比赛项目，只有一个成绩；

每个比赛项目只属于一个比赛类别；

每个比赛类别只有一个比赛主管。

试回答下列问题：

(1) 根据上述规定，写出关系模式 R 的函数依赖和候选码；

(2) 说明 R 不是 2NF 的理由，并把 R 分解成 2NF；

(3) 继续将该关系模式规范到 3NF。

第5章　数据库设计

数据库技术是信息资源开发、管理和服务最有效的手段。随着计算机技术、通信技术和网络技术的发展，数据库的应用范围越来越广泛，已渗透到社会的各个领域。从事务处理系统到信息管理系统，大都采用先进的数据库技术来保持系统数据的安全性、完整性和共享性。因此，数据库设计在软件系统开发中占有极其重要的地位，数据库设计的质量关系到软件系统的运行效率和用户对数据使用的满意程度。

5.1　数据库设计概述

数据库设计是指对于一个给定的应用环境，根据具体的信息需求、处理需求和数据库的支撑环境，通过合理的逻辑结构设计和有效的物理结构设计，构造较优的数据库模式(包括外模式、模式和内模式)，建立数据库及其应用软件系统，使其能够有效地存储和管理数据，满足用户的各种信息需求(信息要求和处理要求)的数据库开发工作。因此，数据库设计是数据库在应用领域的主要研究课题。在数据库应用系统中，数据库的设计是一项独立的开发活动，是数据库应用系统开发中最受关注的主要部分。

信息需求定义所设计的数据库将要用到的所有信息，描述实体、属性、联系的性质，描述数据之间的联系。

处理需求定义所设计的数据库将要进行的数据处理，描述操作的优先次序、操作执行的频率和场合，描述操作与数据之间的联系。

数据库设计的成果有两个，一是数据模式，二是以数据库为基础的应用程序。

5.1.1　数据库设计的方法

大型数据库设计是涉及多学科的综合性技术，也是一项庞大的软件开发工程。因此，要求从事数据库设计的人员具备多方面的专业技术和知识。从事数据库设计的人员除了具备计算机科学的基础知识之外，还必须具备软件工程的原理和方法，掌握程序设计的技巧和手段，具备数据库的基本知识和数据库设计技术，同时还必须具备应用领域的专业知识。只有这样，他才能设计出符合具体应用领域要求的数据库应用系统。

在数据库设计开始之前，首先必须选定参加设计的人员，包括系统分析员、数据库设计人员和程序员、用户和数据库管理员。系统分析员和数据库设计人员是数据库设计的核心人员，将自始至终参与数据库设计，其水平决定了数据库系统的质量。用户和数据库管理员在数据库设计中主要参加需求分析和数据库的运行维护，他们的积极参与不但能加速数据库设计的进展，而且是决定数据库设计质量的重要因素。程序员则在系统实施阶段参与进来，负责编制程序和准备软、硬件环境。常用的数据库设计方法按照设计过程形式化分类有以下几种。

(1) 手工试凑法：凭数据库设计人员的经验，进行设计。

(2) 规范设计法:依照一定的规范准则,一步步地进行设计。

(3) 计算机辅助设计:依靠辅助设计工具(如 PowerDesigner),结合数据库理论进行设计。

按设计过程分类,数据库设计方法有结构化设计方法、螺旋式设计方法、快速原型法等。

从数据库设计方式的角度看,一般所说的数据库设计方法是指第一种分类的方法。下面将详细地逐一介绍第一种分类的各种方法。

5.1.2 数据库设计的内容

数据库设计包括数据库的结构设计和数据库的行为设计两个方面的内容。

1. 数据库的结构设计

数据库的结构设计是指根据给定的应用环境,进行数据库的模式或子模式的设计。它包括数据库的概念设计、逻辑设计和物理设计。数据库模式是各应用程序共享的结构,是静态的、稳定的,一经形成后,通常情况下是不容易改变的,所以结构设计又称为静态模型设计。

2. 数据库的行为设计

数据库的行为设计是指确定数据库用户的行为和动作。在数据库系统中,用户的行为和动作就是用户对数据库的操作,这些操作要通过应用程序来实现,所以数据库的行为设计就是应用程序的设计。用户的行为总是使数据库的内容发生变化,所以行为设计是动态的,又称为动态模型设计。

5.1.3 数据库应用系统的生命周期与数据库的设计步骤

数据库应用系统和其他软件一样 ,也有诞生和消亡的过程。作为软件,数据库应用系统的生命周期可以分为三个时期,即软件定义时期、软件开发时期和软件运行与维护时期,如图 5.1 所示。

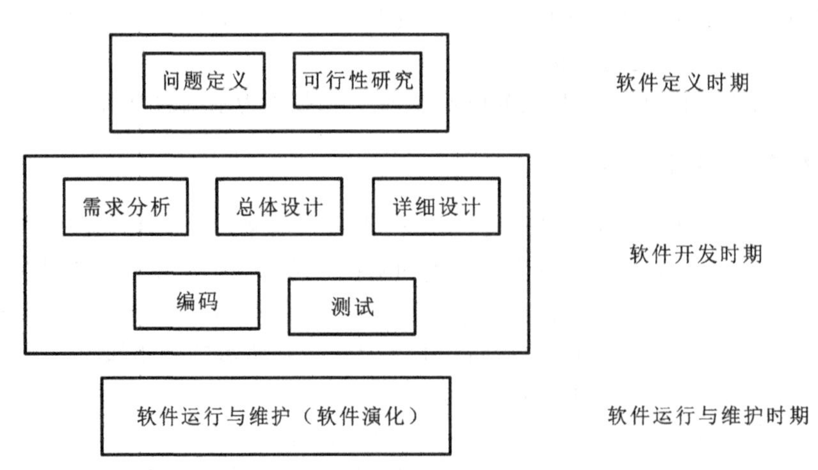

图 5.1 数据库应用系统的生命周期

按照规范化设计方法,从数据库应用系统设计和开发的全过程来考虑,又可将数据库及其应用系统的生命周期细分为七个阶段(数据库设计的步骤),即规划、需求分析、概念结构设计、逻辑结构设计、物理结构设计、实施及运行与维护,如图 5.2 所示。

这七个阶段的主要工作如下。

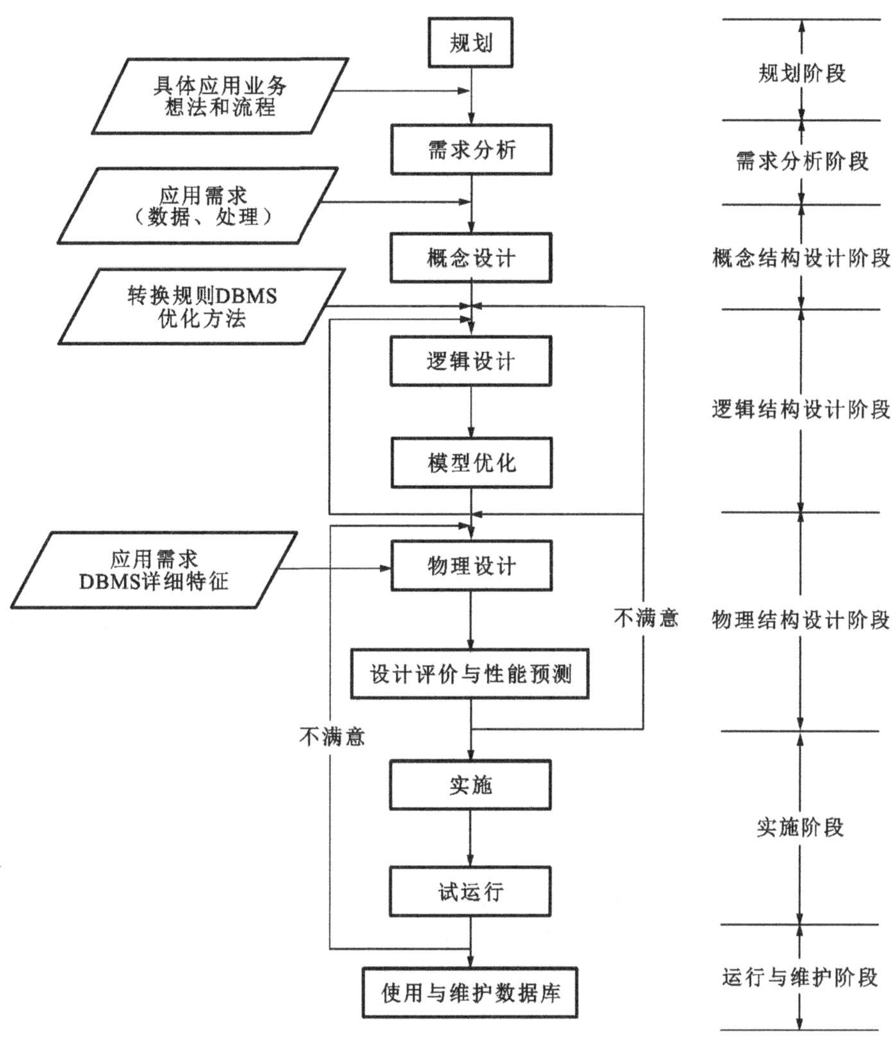

图 5.2　数据库设计的步骤

1. 规划

进行系统的具体应用规则、必要性和可行性分析，确定数据库在整个企业管理信息系统中的地位。

任务：确定数据库系统的范围；确定开发工作所需的资源（人员、硬件和软件）；估算软件开发的成本；确定项目进度。

结果：可行性分析报告及数据库规划纲要，内容包括信息范围、信息来源、人力资源、设备资源、软硬件环境、开发成本估算、进度计划、现行系统向新系统过渡的计划等。

2. 需求分析

根据具体的需求进行调研，从数据库的所有用户那里收集对信息的需求和对信息处理的需求，并对这些需求进行规格化处理和分析，以书面形式确定下来，写成用户和设计人员都能接受的需求说明书，作为以后验证系统的依据。在分析用户要求时，要确保用户目标的一致性。需求分析阶段的输入和输出示意图如图 5.3 所示。

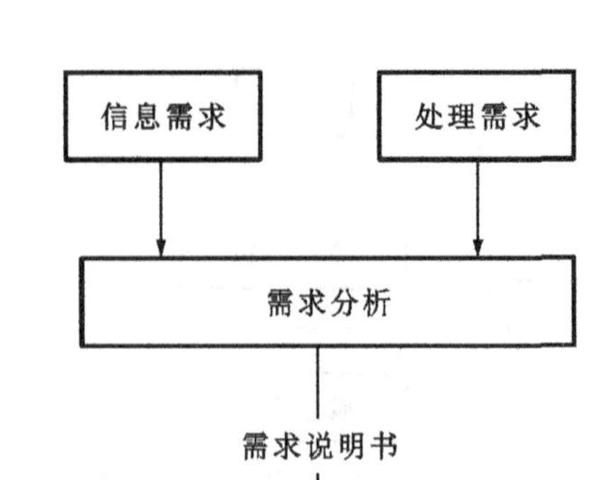

图 5.3　需求分析阶段的输入和输出示意图

3. 概念结构设计

将需求说明书中关于信息的需求进行综合，根据数据库设计的原则和方法，设计出现实世界向信息世界转换的概念模型。概念模型独立于具体的 DBMS，用 E-R 图来描述，一般先从具体的某个功能入手，设计出局部的 E-R 图，然后把这些局部 E-R 图合并起来，消除冗余、缺陷和潜在的矛盾，得出系统的总体 E-R 图。概念结构设计是整个数据库设计的关键，它通过对用户需求进行综合、归纳与抽象，形成一个独立于具体 DBMS 的概念模型。

4. 逻辑结构设计

逻辑结构设计分为两个部分，即数据库结构设计和应用程序的设计。从概念结构设计导出的数据库结构是 DBMS 能接受的数据库定义，这种结构有时也称为逻辑数据库结构，它将概念结构转换为某个 DBMS 所支持的数据模型，并对其进行优化，即将 E-R 模型转换成某种 DBMS 支持的数据模型。由于一种特定的 DBMS 只支持一种数据模型，所以 DBMS 一确定，数据模型类型也就确定了。当今的 DBMS 基本上都是支持关系模型的，所以一般将 E-R 模型转换为关系模型。

5. 物理结构设计

物理结构设计分为两个部分，即物理数据库结构的选择和逻辑结构设计中程序模块说明的精确化。这一阶段的工作成果是一个完整的能实现的数据库结构。数据库物理结构设计是为逻辑数据模型选取一个最适合应用环境的物理结构（包括存储结构和存取方法），为数据模型在设备上选择合适的存储结构和存取方法，主要包括数据库文件的组织形式、存储介质的分配、存取路径的选择以及数据块大小的确定等。

6. 实施

根据物理结构设计的结果把原始数据装入数据库，即建立一个具体的数据库，并编写和调试相应的应用程序，把原始数据装入数据库。实施阶段主要有三项工作：建立实际数据库结构；装入试验数据，对应用程序进行调试；装入实际数据。

在数据库实施阶段，设计人员运用 DBMS 提供的数据语言及其开发语言，根据逻辑设计和物理设计的结果建立数据库，编制与调试应用程序，组织数据入库，并进行试运行。

7. 运行与维护

数据库系统的正式运行，标志着数据库设计与应用开发工作的结束和运行与维护阶段的开始,这时,要收集和记录实际系统运行的数据。利用数据库的运行记录来不断完善系统性能和改进系统功能,进行数据库的再组织和重构造。在该阶段主要任务有四项:维护数据库的安全性与完整性;监测并改善数据库运行性能;根据用户要求对数据库现有功能进行扩充;及时改正运行中发现的系统错误。

5.1.4 数据库设计的基本过程

在需求分析阶段,对各种用户的应用需求进行整理;在概念结构设计阶段,形成独立于具体 DBMS 产品的概念模型,即 E-R 图;在逻辑结构设计阶段,将 E-R 图转换成具体 DBMS 支持的数据模型,如关系模型,形成数据库逻辑模式,然后根据用户处理的要求、安全性的考虑,在基本表的基础上建立必要的视图,形成数据库的外模式;在物理结构设计阶段,根据 DBMS 特点和处理的需要,进行物理存储安排,建立索引,形成数据库内模式。数据库的设计过程与数据库三层模式间的关系如图 5.4 所示。

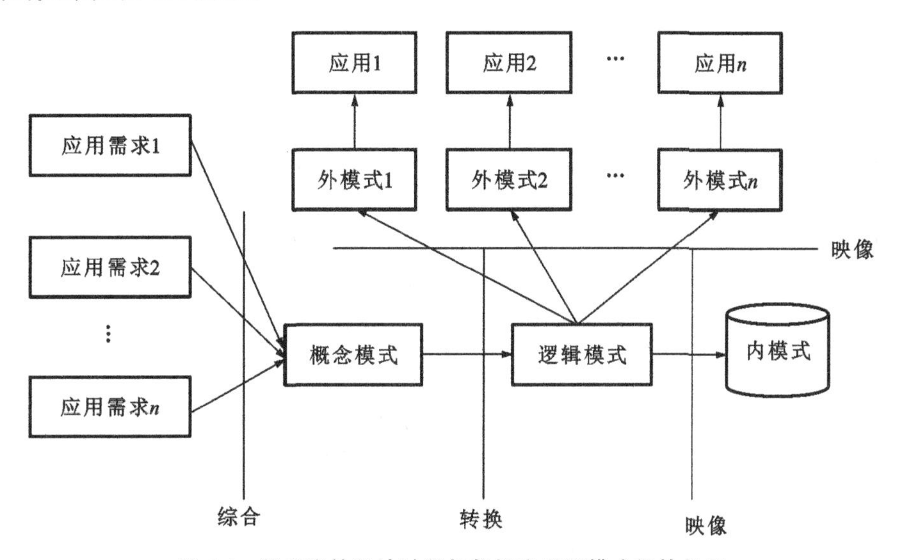

图 5.4 数据库的设计过程与数据库三层模式间的关系

5.2 需求分析

需求分析是数据库设计的初始阶段,也是相当重要的一个阶段。需求分析就是确定应用系统的目标,收集和分析用户对数据库的要求,了解用户需要什么样的数据库,考虑做什么样的数据库。对用户需求分析的描述是数据库概念设计的基础。需求分析主要是考虑"做什么"的问题,而不是考虑"怎么做"的问题。需求分析的结果是产生用户和设计者都能接受的需求说明书。简单地说,需求分析就是分析用户的要求(想要个什么样子的系统、这些系统需要处理什么数据)。需求分析是设计数据库的起点,需求分析的结果是否准确地反映用户的实际要求,将直接影响到后面各个阶段的设计,并影响到设计结果是否合理和实用。

5.2.1 需求分析的任务和过程

从数据库设计的角度来看，需求分析的任务是，对现实世界要处理的业务进行详细的调查，通过对现有系统的业务规则、流程等的了解，收集支持新系统的基础数据并对其进行处理，在此基础上确定新系统的功能。新系统必须充分考虑今后可能的扩充和改变，不能仅仅按当前的应用需求来设计数据库。

需求分析阶段是由系统分析员和用户双方共同收集数据库所需要的信息内容和用户对信息的处理要求，并以需求说明书的形式确定下来，作为以后系统开发的指南和系统验证的依据的工作阶段。具体来说，需求分析过程可以分为以下三个阶段。

1. 调查分析用户的业务流程

这个过程主要是对新系统运行目标进行研究，对现行系统所存在的主要问题以及制约因素进行分析，明确用户总的需求目标，了解用户当前的业务活动和职能，搞清其业务流程。具体可分两步完成。

(1) 调查组织机构的总体情况，包括该组织的机构组成情况、各部门的职责和任务等。这一工作，一方面可以通过与该组织负责人座谈，由他们介绍组织的机构组成情况来完成；另一方面可以通过查阅该组织与组织机构和部门职能相关的文档来完成。调查的结果用一张详细的组织机构图来表示。

(2) 调查各部门的业务活动情况，包括各部门输入和输出的数据与格式、所需的表格与卡片、加工处理这些数据的步骤、输入和输出的部门等。这一工作可以采用跟班作业、开调查会、问卷调查、找专人询问及查阅相关记录的方法完成。得出调查结果后应该写出详细的调查报告，给出当前每个职能部门各种应用的功能和所需信息，以及职能部门的应用和信息之间的依赖关系，同时用业务流程图描述出该组织每个具体业务的处理过程。

2. 分析用户的需求

在熟悉业务活动的基础上，协助用户明确对新系统的各种需求，包括用户的信息需求、处理需求以及对数据的安全性、完整性的需求等。

(1) 信息需求是指用户需要从数据库中获得的信息内容与性质。由信息要求可以导出数据要求，即在数据库中需要存储哪些数据。

(2) 处理需求是指用户为了得到需求的信息而对数据进行加工处理的要求，包括对某种处理功能的响应时间、处理方式(批处理或联机处理)等。

(3) 对数据的安全性、完整性的需求。在定义信息需求和处理需求的同时必须相应确定安全性和完整性约束。

在了解用户的需求后，还要进一步分析和表达用户的需求。可以采用结构化方法，用数据流图和数据字典来表达用户需求；也可以用面向对象的方法，采用用例图和用例规约描述用户的需求说明。

3. 确定新系统的边界

在对前面的调查结果进行分析的基础上，确定新系统的边界，确定哪些功能由计算机完成或将来准备让计算机完成，哪些活动由人工完成。由计算机完成的功能就是新系统应该实现的功能。

需求调查和分析的结果最终形成需求说明书。需求说明书是对开发项目需求分析的全面描述,是对需求阶段的一个总结。需求说明书必须提交给应用部门进行评审。通过评审的需求说明书是设计者和用户一致确认的权威性文献,是今后各阶段设计和工作的依据。

5.2.2　结构化的需求分析(SA)

SA 方法把任何一个系统都抽象为如图 5.5 所示的形式。在需求分析阶段,通常用系统逻辑模型描述系统必须具备的功能。系统逻辑模型常用的工具主要有数据流图和数据字典。

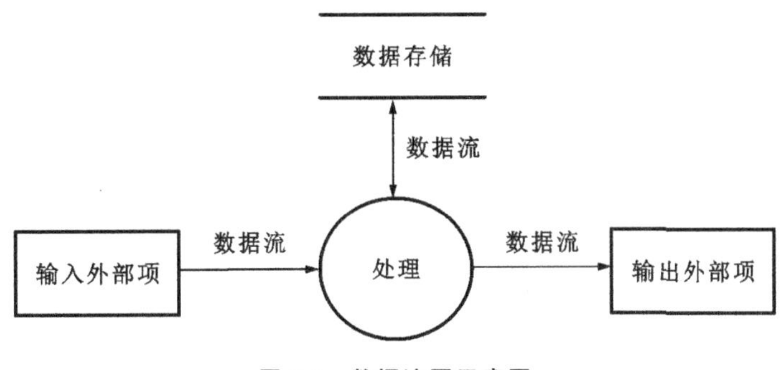

图 5.5　数据流图示意图

1. 数据流图

数据流图表达了数据和处理过程的关系,从逻辑上精确描述了系统中数据和处理的关系,是新系统处理模型的主要组成部分。

数据流图的表示法:外部项(数据流的源点或终点)用方框表示、数据流(数据信息的流向)用箭头表示、处理过程(加工)用圆圈表示、数据存储(文件或数据库)用双线段表示。一个简单的数据流图示例如图 5.6 所示。

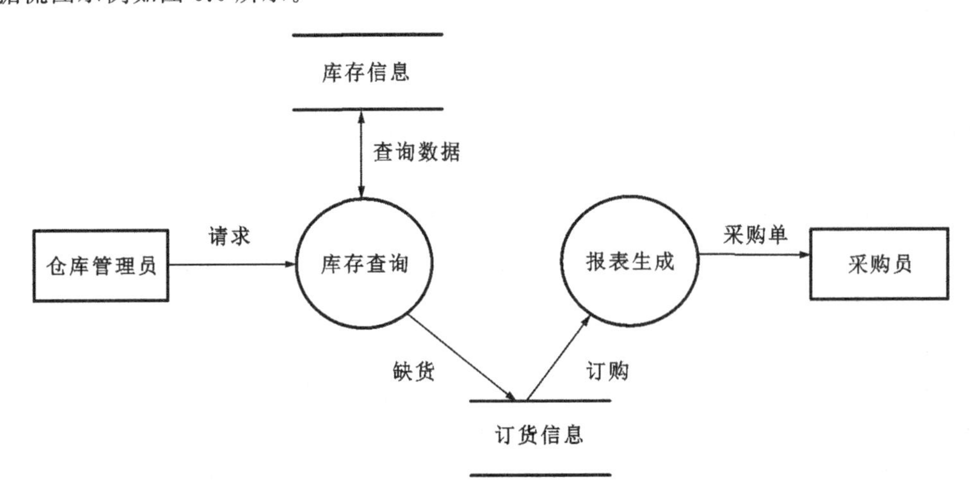

图 5.6　采购模块数据流图示例

对于一个简单的系统,可用一个数据流图来表示。当系统比较复杂时,为了便于理解,控制其复杂性,可以采用分层描述的方法。一般用第一层描述系统的总体结构,用第二层分别描述各子系统的结构。如果系统结构还比较复杂,那么可以继续细化,直到表达清楚为止。方法是针对处理逐步分解其所涉及的数据，形成各层次的数据流图，直到最底层的每一个处理已表示一个最基本的处理动作为止。

对一个处理进行细化分解时，一次可分解成两个或三个处理，可能需要的层次过多，而分解得过多会让人难以理解。根据心理学的研究成果，人们能有效地同时处理的问题的数量不超过七个。因此，一个处理每次分解细化出的子处理个数一般不要超过七个，如图 5.7 所示。

在数据流图中并没有表示数据处理的过程逻辑(procedural logic)，如是否要循环处理或根据不同的条件进行处理等。

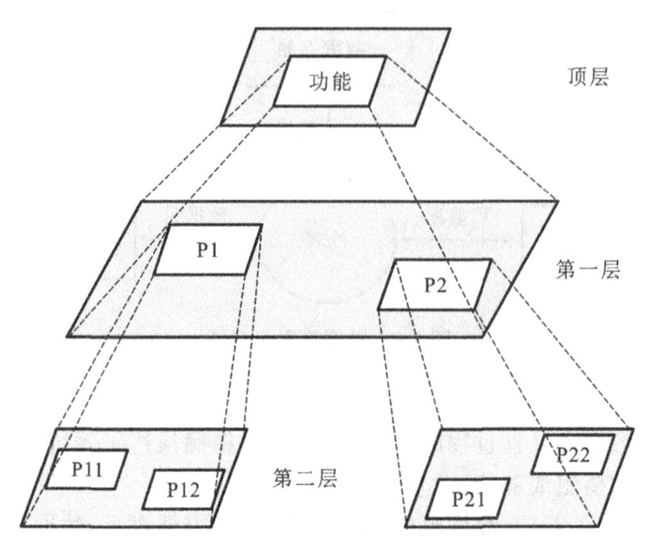

图 5.7　数据流图分层示意图

2. 数据字典

数据字典是对数据流图中的各类数据描述的集合，通常包括数据项、数据结构、数据流、数据存储和处理过程五个部分。其中数据项是数据的最小组成单位，若干个数据项可以组成一个数据结构，数据字典通过对数据项和数据结构的定义来描述数据流、数据存储的逻辑内容。

1) 数据项

数据项是不可再分的数据单位。数据项的描述为

数据项描述={数据项名，数据项含义说明，别名，数据类型，长度，取值范围，取值含义，与其他数据项的逻辑关系，数据项之间的联系}

其中，“取值范围”“与其他数据项的逻辑关系”(例如，该数据项等于另几个数据项的和，该数据项值等于另一数据项的值等)定义了数据的完整性约束条件，是设计数据检验功能的依据。

可以以关系规范化理论为指导，用数据依赖的概念分析和表示数据项之间的联系，即按实际语义写出每个数据项之间的数据依赖，这些是数据库逻辑设计阶段数据模型优化的依据。

2) 数据结构

数据结构反映了数据之间的组合关系。一个数据结构可以由若干个数据项组成，也可以由若干个数据结构组成，或者由若干个数据项和数据结构混合组成。数据结构的描述为

数据结构描述={数据结构名，含义说明，组成{数据项或数据结构}}

3）数据流

数据流是数据结构在系统内传输的路径。数据流的描述为

数据流描述＝{数据流名，说明，数据流来源，数据流去向，组成{数据结构}，平均流量，高峰期流量}

其中，“数据流来源”用以说明该数据流来自哪个过程；“数据流去向”用以说明该数据流将流到哪个过程去；“平均流量”是指在单位时间（每天、每周、每月等）里的传输次数；“高峰期流量”是指在高峰时期的数据流量。

4）数据存储

数据存储是数据结构停留或保存的地方，也是数据流的来源和去向之一。它可以是手工文档或手工凭单，也可以是计算机文档。数据存储的描述为

数据存储描述＝{数据存储名，说明，编号，输入的数据流，输出的数据流，组成{数据结构}，数据量，存取频度，存取方式}

其中，“存取频度”为每小时或每天、每周存取几次，每次存取多少数据等信息；“存取方式”包括是批处理还是联机处理、是检索还是更新、是顺序检索还是随机检索；“输入的数据流”要指出其来源；“输出的数据流”要指出其去向。

5）处理过程

处理过程的具体处理逻辑一般用判定表或判定书来描述。数据字典中只需要描述处理过程的说明性信息，通常包括以下内容：

处理过程描述＝{处理过程名，说明，输入{数据流}，输出{数据流}，处理{简要说明}}

其中，“简要说明”是指说明该处理过程的功能及处理要求。功能是指该处理过程用来做什么（而不是怎么做）；处理要求包括处理频率要求，如单位时间里处理多少事务、多少数据量、响应时间要求等。这些处理要求是后面物理结构设计的输入及性能评价的标准。

可见，数据字典是关于数据库中数据的描述，即元数据，而不是数据本身。它在需求分析阶段建立，在数据库设计过程中不断修改、充实和完善。

5.2.3 面向对象的需求分析(OOA)

OOA 的核心思想是利用 OO 的概念和方法对软件需求建造模型，以使用户需求逐步精确化、一致化、完全化，通过用例图、用例规约、时序图和必要的文字说明来完成需求规格说明。

用例图为系统预期功能（用例）及其环境（参与者）的模型，用以向客户或最终用户传达系统功能与行为。用例图包含参与者（actor）、用例（use case）、关联（用例与参与者间），用例与用例之间不表达先后顺序，只有包含（include）、扩展（extend）、泛化（generalization）三种关系。

包含是从主用例指向子用例，其中主用例本身并不完整，需要子用例来补充才能完成具体功能，主用例知道子用例的存在，并且知道什么时候调用它。通常子用例是复用较多的子功能。

扩展是从子用例指向主用例，其中主用例本身完整，可以处理正常情况下的功能。只有特殊情况下才需要子用例来完成特殊的处理。主用例不知道子用例的存在，子用例在条件满足后自动触发来补充主用例。

泛化同面向对象课程中的继承关系。子用例是主用例的特化情况。

参与者是为了完成一个事件而与系统交互的实体,是用户相对系统而言所扮演的角色。参与者可以是人,还可以是其他系统、硬件设备,甚至是时间、温度等。参与者代表在系统边界之外的真实事物,并不是在系统之外系统的成分,是透过系统边界与系统进行有意义交互的任何事物。

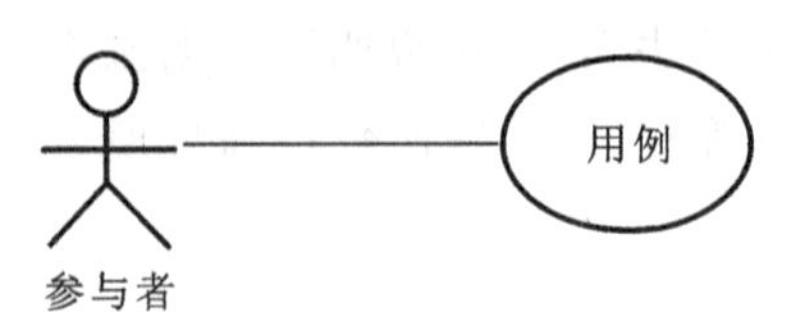

图 5.8 用例图示意图

用例是系统执行的一系列动作,这些动作将生成特定参与者可观测的结果值。用例用来描述参与者如何使用系统达到目标。用例图示意图如图 5.8 所示。

对于一个简单的系统,可用一个用例图来表示。一个用例图加上完整的用例规约和时序图即可表达出系统的功能需求。如果系统功能复杂,则可以按照功能或者参与者画出子用例图,进行详细描述。学校图书馆管理系统用例图如图 5.9 所示。

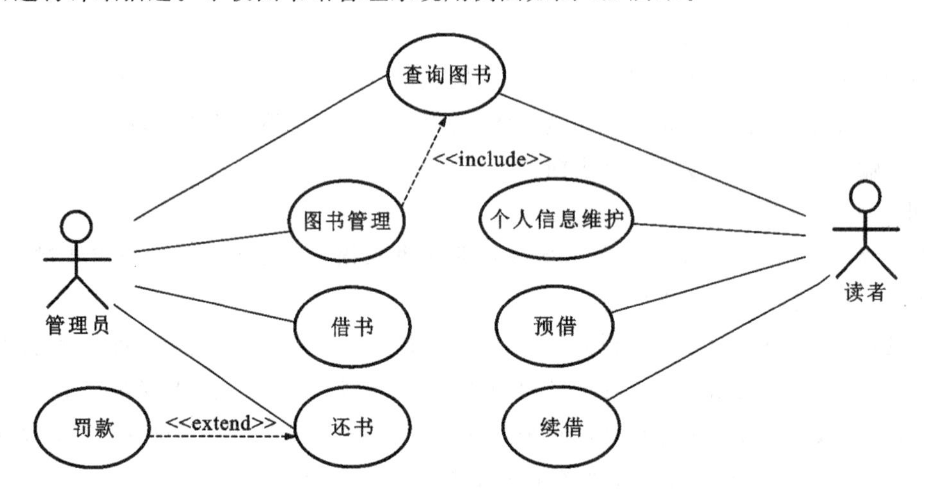

图 5.9 学校图书馆管理系统用例图

通过这个用例图,可以了解图书馆的系统功能。管理员可以通过系统进行借书和还书登记、图书查询及图书管理。其中还书过程出现超期或者破损就会产生罚款。读者可以通过系统进行续借和预借,并且可以更新个人信息,查询图书信息。再配上用例规约和时序图以及必要的文字说明,就完成了需求说明书。

5.2.4 注意事项

(1) 需求分析阶段的一个重要而困难的任务是收集将来应用所涉及的数据,设计人员应充分考虑到可能的扩充和改变,使设计易于更改,使系统易于扩充。

(2) 必须强调用户的参与,这是任何应用系统的设计都必须考虑的问题。应用系统和用户有密切的联系,用户要使用数据库的数据,而数据库的设计和建立又可能对更多人的工作环境产生重要影响。因此,用户的参与是数据库设计不可分割的一部分。在数据分析阶段,任何调查研究没有用户的积极参加都是寸步难行的。设计人员应该和用户达成共识,帮助不熟悉计算机的用户建立数据库环境下的共同概念,并对设计工作的最后结果共同承担责任。

5.3　概念结构设计

把需求分析阶段的结果，即具体的应用需求抽象为计算机所能够处理的信息结构，更好地、更准确地用某一个具体的 DBMS 实现用户的这些需求。将需求分析得到的用户需求抽象为信息结构（即概念模型）就是数据库的概念结构设计。

概念模型是数据库系统的核心和基础。由于各个 DBMS 软件都是基于某种数据模型的，而现实应用环境是复杂多变的，如果把现实世界中的事物直接转换为 DBMS 所支持的对象，则会非常不方便。因此，人们把现实世界中的事物抽象为不依赖于具体机器的信息结构，又接近人们的思维并具有丰富语义的概念模型，然后把概念模型转换为具体的机器上 DBMS 支持的数据模型。概念模型的描述工具通常是 E-R 图。E-R 模型不依赖于具体的硬件环境和 DBMS。

5.3.1　数据库概念模型的设计方法

在概念结构设计阶段，通常是使用 E-R 模型来描述概念结构设计的结果。数据库概念模型可以采用以下两种设计方法。

1. 集中式模式设计法

集中式模式设计法（centralized schema design approach）是自顶向下进行的，首先设计一个全局概念模型，再根据全局概念模式为各个用户组或子应用定义外模式。

2. 视图集成法

视图集成法（view integration approach）是自底向上进行的。它以各部分的需求说明为基础，分别设计各自的局部概念模式，这些局部概念模式相当于各部分的视图，然后以这些视图为基础，集成为一个全局概念模式。视图是按照某个用户组或应用的需求说明，用 E-R 模型设计的局部概念模式。

现在的关系数据库设计通常采用视图集成法。自顶向下需求分析与自底向上概念结构设计如图 5.10 所示。

按照视图集成法，概念结构设计的任务主要分为以下三个步骤来完成。

1) 进行数据抽象，设计局部概念模式

局部用户的信息需求是构成系统信息需求的基础，是构成局部 E-R 模型的信息基础，而局部 E-R 模型又是构成全局 E-R 模型的基础。因此，需要先从单个具体的用户的基本需求出发，为每个用户或每个对数据的观点与使用方式相似的用户组建立一个对应的局部 E-R 模型。在建立局部 E-R 模型时，要对需求分析的结果进行细化、补充和修改，如有的数据项要分为若干子项，有的数据的定义要重新核实，有的数据项可以合并处理等。

设计概念模型时，常用的数据抽象方法是聚集、概括和泛化。聚集是指将若干对象和它们之间的联系组合成一个新的对象，概括是指将一组具有某些共同特性的对象合并成更高层面意义上的对象。例如，设计学生管理系统中对于学生信息管理的 E-R 模型，可以通过“聚集”来把描述学生的属性信息（学号、姓名、性别、年龄等）组织为学生实体；由于对不同学生（如本科生、研究生等）有不同的管理，可以通过概括，把他们的共同特征抽象为学生（具体方法可参照面向对象的设计）。泛化是指通过特殊实体泛化出一般实体。例如，通过本科生、研究生两个特殊实

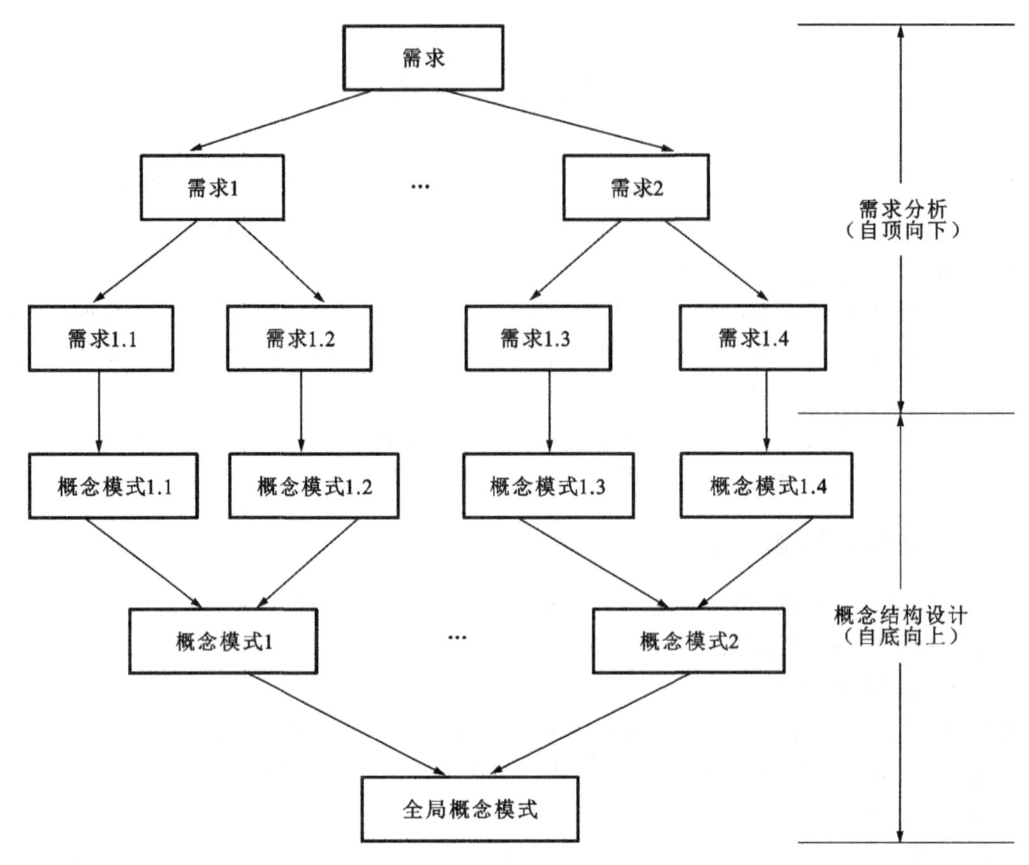

图 5.10　自顶向下需求分析与自底向上概念结构设计

体，泛化出学生这个一般实体来。

2）将局部概念模式综合成全局概念模式

综合各个局部的概念模型，得到反映所有用户需求的全局概念模式。在综合过程中，主要处理各局部概念模式中对各种对象定义的不一致问题，包括同名异义、异名同义和同一事物在不同模式中被抽象为不同类型的对象（例如，有的作为实体，有的又作为属性）等问题。把各个局部概念模式合并，就会产生冗余问题，或导致对信息需求的再调整与分析，以确定确切的含义。

3）对全局 E-R 模型进行优化，提交评审

消除所有的冲突后，对 E-R 模型进行优化处理，然后把全局概念模式提交评审。评审分为用户评审及数据库管理员和应用开发人员评审两个部分。用户评审的重点放在确认全局概念模式是否准确地反映用户的信息需求和现实世界事物的属性间的固有联系上；数据库管理员和应用开发人员评审则侧重于确认全局概念模式是否完整、各种成分划分是否合理、是否存在不一致性以及各种文档是否齐全。文档应包括局部概念模式的描述、全局概念模式的描述、修改后的数据清单和业务活动清单等。

5.3.2　局部概念结构设计

通常一个数据库系统都是为多个不同用户服务的，各个用户对数据的观点可能不一样，信

息处理的需求可能也不同。因此，一个系统会包含多个子系统(按照功能划分)。在设计数据库概念结构时，为了更好地模拟现实世界，数据库概念结构设计一般先从单个应用开始，设计局部概念结构。在 E-R 方法中，局部概念结构又称为局部 E-R 模型，其图形表示称为局部 E-R 图。

1. 划分子系统

在需求分析阶段，要对应用环境和要求进行详尽的调查分析，把系统划分为多个子系统，每个子系统完成一个具体的功能需求。如果用的是 SA，用多层数据流图和数据字典描述整个系统。设计局部 E-R 模式的第一步，就是要根据系统的具体情况，在多层的数据流图中选择一个适当层次的(经验很重要)数据流图，让这组图中每一部分对应一个局部应用，即以该层次的数据流图为出发点，设计局部 E-R 模式。如果用的是 OO，则从用例图和时序图出发，根据用例规约设计局部 E-R 模式。

由于高层的数据流图只能反映系统的概貌，而中层的数据流图能较好地反映系统中各局部应用的子系统组成，因此人们往往以中层数据流图作为设计局部 E-R 模式的依据。如果局部应用还比较复杂，则可以从更下层的数据流图入手。如果用的是用例图，则可以根据 actor 分解出用例来，根据用例规约进行数据需求提取。

2. 逐一设计局部 E-R 模型

确定每个局部应用包含哪些实体，这些实体又包含哪些属性，以及实体之间的联系和它的类型。

1) 找出实体

每一个局部应用都包含一些实体类型。实体定义就是从信息需求和局部范围定义出发，确定每一个实体类型的属性和码。

事实上，在现实世界中具体的应用环境常对实体和属性做了大体的自然划分。在数据字典中，数据结构、数据流和数据存储都是若干属性有意义的集合，就体现了这种划分。可以从这些内容出发来定义实体和确定实体的属性。

实际上实体与属性是相对而言的，很难有截然划分的界限。同一事物，在一种应用环境中作为属性，在另一种应用环境中就可能作为实体。一般来说，属性是不能再具有需要描述的性质，即属性必须是不可分的数据项，它不能与其他实体具有联系，即联系只发生在实体之间。

【例 5.1】　员工是一个实体，员工编号、姓名、性别、雇用时间、所在部门、出生年月等是其属性，“所在部门”只表示该员工属于哪个部门，不涉及该部门的具体情况，换句话说，没有需要进一步描述的特性，即是不可分的数据项，则根据原则①可以作为部门实体的属性。但如果考虑一个部门的负责人、办公地点等，则“部门”应看成一个实体，如图 5.11 所示。

为了简化 E-R 图的处理，现实世界能作为属性对待的，尽量作为属性对待。实体类型确定后，它的属性也随之确定。为一个实体类型命名并确定它的码，也是很重要的工作。实体类型的名称应反映实体的语义性质，在一个局部结构中应是唯一的。码可以是单个属性，也可以是属性的组合。

在数据库概念设计中，常用以下三种数据抽象方法来提取实体。

① 分类(classification)：定义某一概念作为现实世界中一组对象的类型(type)，这些对象具有某些共同的特性，实体型就是通过分类抽象得出。通过分类获得实体如图 5.12 所示。

② 泛化(generalization)：定义从特殊实体型到一般实体型的一种抽象，后者是更抽象或更泛化的概念。通过泛化获得实体如图 5.13 所示。

③ 聚集(aggregation)：把一复杂概念看成若干简单概念的聚集体，从而将复杂概念描述清

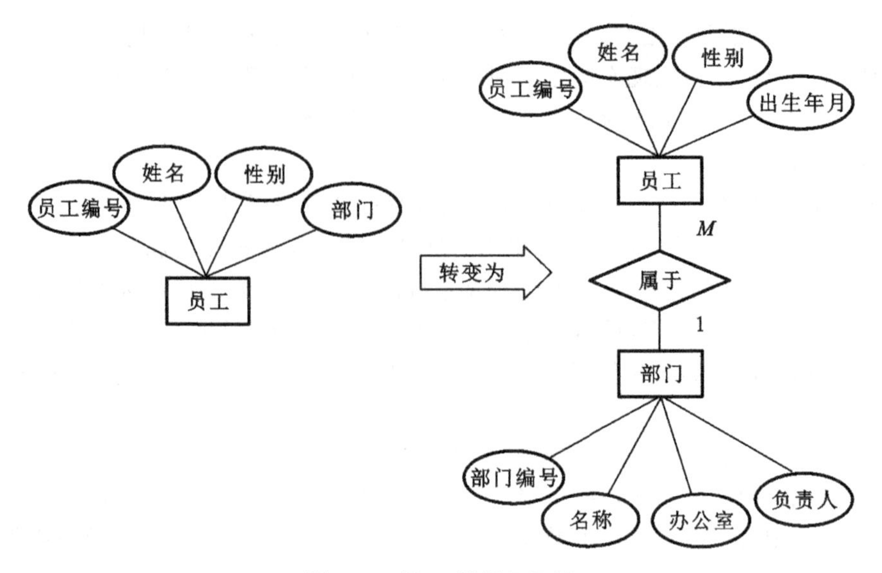

图 5.11　员工-部门 E-R 图

楚，或简化对复杂概念的描述，区分概念的整体和它的组成成分，形成一个整体一部分结构。通过聚集获得实体如图 5.14 所示。

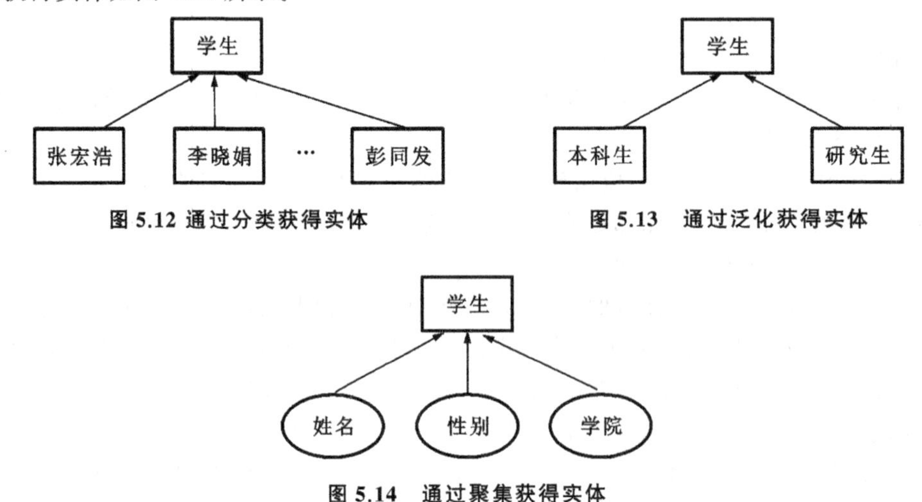

图 5.12 通过分类获得实体

图 5.13　通过泛化获得实体

图 5.14　通过聚集获得实体

在一个具体的项目当中，在需求说明书的基础上寻找实体时，可以通过回答以下几个问题来发现。

(1) staff(人员)：系统涉及的人员？

(2) organization(组织)：系统中作用的组织机构？

(3) goods(物品)：需要由系统管理的各种物品？

(4) event(事件)：需要在数据库中记录的事件？

(5) location(地点)：与问题域相关的物理地点？

(6) form(表格)：如专业培养计划表、课程表、成绩单、学期成绩分类统计报表？

2) 分配属性

实体确定下来后，根据实际应用环境的语义信息为每个实体分配属性。在分配属性的过程中,如果有属性找不到位置,则回到第一步。可以通过回答一下几个问题来为每个实体分配合理的属性。

(1) 按常识该实体应有哪些属性?

(2) 当前问题域中,应该有哪些属性? 例如,学生的“身高”与教学系统的责任有关吗? 可能不需要“身高”这个属性。

(3) 实体有哪些需要区别的状态?

(4) 主属性有哪些? 是否需要人为地定义主码?

(5) 属性是导出属性吗? 例如,学生“年龄”可以从“出生日期”导出,年龄不应作为学生的属性。

(6) 属性的位置合适吗?

另外,在属性分配时还应注意以下三点。

(1) 将描述实体类型的组成成分的信息抽象为实体的属性;

(2) 当多个实体类型用到同一属性时,将其分配给那些使用频率最高的实体类型,或实体值少的实体类型;

(3) 说明实体之间联系特性的属性应归属于联系类型。

3) 确定联系

E-R 模型的“联系”用来刻画实体之间的关联。一种完整的方式是对局部概念结构中的任意两个实体类型,根据需求分析的结果,考察它们之间是否存在联系。若存在联系,则进一步确定联系的类型(是一对一、一对多还是多对多)。另外,还要考察一个实体类型内部是否存在联系,以及多个实体类型之间是否存在联系。

在确定联系类型时,应注意防止出现冗余的联系(即可以从其他联系导出的联系)。对于冗余的联系,要尽可能地识别并消除,以免把这些问题带到全局概念设计阶段。如图 5.15 所示的“公司信息与员工的拥有联系”就是冗余的联系。

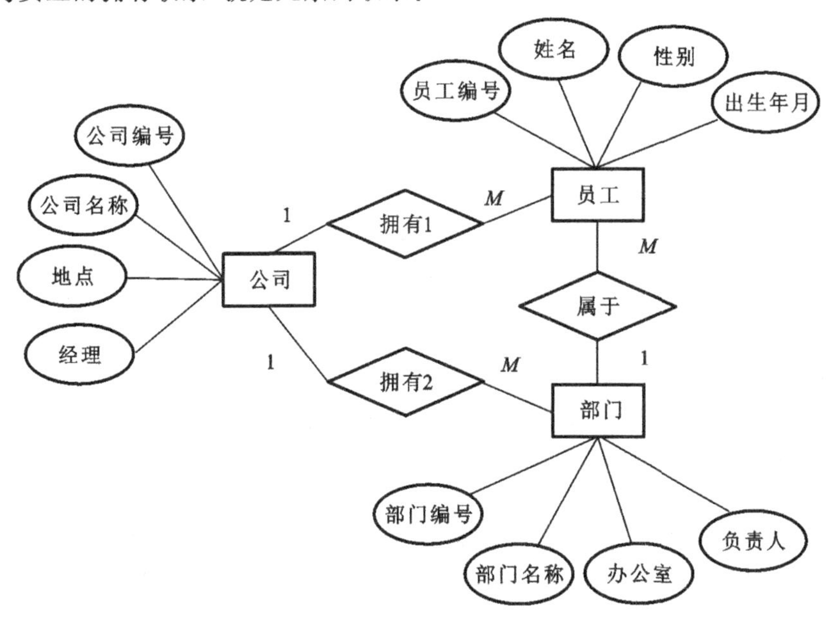

图 5.15　公司-部门-员工 E-R 图

联系类型确定后，也需要为联系命名和确定码。联系的名称应反映联系的语义性质，通常采用某个动词命名，如“拥有”“属于”“管理”“参与”等。联系的码通常是它所涉及的实体类型码的并集或某个子集。

5.3.3 全局概念结构设计

局部 E-R 模型设计完成之后，下一步就是集成各局部 E-R 模型，形成全局 E-R 模型（即视图的集成）。全局 E-R 模式不仅要支持所有局部 E-R 模型，而且必须合理地表示一个完整、一致的数据库概念结构。

全局 E-R 模型的设计过程如图 5.16 所示。

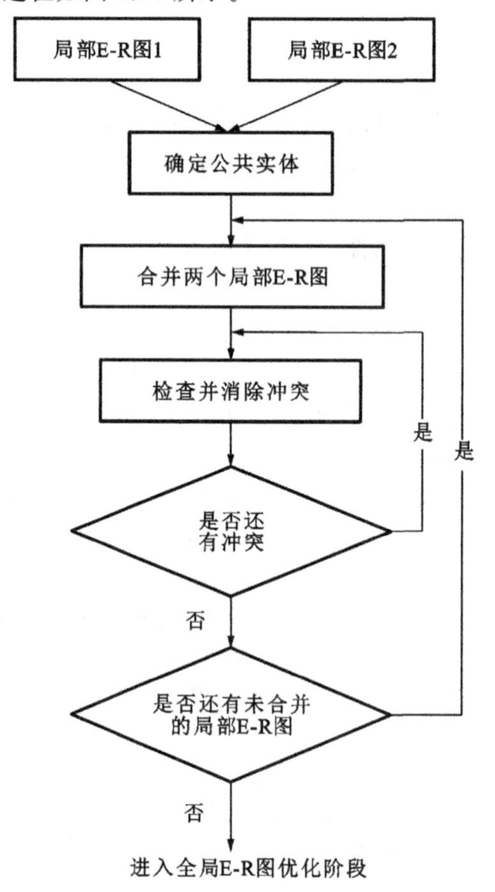

图 5.16 全局 E-R 模型的设计过程

1. 合并局部 E-R 图，生成初步 E-R 图

首先要确定各个局部概念结构中的公共实体类型。先寻找两个或几个局部 E-R 图所描述的同一实体，再把它们直接用一个实体取而代之（合并为一个实体），即将两个局部 E-R 图变为一个 E-R 图。公共实体类型的确定并非一目了然，实际设计过程中要根据具体的应用需求、实体类型的名称以及主码来认定公共实体类型。一般把同名实体类型和相同主码的实体类型作为公共实体类型的候选。但值得注意的是，很多情况下，由于各个设计人员的习惯和理解不同，具有相同名称的实体可能含义不同，而不同名称的实体可能实际含义相同。所以，认定公共实体时，需要了解具体应用需求，并仔细斟酌各个实体的实际含义。

合并的顺序有时会影响处理效率和结构。一般按下列原则进行合并：

(1) 进行两两合并；

(2) 先合并那些在现实世界有联系的局部概念结构；

(3) 合并从公共实体开始，最后再加入独立的局部概念结构。

在这个三个原则中，原则①是为了减少合并工作的复杂性，原则②和③是为了使合并结果的规模尽可能小。

由于各个局部应用不同，而且通常由不同的设计人员进行局部E-R图设计，因此，各局部E-R图不可避免地会有许多不一致的地方，一般称为冲突。合并局部E-R图时，并不能简单地将各个E-R图画到一起，而必须消除各个局部E-R图中的冲突，这也是合并局部E-R图的关键。E-R图中的冲突有三种。

1) 属性冲突

属性冲突又分为属性值域冲突和属性的取值单位冲突。

(1) 属性值域冲突，即属性值的类型、取值范围或取值集合不同。例如，员工的“员工编号”，有些部门将其定义为数值型，而有些部门将其定义为字符型。

(2) 属性的取值单位冲突。例如，员工的身高，有的以m(米)为单位，有的以cm(厘米)为单位。

2) 命名冲突

(1) 同名异义，即同一名字的对象在不同的部门中具有不同的含义。例如，局部应用A中将部门称为单位，局部应用B中将公司称为单位。

(2) 异名同义，即同一含义的对象在不同的部门中具有不同的名称。例如，有的部门把生产地点称为厂房，有的部门则把生产地点称为车间。

命名冲突可能发生在实体、联系一级上，也可能发生在属性一级上。其中属性的命名冲突更为常见。

属性冲突和命名冲突通常采用讨论、协商等行政手段解决。

3) 结构冲突

(1) 同一对象在不同应用中有不同的抽象，可能为实体，也可能为属性。例如，教师的职称在某一局部应用中被当成实体，而在另一局部应用中被当成属性。

这类冲突在解决时，就是使同一对象在不同应用中具有相同的抽象，或把实体转换为属性，或把属性转换为实体，但都要符合所介绍的“实体与属性划分”的准则。

(2) 同一实体在不同应用中属性组成不同，可能是属性个数或属性次序不同。

在解决这类冲突时，就是将合并后实体的属性组成为各局部E-R图中的同名实体属性的并集，然后适当调整属性的次序。

(3) 同一联系在不同应用中呈现不同的类型。例如，E_1与E_2在某一应用中是一对一联系，而在另一应用中是一对多或多对多联系；在某一应用中E_1与E_2发生联系，而在另一应用中是在E_1、E_2、E_3三者之间有联系。

这类冲突的解决应该根据应用的语义对实体联系的类型进行综合或调整。

在合并各局部E-R图的过程中，消除冲突就得到了初步E-R图。

2. 评价准则以及完备性

1) 评价准则

完备性：能够反映应用领域所需要的全部内容(包含直接表示的和可以推导出来的)。

一致性：消除冲突(包含子模式内部的和子模式之间的各种冲突)。

优化性：简化多对多联系，合并一对一联系，使得数据库结构合理简单。

2) 概念模式的完备性

检查完备性：列出对数据库所有的应用需求，然后对照每个需求进行检查，看所设计的数据库结构是否合理，是否满足所有需求。

连接陷阱：某些实体间的联系表面上存在，而实际上并没有如实反映出来。它包括扇形陷阱和断层陷阱两种。

存在扇形陷阱的E-R图如图5.17所示，它不能回答部门与员工间的所属关系。

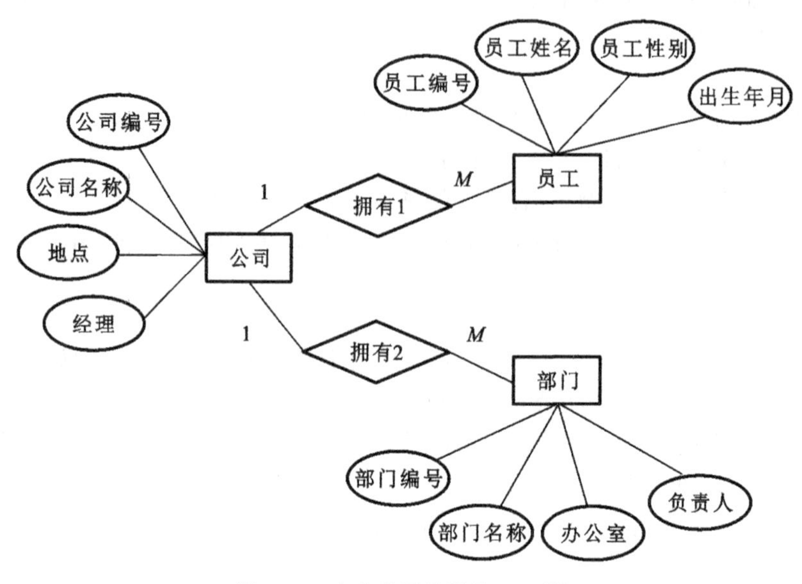

图 5.17　存在扇形陷阱的 E-R 图

图5.18所示为使用数据库辅助设计工具 PowerDesigner 设计的与图5.17所对应的E-R图。由于使用 PowerDesigner 画出的E-R图比较清晰，故这里将其表示出来，方便日后进行数据库辅助设计时作为参考。

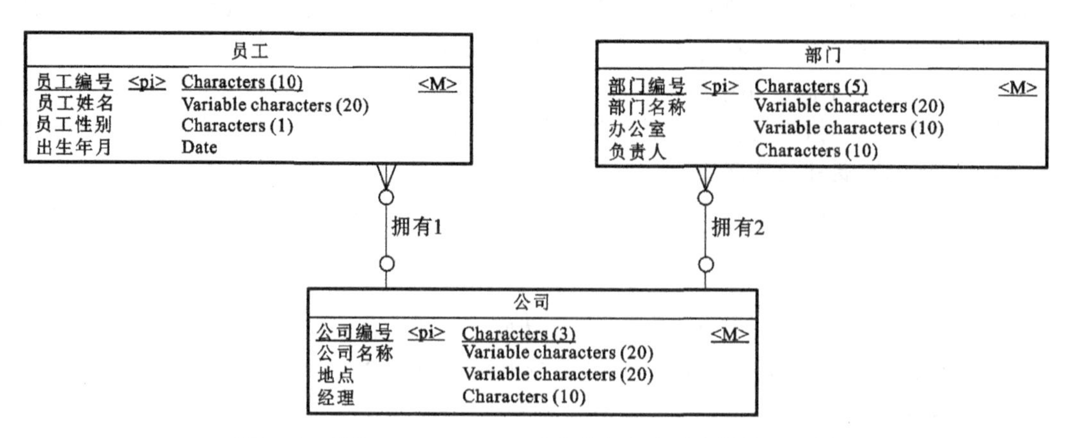

图 5.18　使用 PowerDesigner 设计的存在扇形陷阱的 E-R 图

图 5.19 所示为实体表示方式，图 5.20 所示为多对一联系的表示方式，其具体用法见 5.9 节。

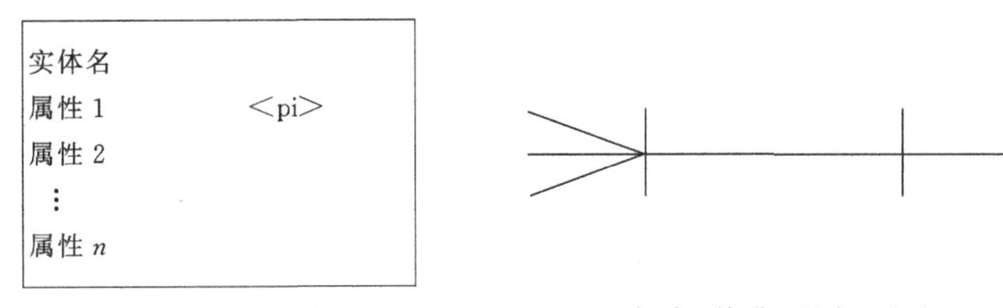

图5.19　实体表示方式　　　图5.20　多对一的联系的表示方式

由于图 5.18 所示的结构存在扇形陷阱，故要进行修改设计，改为图 5.21 所示的结构，它可以全面反映需求信息且不存在冗余。与其对应，图 5.22 所示是使用 PowerDesigner 设计的消除了扇形陷阱的 E-R 图。

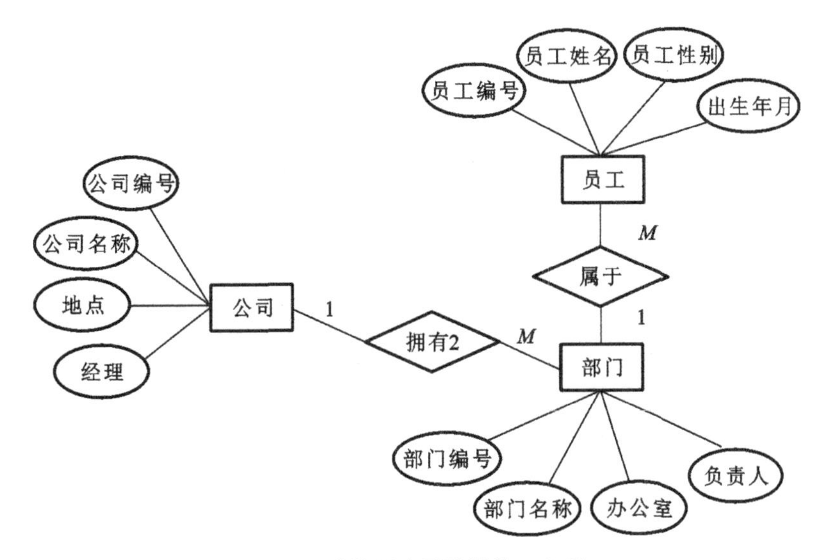

图 5.21 消除了扇形陷阱的 E-R 图

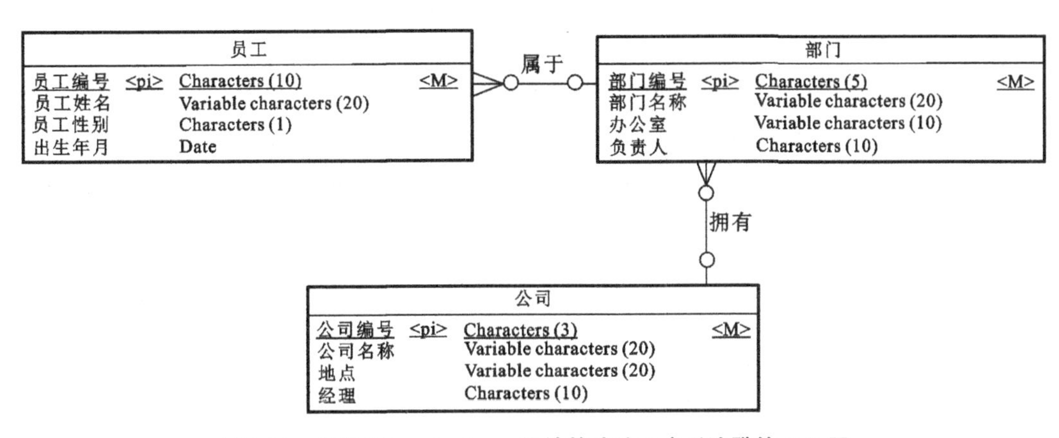

图 5.22　使用 PowerDesigner 设计的消除了扇形陷阱的 E-R 图

存在断层陷阱的 E-R 图如图 5.23 所示，公司和部门间的联系断了，也应改为如图 5.22 所示的结构。与其对应，图 5.24 所示为使用 PowerDesigner 设计的 E-R 图。

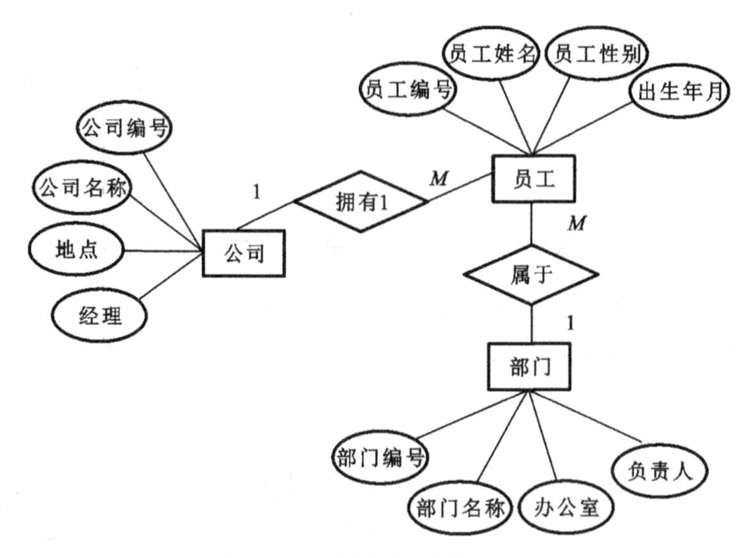

图 5.23 存在断层陷阱的 E-R 图

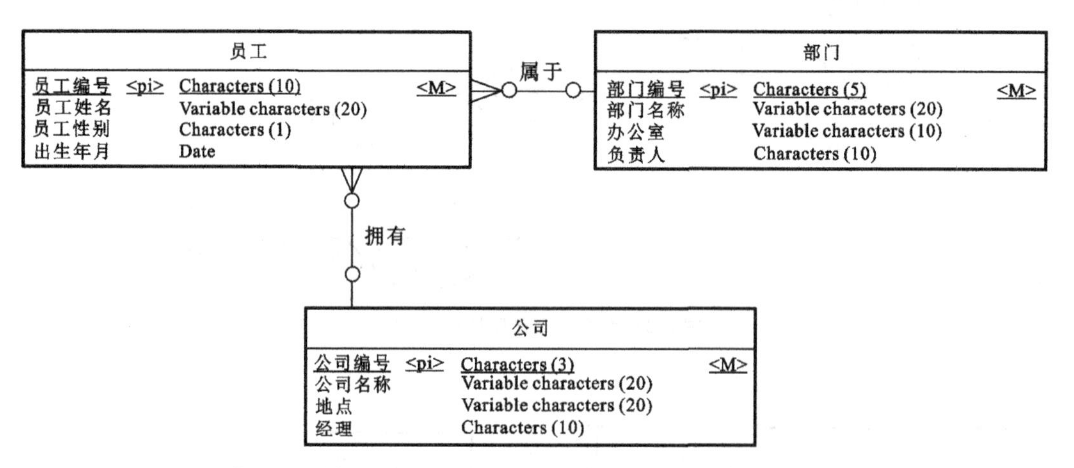

图 5.24 使用 PowerDesinger 设计的存在断层陷阱的 E-R 图

潜在的连接陷阱：实际应用需求反映具体的供应商供应给项目零件，并且根据项目的需求供应它什么样的零件和数量，而图 5.25 所示的 E-R 图（与其对应的使用 Power Designer 设计的 E-R 图如图 5-26 所示）反映两个实体之间的关联，但是仔细推敲，发现它不能反映项目用的是哪个供应商供应的零件，所以应该改为图 5.27 所示的三元联系（三个实体发生联系，将联系也作为一个虚拟实体处理）。

对图 5.25 所示的结构进行修改，消除潜在的连接陷阱，如图 5.27 所示。与其对应，图 5.28 所示为使用 PowerDesigner 设计的消除了潜在的连接陷阱的 E-R 图。

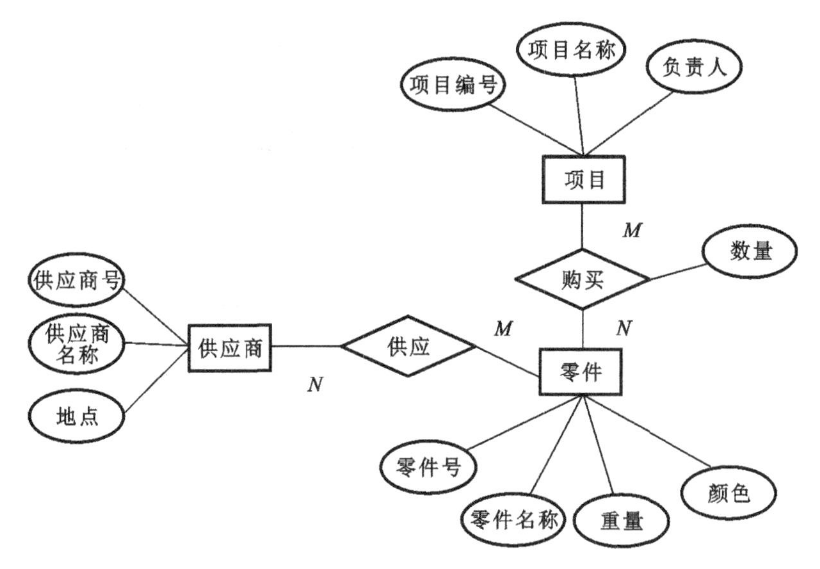

图 5.25　存在潜在的连接陷阱的 E-R 图

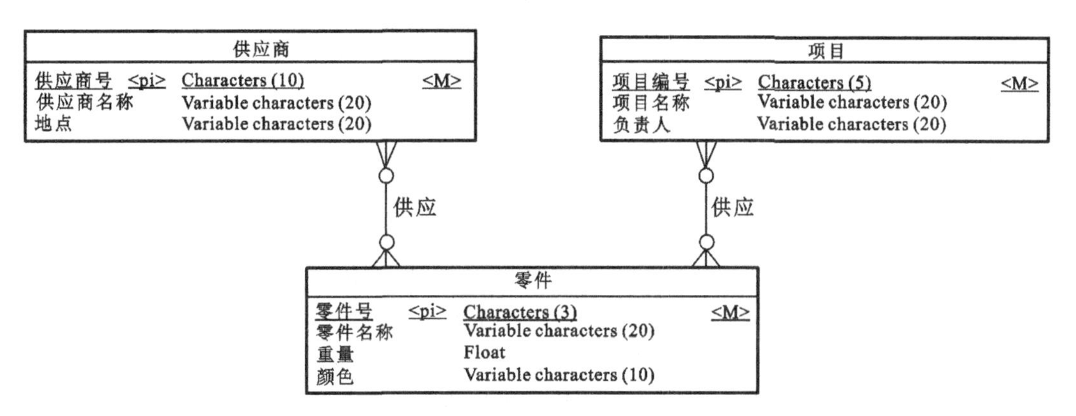

图 5.26　使用 PowerDesigner 设计的潜在的连接陷阱的 E-R 图

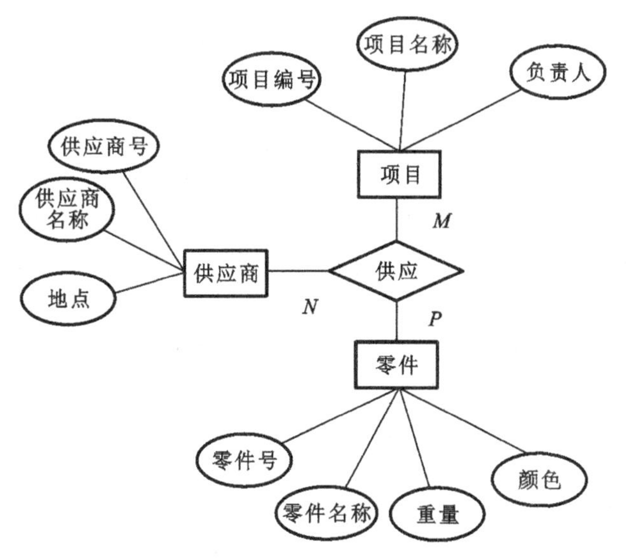

图 5.27　消除了潜在的连接陷阱的 E-R 图

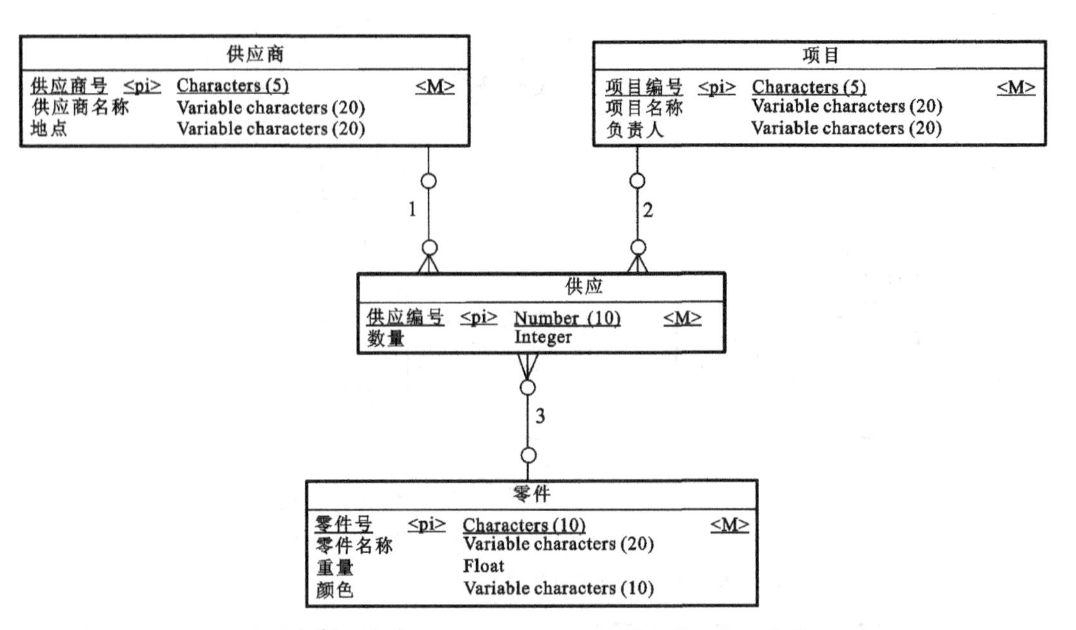

图 5.28　使用 PowerDesigner 设计的消除了潜在的连接陷阱的 E-R 图

3. 验证全局概念结构

生成基本 E-R 图后，得到一个全局的数据库概念结构，对该全局概念结构还必须进行进一步验证，确保它能够满足下列条件：

(1) 内部必须具有一致性，不存在互相矛盾的表达；

(2) 能准确地反映原来的每个局部概念结构，包括属性、实体及实体间的联系；

(3) 能满足需求分析阶段所确定的所有用户的要求。

全局概念结构最终还应该提交给用户，征求用户和有关人员的意见，进行评审、修改和优化，然后把它确定下来，作为数据库的概念结构和进一步设计数据库的依据。

5.4　逻辑结构设计

概念结构设计阶段得到的 E-R 模型是独立于任何一种数据模型的信息结构，是一个与具体 DBMS 无关的概念模式，而逻辑结构设计的任务就是将概念结构设计阶段设计好的基本E-R图转换为与选用的 DBMS 所支持的数据模型相符合的逻辑结构(包括数据库模式和外模式)。这些模式在功能、完整性和一致性约束及数据库的可扩充性等方面均应满足用户的各种要求。

从理论上讲，设计逻辑结构时，应该选择最适合于描述与表达相应概念结构的数据模型，然后对支持这种数据模型的各种 DBMS 进行比较，综合考虑性能、价格等因素，从中选出最合适的 DBMS。由于目前 DBMS 产品一般只支持关系模型，且各个系统又有许多不同的限制，提供不同的环境与工具，所以这里以关系型 DBMS 为基础，设计逻辑结构时一般要分三步进行(见图 5.29)：

(1) 将概念结构转换为一般的关系模型；

(2) 将转换来的关系模型向特定 DBMS 支持下的数据模型转换；

(3) 依据应用的需求和具体的 DBMS 的特征进行调整和完善。

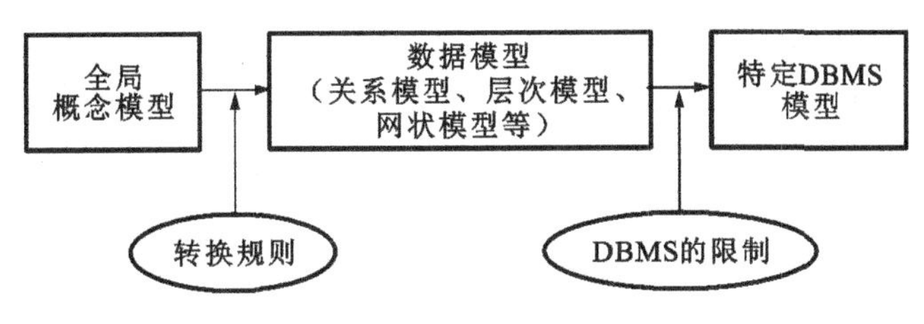

图 5.29　逻辑结构设计步骤

关系数据库的逻辑结构设计过程如图 5.30 所示。

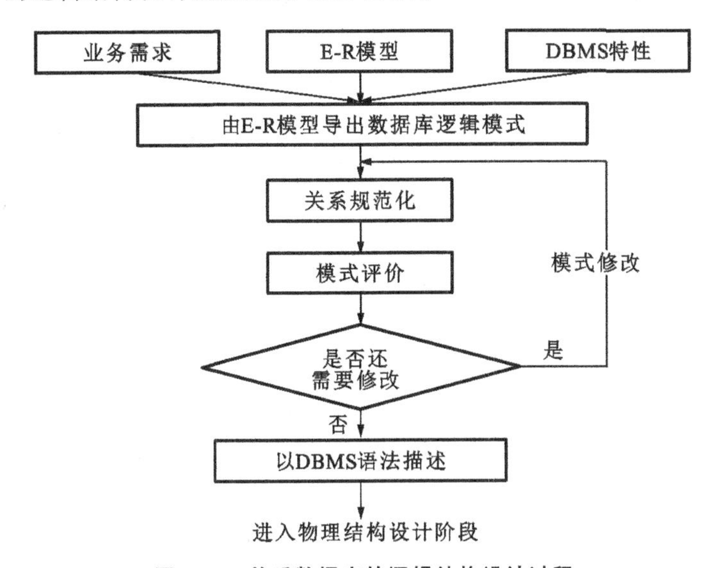

图 5.30　关系数据库的逻辑结构设计过程

5.4.1　E-R 图向关系模型的转换

概念结构设计中得到的 E-R 图是由实体、属性和联系组成的，而关系数据库逻辑结构设计的结果是一组关系模式的集合，所以将 E-R 图转换为关系模型实际上就是将实体、属性和联系转换成关系模式。在转换中要遵循以下规则。

1. 实体的转换

将每个实体类型转换为一个关系模式，实体的属性即为关系的属性，实体的码即为关系的码。

2. 联系的转换

对于实体间联系的转换需根据不同的情况做不同的处理。

1) 两个实体之间联系的转换

(1) 对于 1∶1 的联系，转换时只需在两个实体转换成的关系模式的任意一个的属性集中加入另一个关系模式的主码即可(一般情况下，发生此联系的两个实体可以直接合并为一个实体，除非特殊处理要求，如应更新查询等业务操作的要求，为了减少数据量的传输而特意独立开来)。

(2) 对于 1∶N 的联系，转换时只需在 N 端实体转换成的关系模式的属性集中加入 1 端实体的主码(作为 N 端实体的外码)即可。

(3) 对于 M∶N 的联系，转换时将联系也建立关系模式，其属性为两端实体的码加上联系的属性，而主码为两端实体主码的组合。

2) 同一实体内部间联系的转换

同一实体内部间联系的转换规则与两个实体之间联系的转换规则相同。

3) 三个或三个以上实体间的多元联系的转换

不管是何种联系类型，总是将多元联系转换成关系模式，其属性为与该多元联系相连的各实体的主码加上联系的属性，而其主码为各实体主码的组合。

【例 5.2】 根据上面的转换规则，将图 5.31 所示的一组 E-R 图转换为关系模型。具体应用需求为：某公司内部有若干员工和项目，部门拥有若干员工，员工可以参与不同的几个项目，而每个项目可以由一个部门负责也可以由几个部门联合负责，一个部门也可以负责几个项目，且每个项目需要若干员工参与，并且每个项目设定唯一的负责人负责。

(1) 按照转换规则，图 5.31 中的负责人、部门及其一对一联系转换成下面的两个关系模式：

负责人(<u>负责人编号</u>,姓名,性别,出生年月,部门编号)

部门(<u>部门编号</u>,部门名称,办公室)

或者

负责人(<u>负责人编号</u>,姓名,性别,出生年月)

部门(<u>部门编号</u>,部门名称,办公室,负责人编号)

(2) 按照转换规则，图 5.31 中的员工、部门及其一对多联系转换成下面的两个关系模式：

部门(<u>部门编号</u>,部门名称,办公室)

员工(<u>员工编号</u>,姓名,性别,出生年月,部门编号)

(3) 按照转换规则，图 5.31 中的员工、项目及其多对多联系，部门项目及其多对多联系转换成下面的五个关系模式：

部门(<u>部门编号</u>,部门名称,办公室)

项目(<u>项目编号</u>,项目名称,开始日期)

承担(<u>项目编号</u>,<u>部门编号</u>,任务)

员工(<u>员工编号</u>,姓名,性别,出生年月)

参与(<u>员工编号</u>,<u>项目编号</u>,具体工作)

图 5.31 所示的 E-R 模型整体转换结果为

负责人(<u>负责人编号</u>,姓名,性别,出生年月,部门编号)

部门(<u>部门编号</u>,部门名称,办公室)

员工(<u>员工编号</u>,姓名,性别,出生年月,部门编号)

项目(<u>项目编号</u>,项目名称,开始日期)

承担(<u>项目编号</u>,<u>部门编号</u>,任务)

参与(<u>员工编号</u>,<u>项目编号</u>,具体工作)

在形成一般的数据模型后，下一步就是将其向特定 DBMS 支持下的数据模型转换，这一步转换是依赖于机器的，没有一个普遍的规则，转换的主要依据是所选用的 DBMS 的功能及限制。对于关系模型来说，这种转换通常比较简单，不会太复杂。

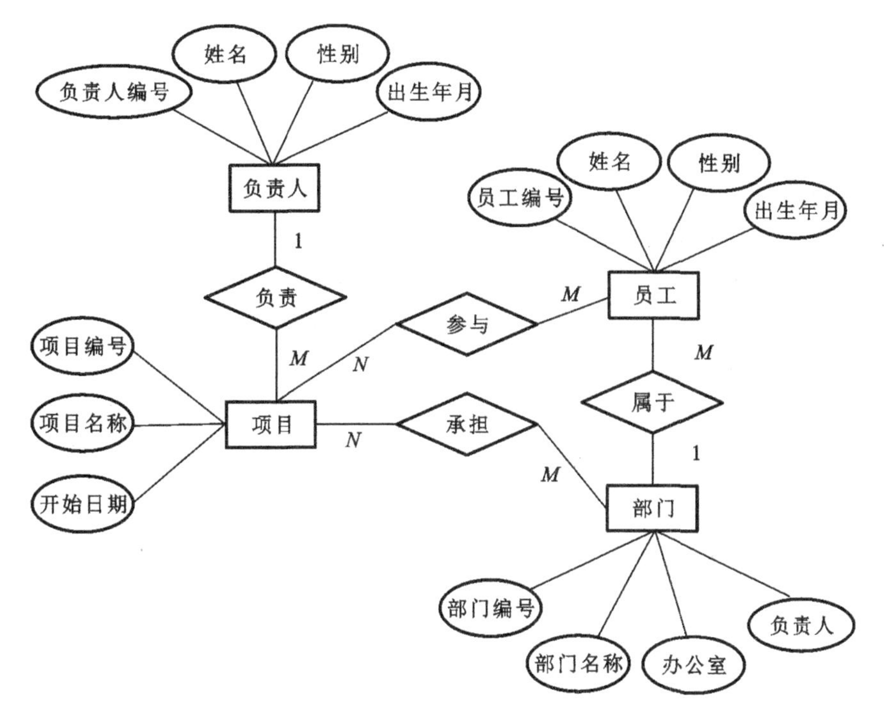

图 5.31　员工-部门-项目 E-R 图

5.4.2　数据模型的优化

数据库逻辑结构设计的结果并不是唯一的。为了提高数据库应用系统的性能，还应该根据具体的业务应用进行适当修改、调整关系模式，这就是数据模型的优化。

1. 关系模式规范化

由基本 E-R 图转换得来的初始关系模式并不完全符合要求，还会存在数据冗余或操作异常问题，需要经过进一步的规范化处理。具体步骤如下。

(1) 根据语义确定各关系模式的数据依赖。在设计的前一阶段，只是简单地从关系名及其属性集两个方面来描述关系模式，并没有考虑到关系模式中的数据依赖。关系模式包含着语义，应根据关系模式所描述的自然语义，写出关系模式的数据依赖。

(2) 根据数据依赖确定关系模式的范式级别。考察关系模式的数据依赖关系，确定范式等级；逐一分析各关系模式，考察是否存在部分函数依赖、传递函数依赖等，确定它们分别属于第几范式；判定关系模式是否符合要求，即是否符合 3NF 或 BCNF。

(3) 如果关系模式不符合要求，要运用关系模式的分解算法对其进行分解，使其符合 3NF 或 BCNF。

2. 关系模式的评价及修正

根据规范化理论，对关系模式进行分解之后，就可以在理论上消除数据冗余和操作异常问题，但关系模式的规范化不是目的而是手段，数据库设计的目的是满足应用需求。因此，为了进一步提高数据库应用系统的性能，还可能进行逆规范化，即对规范化后产生的关系模式进行评价、改进，经过反复尝试和比较，最后得到优化的关系模式。

1）模式评价

模式评价的目的是检查所设计的数据库模式是否满足用户的功能要求、效率要求，以确定需要加以改进的部分。模式评价包括功能评价和性能评价。

（1）功能评价。

功能评价是指对照需求分析的结果，检查规范化后的关系模式集合是否支持用户所有的应用要求。关系模式必须包括用户可能访问的所有属性。在涉及多个关系模式的应用中，应确保连接后不丢失信息。如果发现有的应用不被支持或不完全被支持，则应该改进关系模式。产生这种问题的原因可能是在逻辑结构设计阶段，也可能是在需求分析阶段或概念结构设计阶段，是哪个阶段的问题就应返回到哪个阶段去，因此有可能还要对前两个阶段再进行评审，解决存在的问题。在功能评价的过程中，可能会发现冗余的关系模式或属性，这时应区分它们是为未来发展预留的，还是因为某种错误造成的，比如名字混淆。如果属于错误处置，则进行改正即可；如果这种冗余来源于前两个设计阶段，则要返回，重新进行评审。

（2）性能评价。

对于目前得到的数据库模式，由于缺乏物理结构设计所提供的数量测量标准和相应的评价手段，所以进行性能评价是比较困难的，只能对实际性能进行估计，包括逻辑记录的存取数、传送量以及物理结构设计算法的模型等。

2）模式改进

根据模式评价的结果，对已生成的模式进行改进。如果是需求分析、概念结构设计的疏漏导致某些应用不能得到支持，则应该增加新的关系模式或属性。如果因为考虑性能而要求改进，则可采用合并或分解的方法。

（1）合并。

如果有若干个关系模式具有相同的码，且对这些关系模式的处理主要是查询操作（而且经常是多关系的查询），那么可对这些关系模式按照组合使用频率进行合并。这样，便可以减少连接操作，从而提高查询效率。

（2）分解。

为了提高数据操作的效率和存储空间的利用率，最常用和最重要的模式优化方法就是分解，即根据应用的不同要求，对关系模式进行水平分解和垂直分解。

水平分解是指把关系的元组分为若干子集合，定义每个子集合为一个子关系的工作。对于经常进行大量数据的分类条件查询的关系，可进行水平分解，这样可以减少应用系统每次查询需要访问的记录数，从而提高查询性能。

垂直分解是指把关系模式的属性分解为若干子集合，形成若干子关系模式的工作。垂直分解的原则是把经常一起使用的属性分解出来，形成一个子关系模式。这样，可减少查询的数据传递量，提高查询速度。垂直分解可以提高某些事务的效率，但也有可能使另一些事务不得不执行连接操作，从而会降低效率。因此，是否要进行垂直分解要看分解后所有事务的总效率是否得到了提高。垂直分解要保证分解后的关系具有无损连接性和函数依赖保持性。

经过多次的模式评价和模式改进之后，最终的数据库模式得以确定。逻辑结构设计阶段的结果是全局逻辑数据库结构。对于关系数据库系统来说，逻辑结构设计阶段的结果就是由一组符合一定规范的关系模式组成的关系数据库模型。

5.4.3　用户视图的设计

将概念模型转换为全局逻辑模型后，还应该根据局部应用需求，结合具体 DBMS 的特点，设计用户的外模式。

目前 RDBMS 一般都提供了视图概念，可以利用这一功能设计更符合局部用户需要的外模式。

定义数据库模式主要是从系统的时间效率、空间效率、易维护等角度出发进行的。由于用户外模式与模式是独立的，因此在定义用户外模式时应该更注重考虑用户的习惯与方便。具体包括以下三个方面。

(1) 使用更符合用户习惯的别名。在合并各局部 E-R 图时，曾进行了消除命名冲突的工作，以使一个数据库中关系和属性具有唯一的名字，这在设计数据库的整体结构时是非常必要的。运用视图机制可以在设计用户视图时重新定义某些属性名，使其与用户的使用习惯相一致。

(2) 针对不同级别的用户定义不同的外模式，以满足系统对安全性的要求。不同级别的用户可以处理的数据只能是系统的部分数据，而确定关系模式时并没有考虑这一因素。例如学校的学生管理，不同的院系只能访问和处理自己的学生信息，这就需要建立针对不同院系的视图，以满足这一要求。这样做可以在一定程度上提高数据的安全性。

(3) 简化用户对系统的使用。如果某些应用中经常要使用某些很复杂的查询，则为了方便用户，可以将这些复杂查询定义为视图。用户每次只对定义好的视图进行查询，大大简化了用户的使用操作。

5.5　物理结构设计

数据库系统的实现离不开计算机，在实现数据库逻辑结构设计之后，就要确定数据库在计算机中的具体存储方法。数据库在物理设备上的存储结构与存取方法称为数据库的物理结构，它依赖于选定的 DBMS 系统。根据数据库的逻辑结构来选定 RDBMS(如 Oracle、Sybase 等)，并设计和实施数据库的存储结构、存取方式等，就是数据库的物理结构设计。

数据库的物理结构设计可分为以下两步。

(1) 确定物理结构。在关系数据库中，确定物理结构主要指确定存取方法和存储结构。

(2) 评价物理结构，评价的重点是时间和空间效率。

如果评价结果满足原设计要求，就可进入实施阶段。否则，就需要重新选择物理结构，有时甚至要返回逻辑结构设计阶段修改逻辑数据模型。

5.5.1　确定物理结构

要确定数据库的物理结构，设计人员一方面要深入了解给定的 DBMS 的内部特征，特别是存储结构和存取方法；另一方面要了解应用环境的具体要求，如各种应用的数据量、处理频率和响应时间等。

1. 存储结构的设计

在物理结构中，数据的基本存取单位是存储记录。有了逻辑记录结构以后，就可以设计存储记录结构，一个存储记录可以和一个或多个逻辑记录相对应。存储记录结构包括记录的组成、数据项的类型和长度，以及从逻辑记录到存储记录的映射。某一类型的所有存储记录的集合称为文件，文件的存储记录可以是定长的，也可以是变长的。

文件组织或文件结构是组成文件的存储记录的表示法。文件结构应该表示文件格式、逻辑次序、物理次序、访问路径、物理设备的分配等。物理数据库就是指数据库中实际存储记录的格式、逻辑次序和物理次序、访问路径、物理设备的分配。

确定数据库存储结构时要综合考虑存取时间、存储空间的利用率和维护代价三方面的因素，这三个方面常常是相互矛盾的。例如，消除一切冗余数据虽然能够节约存储空间，但往往会导致检索代价的增加，因此必须进行权衡，选择一个折中方案。一般 DBMS 也提供一定的灵活性供选择，包括聚簇和索引。

1）聚簇

聚簇就是为了提高某个属性或属性组的查询速度，把这个或这些属性（称为聚簇码）上具有相同值的元组集中存放在连续的物理块上。使用聚簇有以下两个作用。

（1）使用聚簇以后，聚簇码相同的元组集中在一起了，因而聚簇值不必在每个元组中重复存储，只要在一组中存储一次即可，因此可以节省存储空间。

（2）聚簇功能可以大大提高按聚簇码进行查询的效率。例如，要查询学生关系中计算机系的学生名单，设计算机系有 300 名学生。在极端情况下，这些学生的记录会分布在 300 个不同的物理块中，这时如果要查询计算机系的学生，就需要做 300 次的 I/O 操作，这将影响系统查询的性能。如果按照“系别”建立聚簇，使同一个系的学生记录集中存放，则每做一次 I/O 操作，就可以获得多个满足查询条件的记录，从而明显地减少访问磁盘的次数。

2）索引

存储记录是属性值的集合，主码可以唯一确定一个记录，而其他属性的一个具体值不能唯一确定是哪个记录。在主码上应该建立唯一索引，这样不但可以提高查询速度，还能避免主码重复值的录入，确保了数据的完整性。

在数据库中，用户存取的最小数据单位是属性。如果用户对某些非主属性的检索很频繁，可以考虑建立这些属性的索引文件。索引文件对存储记录重新进行内部链接，从逻辑上改变了记录的存储位置，从而改变存取数据的入口点。关系中数据越多，索引的优越性也就越明显。

建立多个索引文件可以缩短存取时间，但是增加了索引文件所占用的存储空间以及维护的开销。因此，应该根据实际需要综合考虑。

2. 存取方法的设计

存取方法是为存储在物理设备（通常指辅存）上的数据提供存储和检索能力的方法。存取方法包括存储结构和检索机构两个部分。存储结构限定了可能存取的路径和存储记录；检索机构定义了每个应用的存取路径，但不涉及存储结构的设计和设备分配。

存储记录是属性的集合；属性是数据项类型，可用作主键或辅助键。主键唯一地确定了一个记录。辅助键是用作记录索引的属性，可能并不唯一确定某一个记录。

存取路径的设计分成主存取路径的设计和辅存取路径的设计。主存取路径与初始记录的装入有关，通常是用主键来检索的。首先利用这种方法设计各个文件，使其能最有效地处理主要的应用。一个物理数据库很可能有几套主存取路径。辅存取路径通过辅助键的索引对存储记录重新进行内部链接，从而改变存取数据的入口点。用辅助索引可以缩短存取时间，但增加了辅存空间和索引维护的时间。设计者应根据具体情况做出权衡。

3. 数据存放位置的设计

为了提高系统性能，应该根据应用情况将数据的易变部分、稳定部分、经常存取部分和存取频率较低部分分开存放。

例如，目前许多计算机都有多个磁盘，因此可以将表和索引分别存放在不同的磁盘上。在查询时，两个磁盘驱动器并行工作，可以提高物理读/写的速度。

在多个用户环境下，可能将日志文件和数据库对象（表、索引等）放在不同的磁盘上，以加快存取速度。另外，数据库的数据备份、日志文件备份等，只在数据库发生故障进行恢复时才使用，而且数据量很大，可以存放在磁带上，以改进整个系统的性能。

4. 系统配置的设计

DBMS 产品一般都提供一些系统配置变量、存储分配参数，供设计人员和数据库管理员对数据库进行物理优化。系统为这些变量设定了初始值，但是这些值不一定适合每一种应用环境。在物理结构设计阶段，要根据实际情况重新对这些变量赋值，以满足新的要求。

系统配置变量和参数很多，如同时使用数据库的用户数、同时打开的数据库对象数、内存分配参数、缓冲区分配参数（使用的缓冲区长度、个数）、存储分配参数、数据库的大小、时间片的大小、锁的数目等，这些参数值会影响存取时间和存储空间的分配，在物理结构设计时要根据应用环境确定这些参数值，以使系统的性能达到最优。

目前，对要求不是很高的数据库应用的大部分物理设计的工作都由 DBMS 自动完成。设计师基本上只需要设计存储路径与存取方式，简单来说就是设计索引和聚簇。

5.5.2　评价物理结构

数据库物理结构设计过程中需要对时间效率、空间效率、维护代价和各种用户要求进行权衡，其结果可以产生多种方案，数据库设计人员必须对这些方案进行细致的评价，从中选择一个较优的方案作为数据库的物理结构。

评价物理数据库的方法完全依赖于所选用的 DBMS，主要是从定量估算各种方案中的存储空间、存取时间和维护代价入手，对估算结果进行权衡、比较，选择出一个较优的合理的物理结构。如果该结构不符合用户需求，则需要修改设计。

5.6　数据库的实施

在完成数据库的物理结构设计之后，设计人员就要用选定的 RDBMS 提供的数据定义语言将数据库逻辑结构设计和物理结构设计的结果严格描述出来，成为 RDBMS 可以接受的源代码，再经过调试产生目标模式，然后就可以组织数据入库了。这就是数据库的实施阶段。数据库实施阶段主要包括以下工作：

（1）建立实际数据库结构；

（2）装入数据；

(3) 应用程序编码与调试;

(4) 数据库试运行。

确定了数据库的逻辑结构与物理结构后,利用 DBMS 提供的数据定义语言可以定义数据库结构。

5.6.1 数据的装入和应用程序的编制与调试

数据的装入和应用程序的编制与调试是数据库实施阶段两项重要的工作。

1. 数据的装入

数据库结构建立好后,就可以向数据库中装载数据了。组织数据入库是数据库实施阶段最主要的工作。对于数据量不是很大的小型系统,可以用人工方法完成数据的入库,其步骤如下。

(1) 筛选数据:需要装入数据库中的数据通常都分散在各个部门的数据文件或原始凭证中,所以首先必须把需要入库的数据筛选出来。

(2) 转换数据格式:筛选出来的需要入库的数据,其格式往往不符合数据库要求,还需要进行转换。这种转换有时可能很复杂。

(3) 输入数据:将转换好的数据输入计算机中。

(4) 校验数据:检查输入的数据是否有误。

对于中、大型系统,由于数据量极大,用人工方法组织数据入库将会耗费大量的人力和物力,而且很难保证数据的正确性。因此,应该设计一个数据输入子系统,由计算机完成辅助数据入库的工作。数据输入子系统应提供数据输入的界面,并采用多种检验技术检查输入数据的正确性。数据输入子系统根据数据库系统的要求,从录入的数据中抽取有用成分并对其进行分类转换,最后将其综合成符合新设计的数据库结构的形式。为了保证数据能够及时入库,应在对数据库进行物理设计的同时就编制数据输入子系统。

2. 应用程序的编制与调试

数据库应用程序的设计应该与数据设计并行进行。在数据库实施阶段,当数据库结构建立好后,就可以开始编制与调试数据库的应用程序,也就是说,编制与调试应用程序是与组织数据入库同步进行的。调试应用程序时,由于数据入库尚未完成,因此可先使用模拟数据进行调试。

5.6.2 数据库试运行

应用程序编写完成,并有了一小部分数据装入后,应该按照系统支持的各种应用分别试验应用程序在数据库上的操作情况,这就是数据库的试运行阶段,或者称为联合调试阶段。在这一阶段要完成以下两方面的工作。

1. 功能测试

功能测试是指实际运行应用程序,测试它们能否完成各种预定的功能。

2. 性能测试

性能测试是指测量系统的性能指标,分析系统是否符合设计目标。

数据库试运行对于系统设计的性能检验和评价是很重要的,因为有些参数的最佳值只有在试运行后才能找到。如果测试的结果不符合设计目标,则应返回到设计阶段,重新修改设计和编写程序,有时甚至需要返回到逻辑结构设计阶段,调整逻辑结构。

重新设计物理结构甚至逻辑结构，会导致数据重新入库。由于数据装入的工作量很大，所以可分期分批地组织数据装入，先输入小批量数据进行调试，待试运行基本合格后，再大批量输入数据，逐步增加数据量，逐步完成运行评价。

数据库的实施和调试不是几天就能完成的，需要一定的时间。在此期间系统还不稳定，随时可能发生硬件或软件故障，加之数据库刚刚建立，操作人员对系统还不熟悉，对其规律缺乏了解，容易发生操作错误，这些故障和错误很可能破坏数据库中的数据，这种破坏很可能在数据库中引起连锁反应，破坏整个数据库。因此，必须做好数据库的转储和恢复工作，尽量减少对数据库的破坏。

5.7 数据库的运行与维护

数据库试运行结果符合设计目标后，数据库就可以真正投入运行了。数据库投入运行标志着开发任务的基本完成和维护工作的开始，但并不意味着设计过程的终结。由于应用环境在不断变化，数据库运行过程中物理存储也会不断变化，对数据库设计进行评价、调整、修改等维护工作是一个长期的任务，也是设计工作的继续。

在数据库运行阶段，对数据库经常性的维护工作主要是由数据库管理员完成的，它包括以下四个方面的内容。

1. 数据库的转储和恢复

定期对数据库和日志文件进行备份，以保证一旦发生故障，能利用数据库备份及日志文件备份，尽快将数据库恢复到某种一致性状态，并尽可能减少对数据库的破坏。

2. 数据库的安全性和完整性控制

数据库管理员对数据库的安全性和完整性控制起到决定性的作用。数据库管理员应根据用户的实际需要授予其不同的操作权限。另外，由于应用环境的变化，数据库的完整性约束条件也会变化，需要数据库管理员不断修正，以满足用户要求。

3. 数据库性能的监督、分析和改进

目前许多 DBMS 产品都提供了监测系统性能参数的工具，数据库管理员可以利用这些工具方便地得到系统运行过程中一系列性能参数的值。数据库管理员应该仔细分析这些数据，通过调整某些参数来进一步改进数据库的性能。

4. 数据库的重组和重构

数据库运行一段时间后，记录的不断增、删、改会使数据库的物理存储变坏，从而降低数据库存储空间的利用率和数据的存取效率，使数据库的性能下降。这时数据库管理员就要对数据库进行重组织或部分重组织（只对频繁增、删的表进行重组织）。数据库的重组织不会改变原设计的数据逻辑结构和物理结构，只是按原设计要求重新安排存储位置，回收“垃圾”，减少指针链，提高系统性能。DBMS 一般都提供了重组织数据库使用的实用程序，帮助数据库管理员重新组织数据库。

数据库应用环境发生变化，会导致实体及实体间的联系也发生相应的变化，使原有的数据库设计不能很好地满足新的需求，从而不得不适当调整数据库的模式和内模式，这就是数据库的重构造。DBMS 提供了修改数据库结构的功能。

重构数据库的程度是有限的。若应用变化太大，已无法通过重构数据库来满足新的需求，或重构数据库的代价太大，则表明现有数据库应用系统的生命已经结束，应该重新设计新的数据库系统，开始新数据库应用系统的生命。

5.8 基于 3NF 的泛关系数据库设计方法

对于小型的数据库，可以采用基于 3NF 的泛关系数据库设计方法进行设计。这种方法是运用函数依赖和范式理论，直接设计出合理的数据库的逻辑模式。

1. 设计步骤

（1）识别所有属性以及其函数依赖，将所有的属性组织在一个泛关系中。

（2）运用规范化理论进行分解，使其分解的每个关系达到 3NF。

2. 教学系统数据库设计实例

（1）组织泛关系。

T(Sno,Sname,Sdept,Cno,Cname,Credit,Grade,Mname)

（2）列出函数依赖集。

$Sno \xrightarrow{F} Sname$

$Sno \xrightarrow{F} Sdept$

$Sdept \xrightarrow{F} Mname$

$Sno \xrightarrow{F} Mname$

$Cno \xrightarrow{F} Cname$

$Cno \xrightarrow{F} Credit$

$Sno,Cno \xrightarrow{F} Grade$

（3）化简，去掉 $Sno \xrightarrow{F} Mname$。

（4）分类。

$Sno \xrightarrow{F} Sname, Sno \xrightarrow{F} Sdept$

$Sdept \xrightarrow{F} Mname$

$Cno \xrightarrow{F} Cname, Cno \xrightarrow{F} Credit$

$Sno,Cno \xrightarrow{F} Grade$

（5）建立关系(即建立表)。

S(Sno,Sname,Sdept)

主码为对应决定因素：Sno。

D(Depte,Mname)

主码为对应决定因素:Sdepte。

C(Cno,Cname,Credit)

主码为对应决定因素:Cno。

SC(Sno,Cno,Grade)

主码为对应决定因素:Sno,Cno。

说明:基于 3NF 的泛关系数据库设计方法和理念,跳过了数据库的概念结构设计,直接进行逻辑结构设计,因而仅仅适用于小型的需求比较明确的数据库设计。

5.9　PowerDesigner 辅助设计

PowerDesigner 提供了一种数据库结构的图形表示,只需绘制新表或输入信息,即可更好地修改数据库的结构或创建全新的表。在设计完成后,PowerDesigner 可生成一个 SQL 脚本以生成新的数据库(到所选取的 DBMS 当中,执行此 SQL 文件,即可生成所设计的数据库,而不需要再进行手工建表等),并且同时生成配套的数据字典和设计报告。PowerDesigner 还可以从用于创建数据库的脚本文件读取数据库的结构。但是,通常更简便的方法是,从 PowerDesigner 连接到数据库并使用反向工程特性直接抽取进行设计。主要步骤如下。

1. *启动* PowerDesigner

启动 PowerDesigner,出现其主窗口,如图 5.32 所示。

PowerDesigner 提供了五种建模工具,即概念模型(donceptual data model)、物理模型(physical data model)、业务模型(business process model)、面向对象建模(object-oriented model)和多模型报告(multi-model report)。选择新建概念模型,即可进行数据库设计的 E-R 模型辅助设计。当然要设计好数据库,就要遵循数据库设计的规则,这里只是提供设计工具,以便画出更合理的 E-R 图(即 CDM 图)。

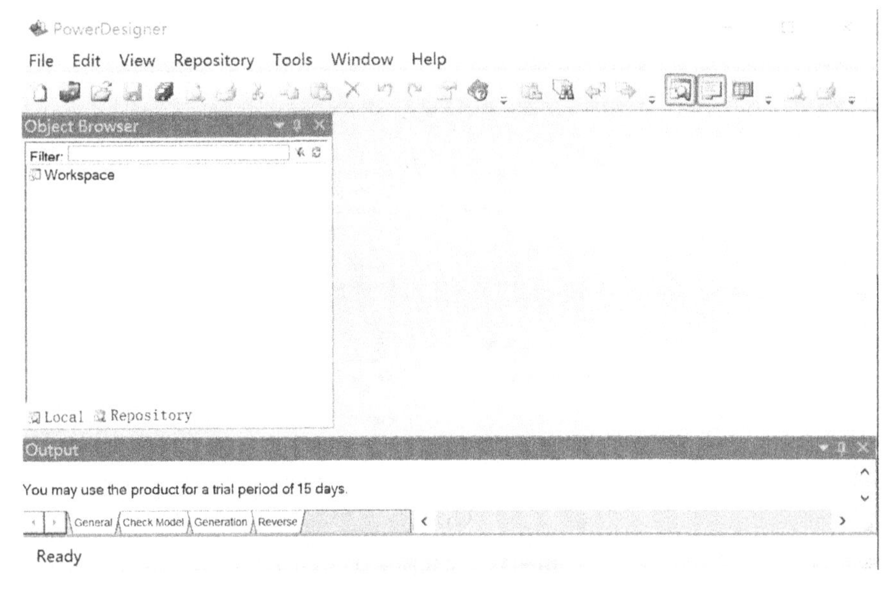

图 5.32　PowerDesigner **主窗口**

2. 进行 E-R 图的设计

实体：选择实体图形，在“图纸”上单击，可画出实体，双击为其命名，选择 Attributes 添加其所有属性。注意，所有的 name 都可以用中文标识，以便理解，但是 code 必须用英文标识，以方便数据库的操作处理（PowerDesigner 转化数据库.sql 文件，所有的表名称、属性等都采用 code）。为每个属性命名，并选择相应的数据类型。PowerDesigner 支持所有的 SQL Server 2017 里的数据类型，并提供所有可选类型。其中，属性列中的 M 表示强制，即不能为空；P 表示主码，即 prime key；D 表示显示 display。具体如图 5.33 所示。

联系：PowerDesigner 中的联系分为一对一、一对多和多对多三种，并且对于多方联系，还提供了依赖（即如果删除，那么依赖方对应数据也随之被删除）。

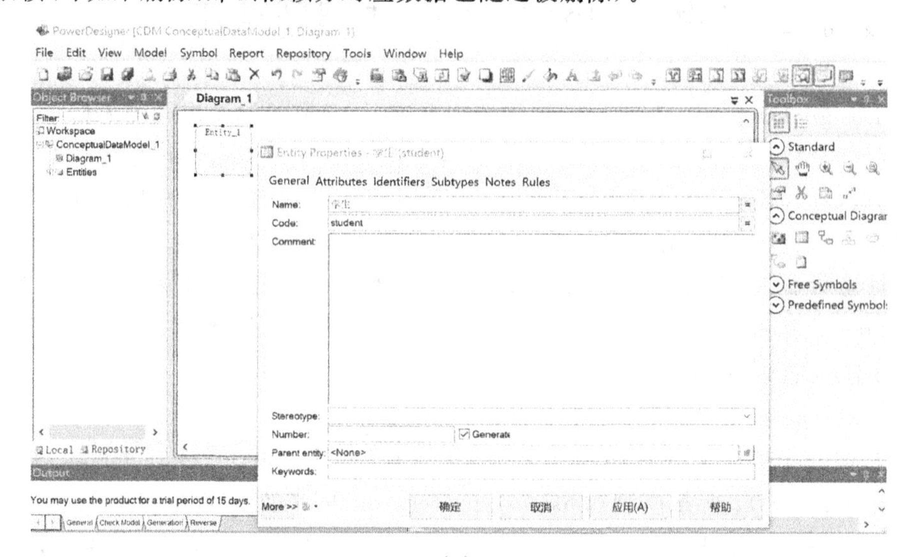

(a)

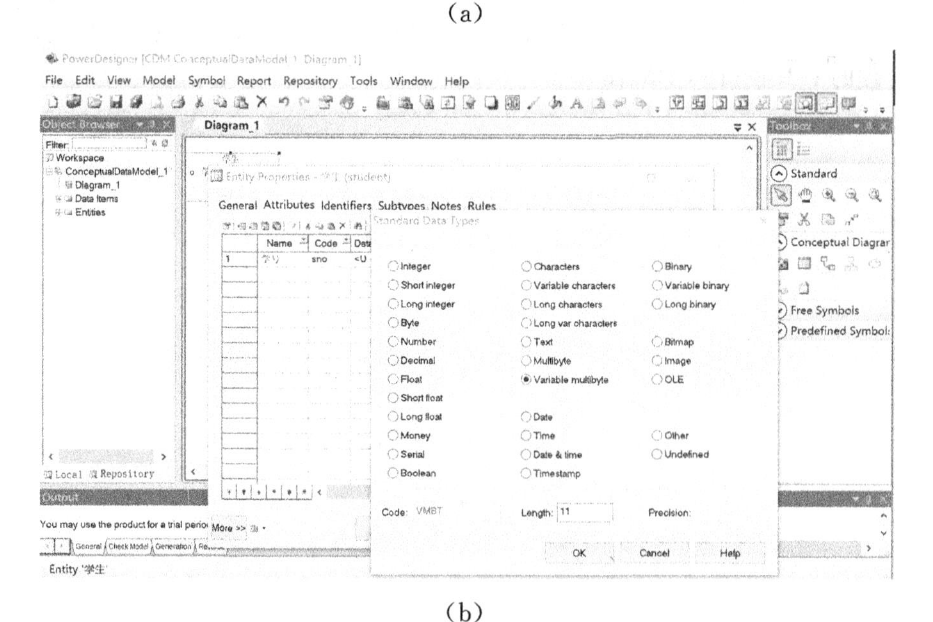

(b)

图 5.33　实体的设计

单击联系，选择要建立联系的两个实体，为其建立联系，双击进入联系编辑状态，为其命名，然后进入 detail，设置联系，如图 5.34 所示。

根据两实体间具体的联系进行选择(一对一，一对多，多对多)。

其中，Mandatory 为强制，即该方实体至少有一个记录与对方实体相对应；Dependent 为依赖，即该方实体中的记录依赖于对方实体。

例如，员工的子女与员工之间是依赖关系，公司关心员工子女的信息是因为该员工是本公司的员工，一旦该员工辞职，那么对于该员工子女的信息公司也将不再关心，即如果公司删除该员工的信息，那么与其对应的子女信息也自动跟着被删除，如图 5.35 所示。

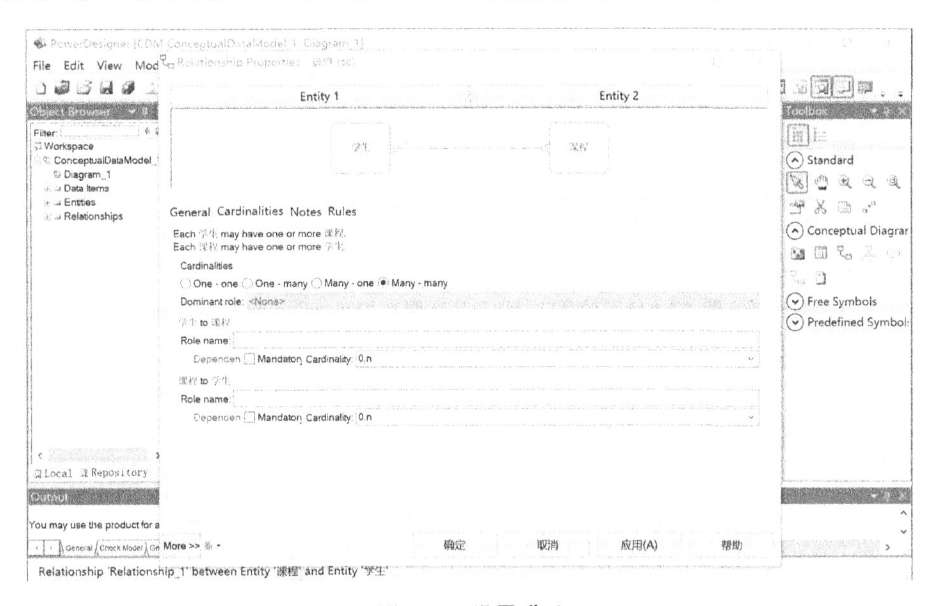

图 5.34　设置联系

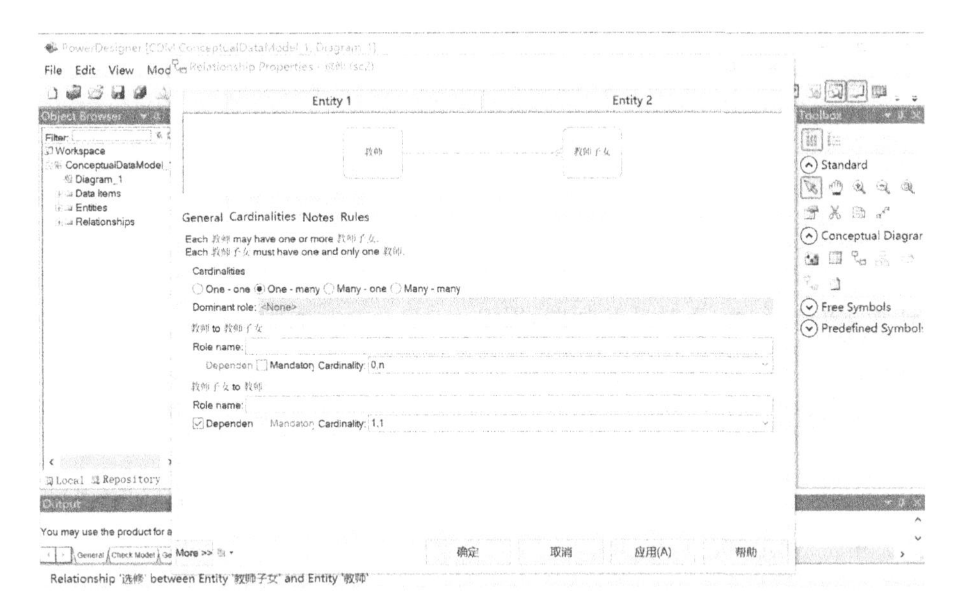

图 5.35　PowerDesigner 的依赖关系

图 5.11 所示的员工-部门 E-R 图在 PowerDesigner 中的显示如图 5.36 所示。

注释：方框表示一个实体，如图 5.19 所示，其中 pi 表示此属性为本实体的主码；多对一的联系的表示方式如图 5.20 所示，其中左边表示多方，右边表示单方（具体表示规则会在计算机辅助设计方法中详细描述）。

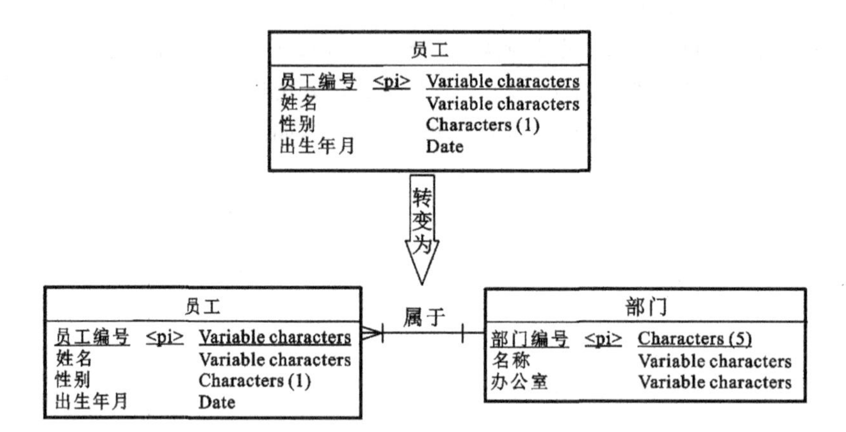

图 5.36　图 5.11 所示的员工-部门 E-R 图在 PowerDesigner 中的显示

图 5.15 所示的公司-部门-员工 E-R 图在 PowerDesigner 中的显示如图 5.37 所示。

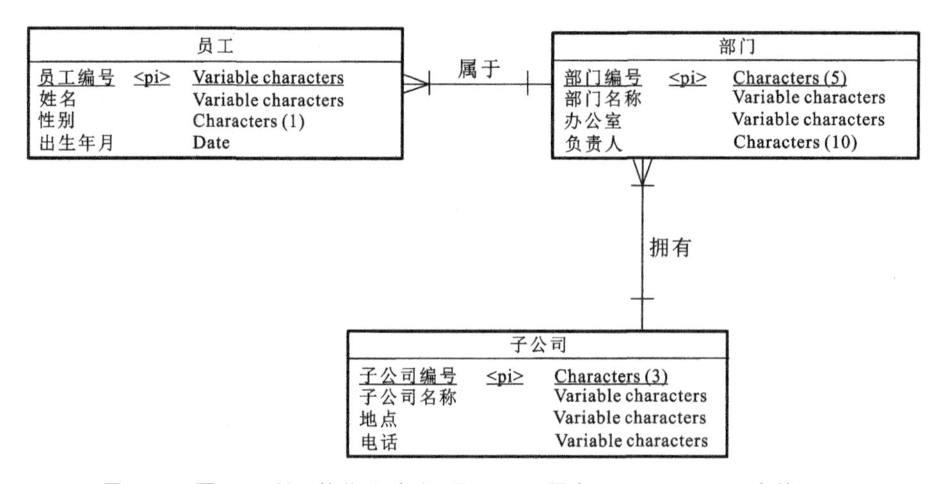

图 5.37　图 5.15 所示的公司-部门-员工 E-R 图在 PowerDesigner 中的显示

图 5.31 所示的员工-部门-项目 E-R 图，用 PowerDesigner 表示如图 5.38 所示。

3. 模型检测

设计好模型后，可以对其进行检查，PowerDesigner 还可以快速检测新模型中的数据库设计错误。

从“Tools”菜单中选择“Check Model”，会出现“Check Model Parameters”对话框。可以使用缺省参数。单击“确定”按钮，在“Result List”中就会显示“Check Model”的结果。

4. 生成物理模型

在 PowerDesigner 中，将描述数据库设计的物理组件（包括表和列）的模型称为物理数据模

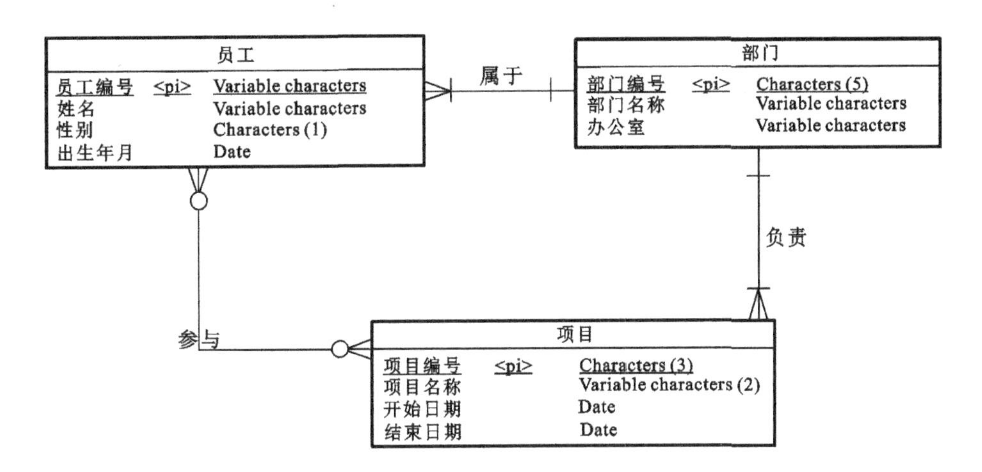

图 5.38　图 5.31 所示的员工-部门-项目 E-R **图在** PowerDesigner **中的显示**

型(physical data models,PDM)。PowerDesigner 将这些模型存储在文件(扩展名为 .pdm)中。

当 CDM 图检查没有错误后,就可以选择工具栏中的“Generate Physical Data Model”,如图 5.39 所示,出现“PDM Generate Option”对话框,可以设置参数,然后单击“确定”按钮,生成物理模型

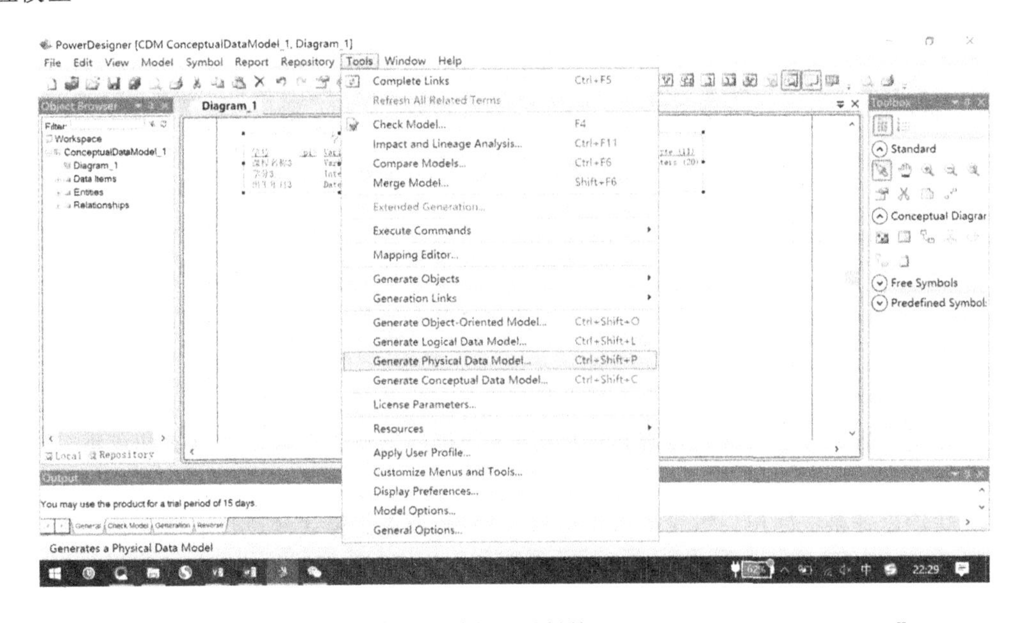

图 5.39　生成物理模型操作——选择工具栏的“Generate Physical Data Model”

5. 生成数据库

一般在 CDM 图上生成的 PDM 图是没有问题的,而且可以进行局部调整。检查模型,如果没有错误,则可以选择“Generate Database”,如图 5.40 所示,选择文件存储路径,生成数据库,即.sql 文件。可以到所选的 DBMS 中去执行该文件,即可生成刚设计的数据库。例如,SQL Server 2017,到查询编辑器中打开该文件,执行后会发现 SQL Server Management Studio 中的数据库里面出现了刚设计的数据库,并且设计的表都在里面。

总之，利用 PowerDesigner 进行数据库设计时，可以很方便、直观地设计出理想的数据库，并且如果对数据库不满意或逻辑发生变化，还可以打开原来的 CDM 图，在上面进行修改或重新生成一次；或利用其反向工程，把一个设计好的数据库（包括触发器和存储过程）转化成一个物理数据模型，最后通过修改这个模型来快速地创建一个新数据库。

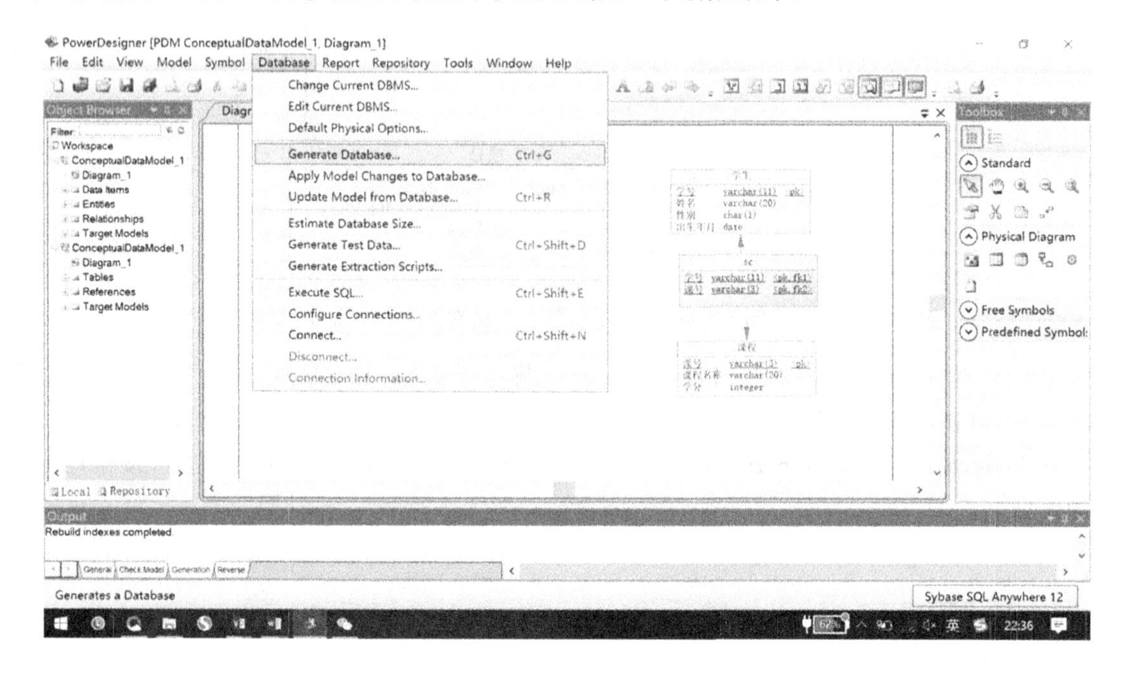

图 5.40 生成数据库操作——选择“Generate Database”

5.10 小　结

本章介绍了数据库设计的全过程，重点介绍了数据库的概念结构设计方法和逻辑结构设计方法。

概念结构设计是反映用户需求的数据库概念结构，即概念模式的设计。概念结构设计使用的方法主要是 E-R 方法，设计的结果为基本 E-R 图。概念结构设计的基本步骤是先进行数据抽象，设计出局部 E-R 模式，再将局部 E-R 模式综合成全局 E-R 模式，最后将全局 E-R 模式提交评审。

逻辑结构设计的主要任务是将概念结构设计阶段设计好的基本 E-R 图转换为与选用的具体机器上的 DBMS 所支持的数据模型相符合的逻辑结构（包括数据库模式和外模式）。逻辑结构设计的基本步骤是先将概念结构转换为一般的关系模型，再将转换来的关系模型向特定 DBMS 支持下的数据模型转换，最后对该数据模型进行，从而完成整个逻辑设计。

除此之外，本章还详细介绍了利用 PowerDesigner 进行数据库设计的步骤和技巧。

习　题　5

一、选择题

1. 下列模型中用于数据库设计阶段的是(　　)。

A. E-R 模型　　B. 层次模型　　C. 关系模型　　D. 网状模型

2. 数据库设计过程中，索引设计属于(　　)的任务。

A. 概念设计　　B. 逻辑设计　　C. 物理设计　　D. 需求分析

3. 当数据库应用环境发生变化，原有的数据库设计不能很好地满足新的需求时，就需要对数据库进行(　　)。

A. 重组织　　B. 重构造　　C. 重设计　　D. 以上都不是

4. 在逻辑数据设计中，要将 E-R 模型转换为表，以下要转换为表的联系是(　　)。

A. 1∶1　　B. 1∶M　　C. M∶N　　D. 以上都不是

5. 以下不是用在需求分析阶段的是(　　)。

A. 数据流图　　B. 数据字典　　C. 用例图　　D. E-R 图

6. 关系的规范化应在数据库设计的(　　)阶段进行。

A. 概念结构设计　　B. 逻辑结构设计　　C. 物理结构设计　　D. 需求分析

二、问答题

1. 数据库应用系统的生命周期分为哪几个阶段？每个阶段的主要任务是什么？

2. 试述数据库概念结构设计的重要性和设计步骤。

3. 试述数据库逻辑结构设计的任务和步骤。

4. 试述将 E-R 图转换为关系模型的转换规则。

5. 什么是数据库的重组织和重构造？为什么要进行数据库的重组织和重构造？

6. 什么是数据库的物理结构设计？设计的主要内容是什么？

三、综合题

1. 设计一个图书馆数据库，此数据库对每个借阅者保存读者记录，包括读者号、姓名、地址、性别、年龄、单位；对每本书保存的信息有书号、书名、作者、出版社；对每本被借出的书保存的信息有读者号、借出的日期、应还日期。要求给出 E-R 图，再将其转换为关系模型。

2. 设大学里教学数据库中有三个实体集：一是“课程”实体集，属性有课程号、课程名；二是“教师”实体集，属性有教师工号、姓名、职称；三是“学生”实体集，属性有学号、姓名、性别、年龄。设教师与课程之间有“主讲”联系，每位教师可主讲若干门课程，但每门课程只有一位主讲教师；教师与学生之间有“指导”联系，每位教师可指导若干学生，但每个学生只有一位指导教师；学生与课程之间有“选课”联系，每个学生可选修若干课程，每门课程可由若干学生选修，学生选修课程有一个成绩。试根据上述描述完成如下设计：

(1) 试画出教学数据库的 E-R 图，并在图中注明联系类型；

(2) 将该 E-R 图转换成关系模型，并说明主码和外码。

第 6 章　事务处理技术

数据库恢复机制与并发控制机制是数据库管理系统的重要组成部分。尽管数据库系统采取了各种保护措施来保护数据库，但是计算机系统中的硬件故障、软件错误、操作员的失误以及计算机病毒的恶意破坏等，都会影响数据库中数据的正确性，或使数据库中部分或全部数据丢失。因此，数据库管理系统必须采取一定的数据库恢复技术使数据库从错误状态恢复到正确状态。数据库是一个共享资源，通常有多个用户在同时使用，若对并发操作不加以控制就可能会存取和存储不正确的数据。数据库恢复与并发控制是以事务为基本工作单位的。事务是一个数据库操作序列，一个事务所包含的所有操作要么全做，要么全不做。本章先介绍事务的基本概念，然后介绍数据库恢复技术和并发控制处理技术。

6.1 事　务

6.1.1 事务的定义

事务是一系列操作的集合，这些操作要么全做，要么全不做。在关系数据库管理系统中，事务是数据库应用程序的基本逻辑处理单元，它可以是一条 SQL 语句、一组 SQL 语句或整个程序。

事务和程序是两个彼此相关联而又不同的概念。程序是静止的，事务是动态的；事务是程序的一次执行，而不是程序本身；程序可以多次执行，而每次执行则是不同的事务；程序的一次执行可以包含多个事务。

在数据库管理系统中，事务的开始与结束可以由用户显式控制。如果用户没有显式地定义事务，则由 DBMS 按缺省规定自动划分事务。

例如，在商店购物可以看成是一个事务，它包含两个操作，一个操作是付款，一个操作是提货。这两个操作是一个不可分的整体，如果只付款而没有提货或只提货而没有付款，都会使本次交易出现错误。

6.1.2 事务的性质

事务具有四个性质，即原子性、一致性、隔离性和持续性。这四个性质通常简称为 ACID 特性。

1. 原子性

原子性(atomicity)是指事务的所有操作要么全部执行，要么全部不执行，它的所有操作是一个整体。通常，一个事务所包含的操作具有共同的目标，它们是相互依赖的。如果系统只执行这些操作的一个子集，则可能会破坏事务的总体目标。例如上面实例中，在商店购物的付款和提货是不可分的两个操作。

2. 一致性

一致性(consistency)又称为正确性，是指事务执行的结果必须满足数据库的完整性限制，即使数据库从一个一致性状态变到另一个一致性状态。当数据库只包含成功事务提交的结果时，就称数据库处于一致性状态；如果数据库系统运行中发生故障，有些事务尚未完成就被迫中断，这些未完成事务对数据库所做的修改有一部分已写入物理数据库，这时数据库就处于不正确的状态，或者说是不一致的状态。例如，某公司在银行中有 A、B 两个账户，现在公司想从账户 A 中取出 X 元，存入账户 B 中，那么就可以定义一个事务，该事务包括两个操作，第一个操作是从账户 A 中减去 X 元，第二个操作是向账户 B 中加入 X 元。这两个操作都完成时，公司总账额不变，数据库都处于一致性状态。如果只做第一个操作，则用户逻辑上就会发生错误，总账额少了 X 元，这时数据库就处于不一致性状态。

3. 隔离性

隔离性(isolation)是指一个事务的执行不能被其他事务干扰，即一个事务内部的操作及使用的数据与其他事务是隔离的。在数据库运行中，常常有多个事务需要同时执行，如果这些事务分别操作不同的数据项，则这些事务可以并发执行；如果这些事务要访问相同的数据项，则事务之间的相互影响要特别注意。

如图 6.1 所示，T1、T2 两个事务在系统中同时执行，T1 从 A 账户转 50 元钱到 B 账户，T2 计算账户 A 和 B 之和。图中 Read(X)是从数据库传送数据项 X 到执行 Read 操作的事务的一个局部缓冲区中；Write(X)是从执行 Write 操作的事务的局部缓冲区中把数据项 X 传回数据库。那么 T2 的 Read(A)操作可能在 T1 的 Write(A)之前或之后执行；同理，T2 的 Read(B)操作也可能在 T1 的 Write(B)之前或之后执行。如果 T2 的 Read(A)操作在 T1 的 Write(A)之前执行，而 T2 的 Read(B)操作却在 T1 的 Write(B)之后执行，那么 T2 的计算结果就会多出 50 元钱。究其原因，是事务 T1 的原子性被破坏，或者说事务 T1 和 T2 在执行的过程中存在相互干扰。

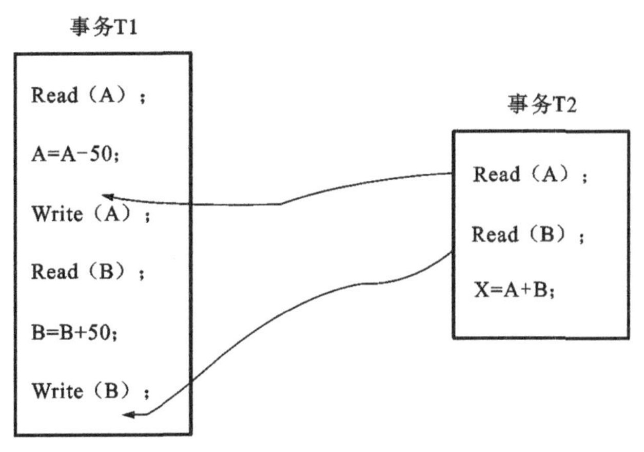

图 6.1　两个事务并发调度

4. 持续性

持续性(durability)也称为永久性(permanence)，是指一个事务一旦提交，它对数据库中的数据的改变就应该是永久性的，接下来的其他操作或故障不应该对其执行结果有任何影响。例如，图 6.1 中的 T1 提交后，账户 A 的金额减少了 50 元，账户 B 的金额增加了 50 元，以后其他事务的执行不会改变 T1 的执行效果。

事务的以上四个性质是密切相关的，原子性是保证数据库一致性的前提，隔离性与原子性相互依存，持续性则是保证事务正确执行的必然要求。

事务 ACID 特性可能遭到破坏的原因主要有两个：一是事务在运行过程中被强行停止；二是多个事务并发运行时，不同事务的操作交叉执行。在第一种情况下，数据库管理系统必须保证被强行终止的事务对数据库和其他事务影响能得以消除，这就是数据库恢复机制的责任。在第二种情况下，数据库管理系统必须保证多个事务的交叉运行不影响事务的原子性，这就是数据库并发控制机制的责任。

6.1.3 SQL 事务处理模型

事务有两种类型，一种是显式事务，一种是隐式事务。隐式事务是每一条数据操作语句都自动地成为一个事务，显式事务是有显式的开始和结束标记的事务。对于显式事务，不同的数据库管理系统又有不同的形式，一类是采用国际标准化组织(ISO)制定的事务处理模型，另一类是采用 Transact-SQL 的事务处理模型。下面分别介绍这两种模型。

1. ISO 事务处理模型

ISO 的事务处理模型是明尾暗头，即事务的开始是隐式的，而事务的结束有明确的标记。在这种事务处理模型中，程序的首条 SQL 语句或事务结束符后的第一条语句自动作为事务的开始。而在程序正常结束处或在 COMMIT 或 ROLLBACK 语句处是事务的终止。

例如，前面的 A 账户转账给 B 账户 50 元钱的事务，用 ISO 事务处理模型可描述为

```
UPDATE 支付表 SET A=A-50;
UPDATE 支付表 SET B=B+50;
COMMIT;
```

2. Transact-SQL 事务处理模型

Transact-SQL 使用的事务处理模型对每个事务都有显式的开始和结束标记。事务的开始标记是 BEGIN TRANSACTION(TRANSACTION 可简写为 TRAN)，事务的结束标记为 COMMIT 和 ROLLBACK。

前面的转账例子用 Transact-SQL 事务处理模型可描述为

```
BEGIN TRANSACTION;
    UPDATE 支付表 SET A=A-50;
    UPDATE 支付表 SET B=B+50;
COMMIT;
```

6.2 数据库恢复

计算机系统中硬件的故障、软件的错误、操作员的失误以及其他恶意破坏是不可避免的。这些故障轻则造成运行事务非正常中断，影响数据库中数据的正确性；重则破坏数据库，使数据库中全部或部分数据丢失。因此，数据库管理系统不仅要能检测和控制故障的发生，而且要在

不可避免的故障发生后，把数据库从因故障而产生的不正确或可能不正确的状态恢复到某一已知的正确状态（也称为一致性状态或完整状态），这就是数据库恢复。

恢复子系统是数据库管理系统的一个重要组成部分。数据库系统所采用的恢复技术的有效性，不仅对系统的可靠程度起着决定性作用，而且对系统的运行效率有很大影响，是衡量系统性能的重要指标。

6.2.1 数据库故障

数据库系统主要可能发生以下几种类型的故障。

1. 事务故障

事务故障是由于程序执行错误而引起事务非预期的、异常终止的故障。它发生在单个事务的局部范围内，实际上就是程序的故障。

有的事务故障可以通过事务程序本身发现。

【例 6.1】 银行转账事务把一笔金额从账户 A 转给账户 B，程序伪码如下。

```
BEGIN TRANSACTION
读账户 A 的余额 x;
  x=x-a;     //a 为转账金额
  IF(x<0)THEN
  {
      打印'金额不足,不能转账';
      ROLLBACK;
  }
  ELSE
  {
      写回 x;
      读账户 B 的余额 y;
      y=y+a;
      写回 y;
      COMMIT;
  }
```

在这段程序中若账户 A 余额不足，程序可以发现并让事务滚回，撤销已做的修改，使数据库恢复到正确状态。

事务故障更多的是非预期的，不能由事务程序处理的故障，主要有：

（1）逻辑上的错误，如运算溢出、死循环、非法操作、地址越界等；

（2）违反完整性限制的无效的输入数据；

（3）违反安全性限制的存取权限；

（4）资源限定，如为了解除死锁、实施可串行化的调度策略等而 ABORT 一个事务；

（5）用户的控制台命令。

在本书中，事务故障仅指这类非预期的故障。

事务故障意味着事务没有达到预期的终点（COMMIT 或者显式的 ROLLBACK），因此数据库可能处于不正确状态。恢复程序要在不影响其他事务运行的情况下，强行回滚该事务，即撤销该事务已经做出的任何对数据库的修改，这类恢复操作称为事务撤销（UNDO）。

2. 系统故障

系统故障是指引起系统停止运转，使得系统需要重新启动的事件。系统故障主要有 CPU 等硬件故障、操作系统出错、DBMS 代码错误、电源故障等。系统故障直接影响当前正在运行的所有事务，使所有正在运行的事务都非正常终止。它虽然不会毁坏数据库，但会导致内存，尤其是各种缓冲区中的数据丢失。

系统故障发生时，一方面，一些尚未完成的事务的结果可能已送入物理数据库，从而造成数据库可能处于不正确的状态。为保证数据一致性，需要清除这些事务对数据库的所有修改，恢复子系统必须在系统重新启动时让所有非正常终止的事务回滚，强行撤销（UNDO）所有未完成事务。另一方面，一些已完成的事务可能有一部分甚至全部留在缓冲区，尚未写回磁盘上的物理数据库中，系统故障使得这些事务对数据库的修改部分或全部丢失，这也会使数据库处于不一致状态，因此应将这些事务已提交的结果重新写入数据库。所以，系统重新启动后，恢复子系统除需要撤销所有未完成事务外，还需要重做（REDO）所有已提交的事务，以将数据库真正恢复到一致性状态。

3. 介质故障

介质故障就是外存储设备故障，主要有磁盘损坏、磁头碰撞盘面、突然的强磁场干扰、数据传输部件出错、磁盘控制器出错等。这类故障将破坏数据库本身，影响到出故障前存储数据库的所有事务。介质故障比前两类故障发生的可能性小得多，但破坏性很大。

通常将系统故障称为软故障（soft crash），而将介质故障称为硬故障（hard crash）。

4. 计算机病毒

计算机病毒是一种人为的故障或破坏，是一种有害的计算机程序。与其他程序不同，这种程序像微生物学所称的病毒一样可以繁殖和传播，并造成对包括数据库在内的计算机系统的危害。

计算机病毒已成为计算机系统与数据库系统的主要威胁。为此，计算机的安全工作者已研制了许多防杀病毒软件，但是至今还没有一种软件能使得计算机“终身”免疫。因此，数据库一旦被破坏仍要用恢复技术进行恢复。

各类故障对数据库的影响有两种可能性，一是数据库本身被破坏，二是数据库没有被破坏但是数据已经不正确。因此，必须采取一定的手段恢复被破坏或不正确的数据库。

6.2.2 数据转储与登记日志文件

数据库恢复技术需要解决的一个关键问题是建立冗余数据。当数据库被破坏或产生不正确的数据时，可以根据存储在系统别处的冗余数据来重建数据库。建立冗余数据最常用的技术是数据转储和登记日志文件。通常这两种方法是一起使用的。

1. 数据转储

数据转储是指数据库管理员定期将整个数据库复制到磁带或另一个磁盘上保存起来的过程。这些备份数据文本称为后备副本或后援副本。后备副本也要注意保护，如加强防火、防磁等。数据库是不断变化的，因此应该随时更新后备副本。一般是按一定时间周期进行复制，周期的选择与应用环境相关，对数据库改变频繁的应用系统，复制的周期应短些；而对数据库改变不太频繁的应用系统，复制的周期应长一些。

数据转储按转储状态分类可分为静态转储和动态转储两种。静态转储是在系统中无运行事务时进行的转储操作，即转储期间不允许（或不存在）对数据库的任何存取和修改活动。静态转储前数据库处于一致性状态，静态转储后得到的是一个具有数据一致性的数据库副本。静态转储简单，但这种方法将自上次备份以来改变与未改变的数据都复制了一遍，花费了一些不必要的系统时间和空间，且转储必须等到正在运行的事务结束后才能进行，而新的事务必须等到转储结束后才能执行，从而降低了系统效率和可用性。

动态转储是指转储期间允许对数据库进行存取或修改，即转储和事务可以并发执行。动态转储可以克服静态转储的缺点，它不用等待正在运行的事务结束，新事务运行也不必等待转储结束。动态转储存在的问题是，转储结束时后备副本上的数据并不能保证正确有效。例如，在转储期间某个时刻 T1，系统把数据 A=100 转储到磁带上，而在下一时刻 T2，某一事务又将 A 改为 200，转储结束后，后备副本上的 A 已是过时数据了。为此，必须把转储期间各事务对数据库的修改活动登记下来，建立日志文件。数据库恢复时，可以用日志文件修改后备副本，使数据库恢复到某一时刻的正确状态。

数据转储按转储方式分类可分为海量转储与增量转储两种。每次转储全部数据库称为海量转储，每次只转储上一次转储后更新过的数据称为增量转储。从恢复的角度来看，使用海量转储得到的后备副本进行恢复比较简单；但是如果数据库很大，事务处理又比较频繁，则使用增量转储方式更为实用有效。

这样，数据转储可以在两种状态下以两种方式进行，因此数据转储可以分为动态海量转储、动态增量转储、静态海量转储、静态增量转储四类，如表 6.1 所示。

表 6.1　数据转储分类

按转储方式分类	按转储状态分类	
	动态转储	静态转储
海量转储	动态海量转储	静态海量转储
增量转储	动态增量转储	静态增量转储

利用转储得到的后备副本恢复数据库很方便，只需要将后备副本重新装入系统即可。但是，重装后备副本只能将数据库恢复到转储时的状态，要恢复到故障发生时的状态，必须重新运行自转储以后的所有更新事务。图 6.2 所示为海量转储与恢复的过程。系统在 T_1 时刻停止运行事务进行数据转储，在 T_2 时刻转储完毕，得到 T_2 时刻的数据库一致性的后备副本，系统运行到 T_3 时刻发生故障。为恢复数据库，首先重装后备副本，将数据库恢复到 T_2 时刻的状态，然后重新运行自 T_2 到 T_3 的所有更新事务，从而将数据库恢复到故障发生前的一致性状态。

2. 登记日志文件

系统运行时，数据库与事务状态都在不断变化，为了在故障发生后能恢复系统的正常状态，必须在系统正常运行时随时记录下它们的变化情况，这种记录数据库的更新操作的文件称为日志文件。不同数据库系统采用的日志文件格式并不完全一样，概括起来日志文件主要有两种格式，一种是以记录为单位的日志文件，一种是以数据块为单位的日志文件。

以记录为单位的日志文件中需要登记的内容包括各个事务开始的标记、各个事务结束的标记、各个事务的所有更新操作，它们都是日志文件中的一个日志记录。

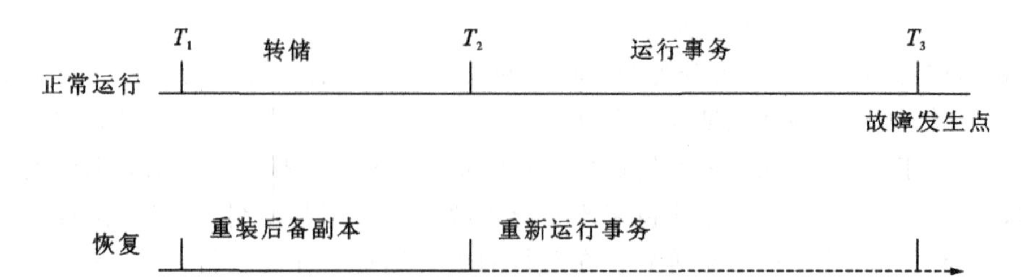

图 6.2　海量转储与恢复的过程

每个日志记录的内容主要包括：

(1) 事务的标识(标明是哪个事务)；

(2) 操作类型(插入、删除或修改)；

(3) 操作的对象(记录内部标识)；

(4) 更新前数据的旧值(对插入而言，此值为空)；

(5) 更新后数据的新值(对于删除而言，此值为空)。

以数据块为单位的日志文件中只需登记事务的标识和被更新的数据块，如果有数据更新，就把整个数据块更新前的内容和更新后的内容放入日志文件中。

日志文件在数据恢复中起着非常重要的作用，可以用来进行事务故障恢复和系统故障恢复，并协助后备副本进行介质故障恢复。具体作用如下：

(1) 事务故障恢复和系统故障恢复必须用日志文件；

(2) 在动态转储中必须建立日志文件，只有将后备副本与日志文件结合起来才能有效地恢复数据库；

(3) 在静态转储中，也需要日志文件。

数据库毁坏后可重新装入后备副本把数据库恢复到上次转储结束时的状态，然后利用日志文件对转储结束后到故障发生前的事务进行重新处理，对已完成的事务进行重做处理，对未完成的事务进行撤销处理。这样不必重新运行那些已完成的事务程序就可以把数据库恢复到故障前某一时刻的正确状态，如图 6.3 所示。

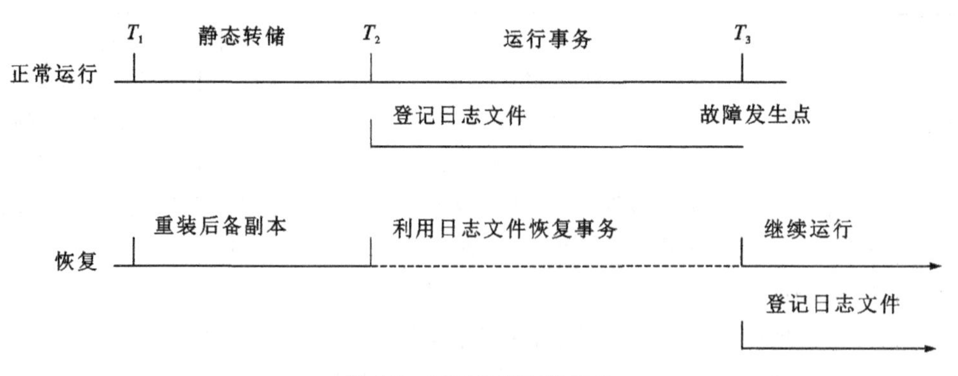

图 6.3　利用日志文件恢复

登记日志文件时，必须遵循“先登记日志文件，后修改数据库”的原则。因为登记日志文件与修改数据库是两个不同的操作，有可能在这两个操作之间发生了故障，即两个写操作只完成了一个。如果修改了数据库，而在日志文件中没有登记这个修改，则以后就无法恢复这个修改。

如果登记了日志文件,但没有修改数据库,恢复时只需要对事务执行一次 UNDO 操作,并不影响数据库的正确性。另外,登记日记文件的次序必须严格按照并发事务执行的时间次序,只有这样才能保证数据库恢复的正确性。

写日志系统开销较大,多个事务并发执行时情况更复杂。记入日志文件中的信息越多,系统开销越大,对系统性能的影响越大,但是记录系统运行信息越全面,对系统故障恢复越有利。因此,要在两者之间取得平衡。

6.2.3 恢复策略

数据库系统的恢复包括事务故障恢复、系统故障恢复和介质故障恢复。不同的故障可以采用不同的恢复策略。

1. 事务故障恢复

事务故障是指事务在运行至正常终止点前被终止,这时恢复子系统应利用日志文件撤销(UNDO)此事务已对数据库进行的修改,其具体步骤如下。

(1) 反向扫描日志文件(即从日志文件的最后向前扫描),查找该事务的更新操作。

(2) 对该事务的更新操作执行逆操作,即如果是插入操作,则做删除操作;如果是删除操作,则做插入操作;如果是修改操作,则用修改前的值代替修改后的值。

(3) 继续反向扫描日志文件,查找该事务的其他更新操作,并做同样的处理。

(4) 继续做下去,直到读到该事务的开始标记。

如果在该事务执行期间还有其他事务读了它的“废数据”,则对其他事务也要做以上的处理,这可能会进一步引起其他事务的重新处理。

事务故障的恢复是由系统自动完成的,对用户是透明的。

2. 系统故障恢复

系统故障造成数据库不一致分两种情况,一是未完成事务对数据库的更新可能已写入数据库,二是已提交事务对数据库的更新可能还留在缓冲区没有来得及写入数据库。因此,恢复操作就是要撤销故障发生时未完成的事务,重做已完成的事务。

系统恢复的步骤如下。

(1) 正向扫描日志文件,找出故障发生前已经提交的事务(这些事务以 BEGIN TRANSACTION 开始,以 COMMIT 结束),将其记入重做(REDO)队列,并找出故障发生时尚未完成的事务(这些事务以 BEGIN TRANSACTION 开始,而没有以 COMMIT 结束),将其记入撤销(UNDO)队列。

(2) 对重做队列中的各个事务进行重做(REDO)处理。进行 REDO 处理的方法是,正向扫描日志文件,对每个 REDO 事务重新执行日志文件登记的操作,将日志中的“更新后的值”写入数据库。

(3) 对撤销队列中的各个事务进行撤销(UNDO)处理。进行 UNDO 的方法是,反向扫描日志文件,对每个 UNDO 事务的更新操作执行逆操作,即将日志中的“更新前的值”写入数据库。

3. 介质故障恢复

发生介质故障后,磁盘上的物理数据和日志文件都被破坏。恢复的方法是重装数据库,并重做已完成的事务。具体做法如下。

(1) 装入最新的数据库副本,使数据恢复到最近一次转储时的一致性状态。对于动态转储的数据库副本,还需要同时装入转储开始时刻的日志文件副本,利用系统故障恢复方法(即REDO+UNDO),将数据库恢复到一致性状态。

(2) 装入相应的日志文件副本,重做已完成的事务。首先扫描故障发生时已提交的事务标识,将已提交的事物记入重做队列,然后正向扫描日志文件,对重做队列中的所有事务进行重做处理,即将日志中的"更新后的值"写入数据库。

介质故障的恢复需要DBA介入,但是DBA只需要重装最近转储的数据库副本和有关的各日志文件副本,然后执行系统提供的恢复命令即可,具体的恢复操作仍由DBMS完成。

6.2.4 具有检测点的恢复技术

系统故障发生后,在利用日志文件进行数据库恢复时,数据库恢复机构必须搜索日志,确定哪些事务需要REDO,哪些事务需要UNDO。一般来说,需要检查所有日志记录,这带来两个问题:一是搜索整个日志将耗费大量时间;二是很多需要REDO处理的事务已经将它们的更新操作结果写到数据库中了,然而恢复子系统又重新执行了这些操作,浪费了大量时间。下面介绍的具有检测点的恢复技术可以解决这一问题。

具有检测点的恢复技术让系统在执行期间动态地维护系统日志文件,在日志文件中增加一个新的记录,即检测点(checkpoint)记录。数据库恢复子系统定期或按某种规则执行如下操作,保存数据库状态,建立检测点。

(1) 将目前日志缓冲中的所有日志记录写入磁盘的日志文件上。

(2) 将目前数据缓冲中的所有数据记录写入磁盘的数据库中。

(3) 在日志文件中写入一个检测点记录。

建立了检测点后,恢复效率可以得到提高。当事务在一个检测点之前提交(如图6.4中的T1),该事务对数据库所做的修改已写入数据库,写入的时间在这个检测点建立之前或建立之时,使用检测点方法进行恢复处理时,对该事务没有必要执行REDO操作。

使用检测点技术进行数据库恢复时,首先搜索日志文件,确定在最近建立的检测点之后处于活动状态的事务(如图6.4中的T2、T3)或新开始执行的事务(如图6.4中的T4、T5)。设τ是所有这些事务的集合,对τ中所有事务根据其状态分别执行REDO或UNDO操作。

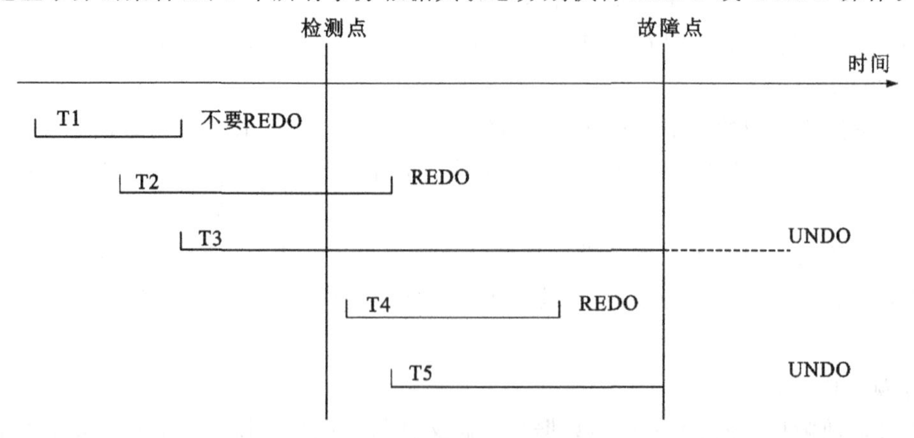

图6.4 具有检测点的恢复技术

为此需要建立以下两个事务表。

(1) UNDO-LIST：需要执行 UNDO 操作的事务集合。

(2) REDO-LIST：需要执行 REDO 操作的事务集合。

具体步骤如下。

(1) 在日志文件中找到最后一个检测点记录。

(2) 由该检测点记录得到该检测点建立时刻所有正在执行的事务清单 ACTIVE-LIST。

(3) 将 ACTIVE-LIST 放入 UNDO-LIST，并置 REDO-LIST 为空。

(4) 从该检测点正向扫描日志文件，如果有新开始的事务 T*i*，把 T*i* 放入 UNDO-LIST 中。如果有提交的事务 T*j*，把 T*j* 从 UNDO-LIST 转移到 REDO-LIST 中直到日志文件扫描结束。

(5) 对 UNDO-LIST 中的每个事务执行 UNDO 操作，对 REDO-LIST 中的每个事务执行 REDO 操作。

6.2.5　数据库镜像与数据库复制

在所有故障现象中，介质故障是对系统影响最为严重的一种故障。系统出现介质故障后，用户应用全部中断，系统恢复起来也比较费时。为了能够将数据库从介质故障中恢复过来，DBA 必须周期性地转储数据库，这也加重了 DBA 的负担。如果 DBA 没有及时转储数据库，一旦发生介质故障，会造成较大的损失。为避免介质故障影响数据库的可用性，许多 DBMS 还提供了数据库镜像(mirror)和数据库复制功能。不同于数据转储，数据库镜像和数据库复制一般由 DBMS 按 DBA 的要求自动完成。

1. 数据库镜像

数据库镜像是 DBMS 根据 DBA 的要求，自动把整个数据库或其中的关键数据复制到另外一个磁盘上，每当主数据库更新时，DBMS 会自动把更新后的数据复制过去，即 DBMS 自动保证镜像数据与主数据的一致性。这样，一旦出现介质故障，可由镜像磁盘继续提供数据库的可用性，同时 DBMS 自动利用镜像磁盘进行数据库的恢复，不需要关闭系统和重装数据库副本。

在没有出现故障时，数据库镜像还可以用于并发操作，即当一个用户对数据库加排他锁修改数据时，其他用户可以读镜像数据库，而不必等待该用户释放锁。

由于数据库镜像是通过复制数据实现的，频繁地复制数据自然会降低系统运行效率，因此在实际应用中用户往往只对关键数据进行镜像，如对日志文件进行镜像，而不是对整个数据库进行镜像。

2. 数据库复制

复制是使数据库更具容错性的方法，主要用于分布式结构的数据库中。它在多个场地保留多个数据库备份，这些备份可以是整个数据库的副本，也可以是部分数据库的副本，各个场地的用户可以并发地存取不同的数据库副本。例如，当一个用户为修改数据对数据库加了排他锁，其他用户可以访问数据库的副本，而不必等待该用户释放锁。这就进一步提高了系统的并发度，但 DBMS 必须采取一定手段保证用户对数据库的修改能够及时地反映到其所有副本上。同时，当数据库出现故障时，系统可以用副本对其进行联机恢复，而在恢复过程中，用户可以继续访问该数据库的副本，而不必中断应用。

数据库复制通常有三种方式。

(1) 对等(peer-to-peer)复制。对等复制是指各个场地的数据库地位是平等的,可以互相复制数据。它是最理想的复制方式,用户可以在任何场地读取和更新公共数据集,在某一场地更新公共数据集时,DBMS会立即将数据传送到所有其他副本。

(2) 主/从(master/slave)复制。主/从复制是指数据只能从主数据库中复制到从数据库中。更新数据只能在主场地上进行,从场地供用户读数据。但当主场地出现故障时,更新数据的应用可以转到其中一个从场地上去。这种复制方式实现起来比较简单,易于维护数据一致性。

(3) 级联(cascade)复制。级联复制是指从主场地复制过来的数据又从该场地再次复制到其他场地,即A场地把数据复制到B场地,B场地又把这些数据或其中部分数据再复制到其他场地。级联复制可以平衡当前各种数据需求对网络通信的压力。级联复制通常与对等复制、主/从复制联合使用。

DBMS在使用复制技术时必须做到以下几点。

第一,数据库复制必须对用户透明。用户不必知道DBMS是否使用复制技术,使用的是什么复制方式。

第二,主数据库和各个复制数据库在任何时候都必须保持事务的完整性。

第三,必须提供控制冲突的方法。对于异步的可在任何地方更新的复制方式,当两个应用在两个场地同时更新同一记录,一个场地的更新事务尚未复制到另一个场地时,第二个场地已开始更新,这时就可能引起冲突。

6.3 并发控制

数据库系统一般分为单用户系统和多用户系统。在任何时刻只允许一个用户使用的数据库系统称为单用户系统,允许多个用户同时使用的数据库系统称为多用户系统。数据库的最大特点之一就是数据资源共享、可以供多个用户使用,因而大多数数据库系统是多用户系统,如银行数据库系统、飞机火车订票系统等。

在多用户系统中,会发生多个用户并发存取同一数据的情况。如果对这些并发事务不加控制,事务的隔离性就不一定能保持,从而破坏数据的完整性。为了保证数据库中数据的一致性,DBMS必须对并发执行的事务之间的相互作用加以控制,这就是数据库管理系统中并发控制机制的责任,并发控制机制也是衡量数据库管理系统性能的一个重要指标。

6.3.1 并发控制概述

1. 数据库系统中的并发

事务顺序执行,也就是说每个时刻只有一个事务运行,其他事务必须等到这个事务结束后才能运行,这种执行方式称为串行执行,如图6.5(a)所示。如果DBMS可以同时接纳多个事务,事务可以在时间上重叠执行,这种执行方式称为并行执行,如图6.5(b)所示。

一般来说,事务在执行过程中需要不同的资源,有时需要CPU,有时需要访问磁盘,有时涉

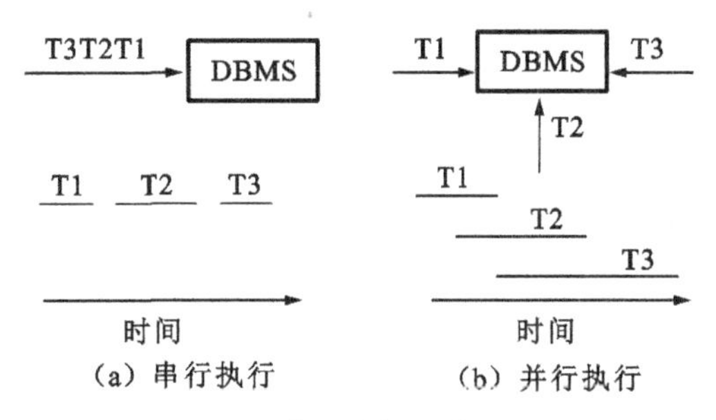

图 6.5　串行执行和并行执行

及 I/O 交换，有时涉及通信。如果事务串行执行，许多资源将处于空闲状态。因此，为了有效地利用数据库资源，多个事务应该尽可能地并行执行。

在单 CPU 系统中，同一时间只能执行一个事务，事务的并发执行实际上是这些并行事务轮流交叉地占用 CPU，这种执行方式称为交叉并发(interleaved concurrency)。虽然单 CPU 系统中并没有实现真正的并行执行事务，但是减少了 CPU 的空闲时间，提高了系统的效率。

在多 CPU 系统中，多个 CPU 可以同时执行多个事务，实现多个事务真正的并行执行，这种执行方式称为同时并发(simultaneous concurrency)。多个事务的并行与并发程度是有一定差别的，并行是基于多 CPU 系统的同时执行，而并发是基于单 CPU 系统的交叉执行。本节以单 CPU 系统为基础讨论数据库系统中的并发控制技术，其中的理论可以推广到多 CPU 系统中。

2. 并发的目的

(1) 提高系统利用率。

对一个事务来讲，在执行过程中需要不同的资源，如果事务串行执行，某些资源在某些时刻可能会空闲；如果事务并发执行，可以交叉利用这些资源，提高系统的资源利用率。

(2) 缩短事务的响应时间。

如果有两个事务 T1 和 T2，T1 是长事务，先交付系统；T2 为短事务，后交付系统。如果串行执行，则需要等到 T1 执行完毕后才能执行 T2，T2 的响应时间会很长，一个短事务的响应时间过长，用户将难以接受；如果 T1 和 T2 并发执行，T2 可以和 T1 在时间上重叠执行，可以较快地执行，缩短了 T2 的响应时间。

3. 并发所引起的问题

下面以一个银行取款为例说明不加控制的并发操作所带来的问题。

设某账户的存款余额(设为 A)为 1000 元，即 A＝1000，甲、乙两网点读出 A 的值为 1000；甲网点(甲事务)取款 100 元，修改余额 A＝A－100，此时 A 为 900，然后把 A 写回数据库；乙网点(乙事务)取款 200 元，修改余额 A＝A－200，此时 A 为 800，然后把 A 写回数据库。结果是实际从账户中取出了 300 元，但是账户余额只减少了 200 元，如表 6.2 所示。

这种结果就是数据库的不一致性，它是由不加控制的并发操作引起的，这种并发操作带来的数据不一致性主要包括丢失更新、读“脏”数据和读值不可重现三类。

(1) 丢失更新(lost update)。

表 6.2 所示为事务 T1 和 T2 并发执行的情况。T1 和 T2 对同一数据 A 进行更新，即先读后改再写回。如果按照表 6.2 的次序执行，数据库中 A 的最终值为 800，T1 对 A 的更新被丢失。上面银行取款系统就属于此类。这个问题就是由于两个事务对同一数据并发地写入所引

起的，称为写-写冲突(write-write conflict)。

表 6.2 丢失更新

时间	T1	A值	T2
1		A=1000	
2	Read(A)		
3	A=A−100		Read(A)
4			A=A−200
5	Write(A)	A=900	
6		A=800	Write(A)

(2) 读“脏”数据(dirty read)。

读“脏”数据是指事务 T2 读取了事务 T1 更新后的某一数据，其后 T1 由于某种原因被撤销，T1 更新过的数据恢复原值，此时 T2 读到的数据与数据库中的数据不一致。读“脏”数据也称为读-写冲突(read-write conflict)。

在银行取款的例子中，如果事务 T1 和 T2 按表 6.3 所示的顺序执行，T2 将 T1 修改过的 A 值 900 读出来，之后 T1 执行回滚操作，A 的值恢复为 1000，而 T2 使用的值仍然是被撤销之前的 A 值 900。

表 6.3 读“脏”数据

时间	T1	A值	T2
1		A=1000	
2	Read(A)		
3	A=A−100		
4	Write(A)	A=900	
5			Read(A)
6	Rollback		

(3) 读值不可重现(unrepeatable read)。

读值不可重现是指事务 T1 两次读取同一数据，在两次读值期间，事务 T2 执行更新操作，使得 T1 无法重现前一次的读取结果，它也是由于读-写冲突引起的。具体来说，读值不可重现包括三种情况。

① 事务 T1 读取某一数据后，事务 T2 对其进行修改，当事务 T1 再次读取该数据时，得到与前一次不同的值。例如在表 6.4 中，如果 T1 和 T2 按表中所示的顺序执行，则 T1 第一次 A 值为 1000，第二次读取 A 值为 800，二次读取结果不一致。

② 事务 T1 按一定条件从数据库中读取某些数据记录后，事务 T2 删除了其中部分记录，当 T1 再次按相同条件读取数据时，发现某些记录神秘消失了。

③ 事务 T1 按一定条件从数据库中读取某些数据记录后，事务 T2 插入一些记录，当 T1 再次按相同条件读取数据时，发现多了一些记录。

表6.4 读值不可重现

时　间	T1	A值	T2
1		A=1000	
2	Read(A)		Read(A)
3			A=A-200
4		A=800	Write(A)
5	Read(A)		

从上面的分析可知，数据不一致性产生的主要原因是并发操作调度不当，一个事务执行时受到其他事务的干扰，破坏了事务的隔离性。并发控制就是要用正确合理的方式调度并发操作，从而避免造成数据的不一致性。实现并发控制的技术主要有基于封锁的并发控制技术、基于时间戳的并发控制技术和乐观并发控制技术，本章主要介绍基于封锁的并发控制技术。

6.3.2 封锁

用封锁(locking)来实现并发控制就是在操作前先对操作对象加锁，使其他事务不能对该对象进行操作。这是传统的方法，也是用得最多的一种方法。

锁(lock)是一个与数据对象相关的变量，对可能用于该数据对象上的操作来说，锁描述的是该数据对象的状态。所谓封锁，就是指事务T在对某个数据对象(可以是表、记录、数据集或整个数据库)进行操作之前，向系统发出请求，对其加锁。加锁后事务T就对该数据对象有了一定的控制，在事务T释放锁之前，其他事务不能更新此数据对象，完成操作后在适当时候释放锁，当得不到锁时事务将处于等待状态。

按照事务对数据对象的封锁程度来分，基本的封锁类型有两种，即排他锁(exclusive，简称X锁)和共享锁(share locks，简称S锁)。

1. 排他锁

排他锁又称为写锁，可用于读操作，也可用于写操作，是封锁技术中最常用的一种锁。

如果事务T对某数据对象A加上X锁，那么只允许事务T读取和修改A，在事务T解除对数据A的封锁之前，不允许其他事务再对该数据对象添加任何类型的锁，也就是说这种锁具有排他性(exclusive)，因此称为排他锁(X锁)。这样保证了其他事务在事务T释放A上的锁之前不能再读取和修改A。

2. 共享锁

采用X锁的并发控制，只允许一个事务独占数据对象，而其他申请封锁的事务只能排队等待，并发度低。为了提高并发度，引入了共享锁(share locks)，允许并发读数据，因此共享锁又称为读锁。

如果事务T对数据对象A加上S锁，则事务T可以读A但不能修改A，其他事务可以再对A加S锁，但在A上的所有S锁解除之前不允许其他事务对A加X锁。这样保证了其他事务可以读A，不能修改A，直到事务T释放A上的S锁。

对于一个给定的锁类型集合，如果事务T1当前在数据对象A上加了L1类型的锁，事务T2还可以对数据对象A加L2类型的锁，则称L1类型锁与L2类型锁是相容(compatible)的。

表 6.5 所示为封锁类型的相容矩阵。在表 6.5 中，X、S、NL 分别表示 X 锁、S 锁和无封锁请求；Y 表示 Yes，相容的请求，N 表示 No，不相容的请求。表 6.5 最左边的一列表示事务 T1 已经获得的数据对象上锁的类型，最上面一行表示另一事务 T2 对同一数据对象发出的封锁请求。T2 的封锁请求能否被满足用相容矩阵中的 Y 和 N 表示，如果两个封锁是不相容的，那么后提出的封锁事务就要等待。

表 6.5　封锁类型的相容矩阵

T1 \ T2	X	S	NL
X	N	N	Y
S	N	Y	Y
NL	Y	Y	Y

6.3.3　封锁协议

事务在加锁和释放锁时，还需要遵循一些规则，如申请锁时间、保持锁时间以及释放锁时间等，这些规则称为封锁协议(locking protocol)。不同的规则就形成了不同的封锁协议。下面分别介绍三级封锁协议，用以解决并发操作不正确的调度带来的丢失修改、读“脏”数据和不可重复读等不一致性问题，为并发操作的正确调度提供一定的保障。

1. 一级封锁协议

一级封锁协议的主要内容是：事务 T 在修改数据 A 之前必须先对其加 X 锁，直到事务结束才能释放，其中事务结束包括正常结束(Commit)和非正常结束(Rollback)。如果未能获得 X 锁，则该事务进入等待状态，直至获得 X 锁才能继续执行下去，这就使得两个同时要求更新数据 A 的并行事务的其中一个必须等待另一个更新操作完成之后才能获得 X 锁，可以避免两个事务先后更新同一数据时所导致的丢失更新问题。

表 6.6 所示为利用一级封锁协议解决表 6.2 中丢失更新的问题。事务 T1 在修改数据对象 A 之前，先对 A 加 X 锁，事务 T2 请求对 A 加 X 锁时被拒绝，T2 只得等待事务 T1 释放对 A 的 X 锁，当事务 T2 获得对 A 的 X 锁时读取的 A 值已是被事务 T1 更新过的值 900，这样就不会丢失事务 T1 对 A 的更新。

在一级封锁协议中，如果只是读数据而不对其进行修改，是不需要加锁的，因此它不能解决读“脏”数据和读值不可重现问题。

表 6.6　利用一级封锁协议解决表 6.2 中丢失更新的问题

时　间	T1	A 值	T2
0		A=1000	
1	Xlock(A)		
2	Read(A)		Xlock(A)
3	A=A−100		等待
4	Write(A)	A=900	等待
5	Commit		等待

续表

时　　间	T1	A值	T2
6	Unlock(A)		等待
7			Read(A)
8			A=A−200
9		A=700	Write(A)
10			Commit
11			Unlock(A)

2. 二级封锁协议

二级封锁协议的主要内容是:在一级封锁协议的基础上,规定事务在读取数据A之前必须先对其加S锁,读完后释放S锁。这样不但可以解决丢失更新问题,还可以进一步防止读“脏”数据。例如,表6.7中,利用二级封锁协议解决了表6.3中读“脏”数据的问题。

在表6.7中,事务T1在对数据对象A更新之前先加X锁,更新后将其值写回数据库。此时,事务T2对A申请S锁,由于事务T1在A上加了X锁,所以事务T2只能等待。T1由于某些原因被回滚,A恢复原值1000,然后事务T1释放A上的X锁,事务T2获取S锁,读取A的值1000,这样就避免了事务T2读取“脏”数据。

由于在二级锁协议中,读完数据后立即释放S锁,所以它仍然不能解决读值不可重现的问题。

表6.7　利用二级封锁协议解决表6.3中读“脏”数据的问题

时　　间	T1	A值	T2
0		A=1000	
1	Xlock(A)		
2	Read(A)		
3	A=A−100		
4	Write(A)	A=900	Slock(A)
5	…		等待
6	Rollback	A=1000	等待
7	Unlock(A)		
8			Read(A)
9			Commit
10			Unlock(A)

3. 三级封锁协议

三级封锁协议的主要内容是:在一级封锁协议的基础上,规定事务在读取数据A之前必须先对其加S锁,读完后并不释放S锁,直到事务结束后才释放。

利用三级封锁协议可以彻底解决丢失更新、读“脏”数据和读值不可重现等数据不一致问题。例如，表 6.8 中，利用三级封锁协议解决了表 6.4 中读值不可重现的问题。

在表 6.8 中，事务 T1 在读取 A 之前，先对 A 加 S 锁，根据封锁类型的相容矩阵，事务 T2 只能对 A 申请 S 锁，如果事务 T2 要修改 A 值，就必须等待事务 T1 释放 A 上的锁。在释放锁之前，T1 再次读取 A 值仍为 1000，即可重复读取数据。

表 6.8　利用三级封锁协议解决表 6.4 中读值不可重现的问题

时　　间	T1	A 值	T2
0		A=1000	
1	Slock(A)		
2	Read(A)		Xlock(A)
3			等待
4			等待
5	Read(A)		等待
6	Commit		等待
7	Unlock(A)		等待
8			Read(A)
9			A=A-100
10		A=900	Write(A)
11			Commit
12			Unlock A

6.3.4　封锁带来的问题

利用封锁技术，可以解决并发操作所引起的数据不一致性问题，但锁自身有可能产生其他问题，如活锁与死锁。下面分别来讨论这两个问题的解决方法。

1. *活锁*

系统可能使某个事务永远处于等待状态，得不到封锁的机会，这种现象称为活锁(live lock)。

如表 6.9 所示，如果事务 T1 封锁了数据 A，事务 T2 又请求封锁 A，于是事务 T2 等待，此时事务 T3 也申请封锁 A。当事务 T1 释放了 A 上的锁之后，系统首先批准了事务 T3 的请求，事务 T2 仍然等待，此时事务 T4 也申请封锁 A。当事务 T3 释放了 A 上的锁之后，系统又批准了事务 T4 的请求，如此循环下去，事务 T2 就可能永远等待，这就是活锁的情况。

表 6.9　活锁

时　　间	T1	T2	T3	T4
1	lock (A)			
2	获得锁	lock (A)		
3	…	等待	lock (A)	

续表

时　　间	T1	T2	T3	T4
4	unlock (A)	等待	等待	lock (A)
5		等待	获得锁	等待
6		等待	…	等待
7		等待	unlock (A)	等待
9		等待		获得锁
10		等待		…

解决活锁的简单方法是采用“先来先服务”的策略，也就是简单的排队方法。当多个事务申请封锁同一数据对象时，系统按照申请的先后次序对事务排队，数据对象上的锁一旦释放就按顺序批准队列中的事务获取锁。

如果事务运行时有优先级，那么很可能导致优先级低的事务即使排队也很难获得封锁的机会。此时可采用“升级”的方法来解决，也就是当一个事务等待若干时间还轮不上锁时，可以提高它的优先级别，使其获得封锁的机会。

2. 死锁

一个事务如果申请锁而未获准，则须等待其他事务释放锁，这就形成了事务间的等待关系。当事务间出现循环等待时，每个事务都在等待其中另一个事务解除封锁才能继续执行下去，结果造成任何一个事务都无法继续执行，这种现象称为死锁(dead lock)。表 6.10 就是死锁的一个例子。

表 6.10　死锁

时　　间	T1	T2
1	Xlock(A)	
2	获得锁	Xlock(B)
3	…	获得锁
4	Xlock(B)	…
5	等待	Xlock(A)
6	等待	等待
7	…	…

目前在数据库中解决死锁问题主要有两种方法：一是预防死锁的发生；二是检测死锁，发现死锁后解除死锁。

(1) 死锁的预防。

预防死锁有两种方法。第一种方法比较简单，它要求每个事务在执行之前封锁它所需要的数据对象，否则就不能执行，也就是说一个事务要么一次获取所有需要的锁，要不一个锁也不占有，不会出现循环等待的情况，这样可以有效地防止死锁的发生。但这种方法存在两个问题：其一，一次将以后要用到的全部数据加锁，扩大了封锁的范围，降低了并发度；其二，数据库中的数据总是不断变化的，原来不要求封锁的数据在执行过程中可能会变成封锁对象，所以事先很难精确地确定每个事务要封锁的数据对象。

另外一种方法就是预先对数据对象规定一个封锁顺序，每个事务都按照这个顺序实行封锁。但是在数据库系统中，要封锁的对象很多，并且随着数据的插入、删除等操作而不断变化，封锁顺序也需要经常调整。因此，这种方法也并不适合数据库系统。

由此可见，操作系统中常用的预防死锁的方法不是很适合数据库系统，因此大多数数据库系统采用的方法是允许死锁的发生，然后设法检测并解除它。

（2）死锁的检测与解除。

对死锁应该尽可能地早发现、早处理。数据库系统中检测死锁的方法与操作系统类似，一般有两种，即锁超时法和等待图法。

① 锁超时(lock timeout)法。

锁超时法是一种处理死锁的简单方法。申请锁的事务至多等待一个规定的时间，如果一个事务的等待时间超过规定的时限，就认为发生了死锁。这种方法实现容易，但不足之处也很明显。第一，死锁发生后需要等待一段时间才能被发现，而且事务因其他原因使得等待时间超过时限，也可能被误判为死锁。第二，如果时限设定太小，则误判的情况会增多；如果时限设定太大，则死锁发生后不能及时发现。因此，锁超时法在实际中应用并不广泛。

② 等待图(wait-for graph)法。

等待图是一个有向图 $G=(T,U)$。其中 T 为结点的集合，$T=\{\mathrm{T}i \mid \mathrm{T}i$ 是当前正在运行的事务，$i=1,2,\cdots,n\}$；U 为边的集合，$U=\{(\mathrm{T}i,\mathrm{T}j) \mid \mathrm{T}i$ 等待 $\mathrm{T}j,i\neq j\}$。等待图动态地反映了所有事务的等待情况。如果等待图中存在回路，就表示系统中出现了死锁。为了检测死锁，DBMS 需要维护等待图，并周期性地调用一个在等待图中搜索回路的算法。

表 6.10 的并发执行中，两个事务的等待关系可用图 6.6 表示，由于 T1 和 T2 之间存在回路，所以系统进入死锁状态。图 6.7 所示为事务的无环等待图，图中不存在回路，表示系统未进入死锁状态。

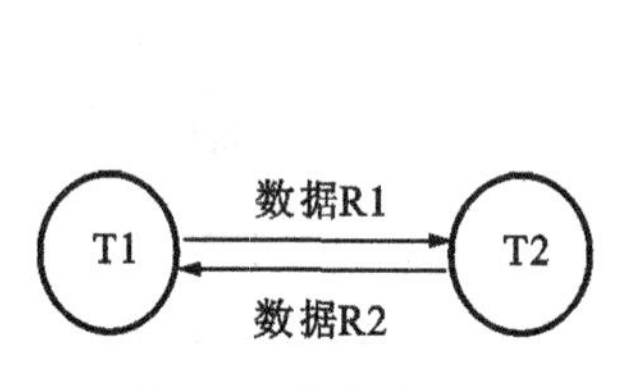

图 6.6　事务等待图

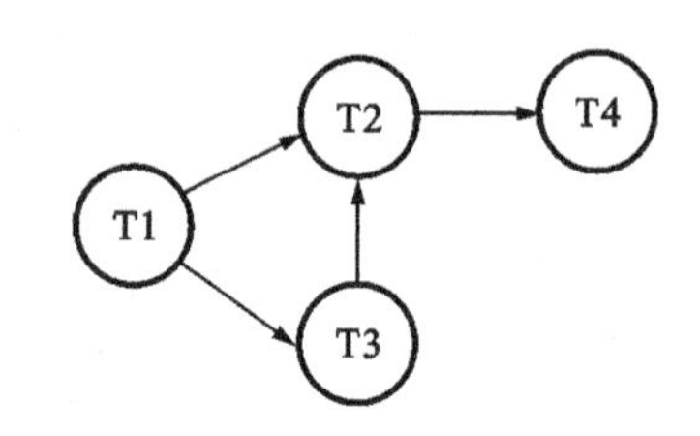

图 6.7　事务的无环等待图

一旦 DBMS 检测到系统中存在死锁，就要设法解除。通常采用的方法是选择一个或多个事务作为牺牲者，将其撤销，并释放其持有的所有锁，使得其他事务可以继续执行下去，从而解除死锁。一般来说，被牺牲事务的选择有以下几种方法。

（1）选择交付最迟的事务作为牺牲者。

（2）选择获得锁最少的事务作为牺牲者。

（3）选择回滚代价最小的事务作为牺牲者。

当然，被牺牲的事务也要妥善处理，有两种方法：一是发送消息给用户，告诉他们该事务已因死锁而被撤销，由用户再次向系统交付该事务；二是由 DBMS 重新启动该事务。

6.3.5　并发控制的可串行性

事务执行的次序称为调度。如果 n 个事务串行执行，则有 n! 种不同的调度。虽然以不同的次序串行执行事务可能会产生不同的结果，但不会将数据库中的数据置于不一致的状态，所以串行调度策略都是正确的。

如果 n 个事务并发执行，可能的调度数目远大于 n! 种。但其中有的并发调度是正确的，有的则是不正确的。并发调度的正确性由 DBMS 的并发控制子系统来实现。

多个事务并发执行，如果一个并发调度的执行结果与某一串行调度的执行结果等价，那么称这个并发调度策略是可串行化(serializable)的调度。当且仅当一个并发调度是可串行化的调度时，这个并发调度才被认为是正确的调度。

例如，事务 T1 和 T2，分别包含以下操作。

事务 T1：Read(B)；A＝B＋1；Write(A)；

事务 T2：Read(A)；B＝A－1；Write(B)；

假定 A、B 的初值为 10。

表 6.11 至表 6.13 表示对这两个事务采取的三种不同的调度策略。

表 6.11　串行调度

时　　间	T1	A 值	B 值	T2
0		A＝10	B＝10	
1	Slock(B)			
2	Read(B)			
3	Unlock(B)			
4	Xlock(A)			
5	A＝B＋1			
6	Write(A)	A＝11		
7	Unlock(A)			
8				Slock(A)
9				Read(A)
10				Unlock(A)
11				Xlock(B)
12				B＝A－1
13			B＝10	Write(B)
14				Unlock(B)

表 6.12　不可串行化调度

时　　间	T1	A 值	B 值	T2
0		A＝10	B＝10	

续表

时　间	T1	A值	B值	T2
1	Slock(B)			
2	Read(B)			
3				Slock(A)
4				Read(A)
5	Unlock(B)			
6				Unlock(A)
7	Xlock(A)			
8	A=B+1			
9	Write(A)	A=11		
10				Xlock(B)
11				B=A-1
12			B=9	Write(B)
13	Unlock(A)			
14				Unlock(B)

表 6.13　可串行化调度

时　间	T1	A值	B值	T2
0		A=10	B=10	
1	Slock(B)			
2	Read(B)			
3	Unlock(B)			
4	Xlock(A)			
5	A=B+1			Slock(A)
6	Write(A)	A=11		等待
7	Unlock(A)			等待
8				Read(A)
9				Unlock(A)
10				Xlock(B)
11				B=A-1
12			B=10	Write(B)
13				Unlock(B)

表 6.11 所示是一种串行调度策略，按 T1→T2 的次序执行，结果为 A=11，B=10；表 6.12 所示是一种并发调度策略，执行结果与表 6.11 不同，所以它不是可串行化调度，是错误的调度。

表 6.13 所示也是一种并发调度策略，执行结果与表 6.11 相同，所以它是正确的调度。

为了保证并发操作的正确性，DBMS 必须提供一定的机制来保证调度的可串行化，一般来说有封锁、时间戳和乐观控制法等方法。目前，DBMS 普遍采用的方法是封锁方法。两段锁协议就是保证并发调度可串行性的封锁协议。

6.3.6　两段锁协议

在一个事务中，如果所有加锁都限制在释放锁之前，那么这个事务被称为两段事务（two-phase transaction）。这种加锁限制称为两段锁协议（two-phase locking protocol，简称 2PL 协议）。

2PL 协议规定所有的事务必须遵守下面的规则。

（1）在对任何数据对象进行读写操作之前，事务必须获得对该数据对象的封锁。

（2）在释放一个封锁之后，事务不再申请和获得任何其他封锁。

遵守该协议的事务分为两个阶段：第一阶段是获得封锁阶段，也称为扩展阶段（growing phase），在这个阶段，事务可以申请获得任何数据对象上的封锁，但不能释放封锁；第二阶段是释放锁阶段，也称为收缩阶段（shrinking phase），在这个阶段，事务可以释放任何数据对象上的锁，但不能再申请获得任何封锁。

图 6.8 表示一个遵守 2PL 协议的事务 T1 的封锁序列，图 6.9 表示一个不遵守 2PL 协议的事务 T2 的封锁序列。

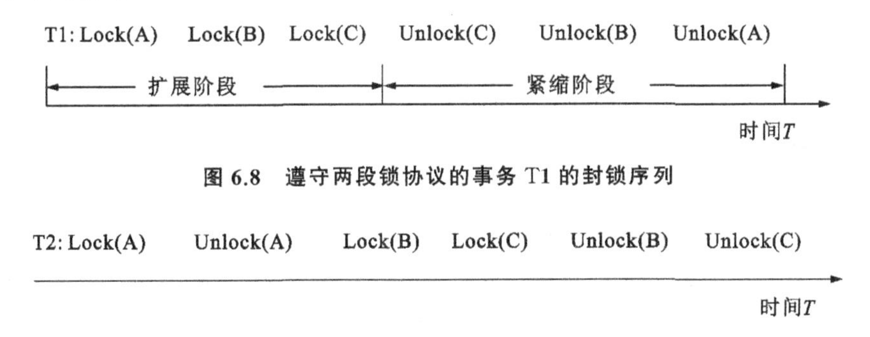

图 6.8　遵守两段锁协议的事务 T1 的封锁序列

图 6.9　不遵守两段锁协议的事务 T2 封锁序列

如果并发执行的所有事务都遵守 2PL 协议，那么这些事务所有可能的并发调度都是可串行化的，但两段式封锁是可串行化的充分条件，不是必要条件，也就是说如果并发事务的一个调度是可串行化的，则并非其中所有的事务都遵守 2PL 协议。

由于 2PL 协议不要求事务必须一次将所有要使用的数据对象全部加锁，因此 2PL 协议有可能导致死锁的发生，而且因为每个事务都不能及时解除被它封锁的数据对象，所以死锁的发生会增多。

6.3.7　封锁的粒度

前面介绍的封锁方法，都是加在数据对象上的，封锁的数据对象的大小称为封锁粒度（granularity）。封锁对象可以是逻辑单元，也可以是物理单元。在关系数据库中，封锁对象可以是属性值、属性值集合、元组、关系、索引项、整个索引以及整个数据库等逻辑单元，也可以是页（数据页或索引页）、块等物理单元。

封锁粒度与系统的并发度和并发控制的开销有密切关系。封锁粒度越大，封锁起来越简单，系统开销越小。正如一栋楼房，大门加锁，一锁全锁。但这样做往往把一些不须加锁的数据对象也封锁了，从而不必要地排斥其他事务，降低了系统的并发度。相反，封锁粒度过小，往往需要加很多锁，系统开销很大。

1. 多粒度封锁

在实际应用中，有时需要访问大片数据，如生成企业年度财务报表；有时只需要访问个别数据，如查询某本书的作者。比较合理的方式是一个数据库系统同时提供多种封锁粒度，事务根据需要进行选择。这样可以兼顾提高并发度和减少锁的个数这两个矛盾的要求，这种封锁方法称为多粒度封锁(multiple granularity locking)，它允许存在不同的封锁粒度，并定义封锁粒度的层次结构，其中小粒度数据对象嵌套在大粒度数据对象中。

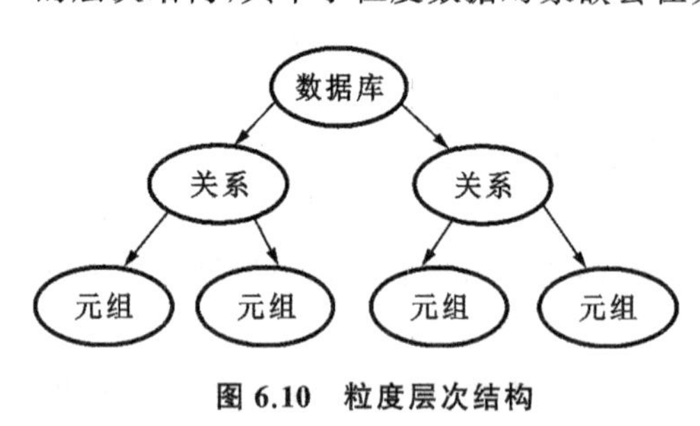

图 6.10　粒度层次结构

这种层次结构可以用一棵树表示，如图 6.10 所示。它由三层结点组成，根结点是数据库，表示最大的粒度；子结点是关系；叶子结点是元组，表示最小的粒度。

选择封锁粒度需要在封锁开销和并发度两方面进行权衡，以达到最优的效果。一般来说，需要处理大量元组的事务以关系为封锁粒度，需要处理多个关系的事务以数据库为封锁粒度，而对于一个处理少量元组的事务，以元组为封锁粒度比较合适。

在多粒度封锁中，一个数据对象被封锁的方式有显示封锁和隐式封锁两种。

显示封锁(explicit locking)是指系统应事务要求，直接加锁于数据对象；隐式封锁(implicit locking)是指该数据对象本身没有独立加锁，而是由于它的上级被封锁，因而这个数据对象被隐含地封锁了。例如，一个关系被封锁，那么这个关系所有的元组和属性也都被隐含地封锁了。

显示封锁和隐式封锁的效果是一样的，系统在检查封锁冲突时，两者都要考虑。如果只有显示封锁，锁的冲突容易发现；如果有隐式封锁，检查封锁冲突则比较复杂。一般来说，事务要对某个数据对象加锁，不仅要检查该数据对象有无显示封锁与之冲突，而且要检查该数据对象的所有上级，以防止本事务的显示封锁与其他事务的隐式封锁(由于上级已加封锁造成的)冲突，还要检查该数据对象的所有下级，以防止本事务的隐式封锁(将加到下级结点的锁)与其他事务的显示封锁冲突。显然，这样的检查方法效率很低。

为此，IBM 公司研制的 System R 关系数据库管理系统中，采用了一种新型锁，称为意向锁(intention lock)。

2. 意向锁

所谓意向锁(intention lock)，是指如果对一个数据对象加意向锁，则说明该数据对象的下级正在被加锁。对任一数据对象加锁时，须先对它的所有上级加意向锁。例如，如果要对某一元组的某一属性加锁，须先对该元组加意向锁。

意向锁有很多种，这里主要介绍常用的三种，即 IS 锁(intent share lock，意向共享锁)、IX 锁(intent exclusive lock，意向排他锁)和 SIX 锁(share intent exclusive lock，共享意向排他锁)。

(1) IS 锁。

如果一个数据对象加了 IS 锁，表示它的某些下级加了或是拟加(意向)S 锁。如果某一属性加了 S 锁，则它的所有上级(元组、关系和数据库)都得加上 IS 锁，以避免其他事务在其上级加锁，从而导致隐式锁和 S 锁冲突。

(2) IX 锁。

如果一个数据对象加了 IX 锁，表示它的某些下级加了或是拟加 X 锁。如果某一属性加了 X 锁，则它的所有上级(元组、关系和数据库)都得加上 IX 锁，以避免其他事务在其上级加锁，从而导致隐式锁与 X 锁冲突。

(3) SIX 锁。

SIX 锁相当于加了 S 锁，再加上 IX 锁，即 SIX＝S＋IX。在实际应用中，常需要读取整个数据表，同时更新其中个别元组，在这种情况下，适合加 SIX 锁。例如，工资表，每次发薪时，都要读取所有元组(所以要对该关系加 S 锁)，但需要更新的元组一般只是个别的(所以要对该关系加 IX 锁)。

表 6.14 表示各种数据锁的相容矩阵。其中，X 和 S 分别表示 X 锁和 S 锁；Y 表示 Yes，相容的请求；N 表示 No，不相容的请求。从表中可以看出，各种数据锁的排斥性是不一样的。X 列全部是 N，表示排斥其他事务所有的锁请求；而 IS 只排斥其他事务的 X 锁请求。

表 6.14　各种数据锁的相容矩阵

T1 \ T2	S	X	IS	IX	SIX
S	Y	N	Y	N	N
X	N	N	N	N	N
IS	Y	N	Y	Y	Y
IX	N	N	Y	Y	N
SIX	N	N	Y	N	N

在多粒度封锁方法中，任何事务要对一个数据对象加锁，必须先对它的所有上级加相应的意向锁。申请封锁时，应该按照自上而下的次序进行，以便及时发现冲突；释放封锁时，则应该按照自下而上的次序进行，以免发生冲突。

具有意向锁的多粒度封锁方法减少了加锁和解锁的时间，提高了系统的并发度，在实际的数据库管理系统中应用非常广泛。

6.4 小　　结

事务是数据库的逻辑工作单位，事务具有原子性、一致性、隔离性和持续性等四个性质，只要 DBMS 能够保证系统中一切事务的四个性质，就可以保证数据的一致性。事务不仅是故障恢复的基本单位，也是并发控制的基本单位，为了保证事务的隔离性和一致性，DBMS 需要对并发操作进行控制。

数据库系统的故障主要有事务故障、系统故障、介质故障和计算机病毒等几种。数据转储和登记日志文件是故障恢复中经常使用的技术。数据转储是指数据库管理员定期将整个数据库复制到磁带或另一个磁盘上保存起来的过程。数据转储按转储状态分类可分为静态转储和动态转储，按转储方式分类可分为海量转储和增量转储。日志文件记录了事务对数据库的更新操作,可以用它来进行事务故障和系统故障的恢复,并协助后备副本进行介质故障的恢复。具有检测点的恢复技术可以提高恢复的效率。恢复的基本原理就是利用存储在后备副本和日志文件中的冗余数据来重建数据库。

并发控制是数据库管理系统的重要组成部分。不加控制的并发操作会导致丢失更新、读“脏”数据和读值不可重现等三类数据不一致的情况。本章主要介绍了基于封锁的并发控制技术,包括两类常用的封锁和三级封锁协议。不同的封锁和不同级别的封锁协议所提供的数据一致性保证是不同的。

在封锁过程中,可能会发生活锁和死锁等问题。并发控制机制必须根据不同情况提供不同的解决和预防方法。

可串行性是判断并发控制机制调度并发操作是否正确的标准。两段锁协议可以保证并发事务调度的正确性,它是可串行化调度的充分条件,但不是必要条件。

封锁粒度与系统的并发度和并发控制的开销有密切关系。选择封锁粒度时,需要在封锁开销和并发度两方面进行权衡,以达到最优的效果。

习 题 6

一、选择题

1.“一个事务中的所有操作要么都做,要么都不做”,这是事务的(　　)性质。

A. 原子性　　B. 一致性　　C. 隔离性　　D. 持久性

2. 在下列 SQL 语句中,用于事务操作的语句是(　　)。

A. CREATE　　B. SELECT　　C. ROLLBACK　　D. GRANT

3. 在系统中无运行事务时进行的转储操作是(　　)。

A. 静态转储　　B. 动态转储　　C. 海量转储　　D. 增量转储

4. 对于在最后一个检测点建立时刻正在运行的事务,应该执行的操作是(　　)。

A. REDO　　B. UNDO

C. 既做 REDO 又做 UNDO　　D. 可能做 REDO 或 UNDO

5. 在数据库系统中死锁属于(　　)。

A. 系统故障　　B. 程序故障　　C. 事务故障　　D. 介质故障

6. 使某个事务永远处于等待状态,而得不到执行的现象称为(　　)。

A. 死锁　　B. 活锁　　C. 串行调度　　D. 不可串行调度

7. 对数据对象进行封锁可能会引起死锁和活锁问题,避免活锁的简单方法是采用(　　)的策略。

A. 先来先服务法　　B. 优先级高先服务

C. 依次封锁法　　D. 顺序封锁法

二、问答题

1. 什么是事务?它有什么特性?

2. 数据库系统有哪些故障?哪些故障破坏了数据库?哪些故障尚未破坏数据库,但使其中某些数据变得不正确?

3. 为什么事务非正常结束时会影响数据库数据的正确性？请举例说明。

4. 数据库恢复的基本技术有哪些？

5. 数据转储有哪些方式？它们各有什么特点？

6. 登记日志文件时，为什么必须遵循“先登记日志文件，后修改数据库”的原则？

7. 什么是并发？并发会引起什么问题？如何避免并发所引起的问题？

8. 什么是封锁？基本的封锁类型有哪几种？

9. 什么是封锁协议？不同级别的封锁协议的主要区别在哪里？

10. 什么是活锁？如何防止活锁？什么是死锁？如何处理死锁？

11. 什么是两段锁协议？

12. 在多粒度封锁中，隐式封锁和显示封锁有什么不同？

13. 什么是意向锁？为什么要引进意向锁？常用意向锁之间的相容关系是怎样的？

14. 在基于日志的恢复技术中，“运行记录优先原则”的含义是什么？

三、综合题

1. 对于图 6.11 中的所有事务，如果使用具有检测点的恢复技术，哪些事务需要 UNDO？哪些事务需要 REDO？

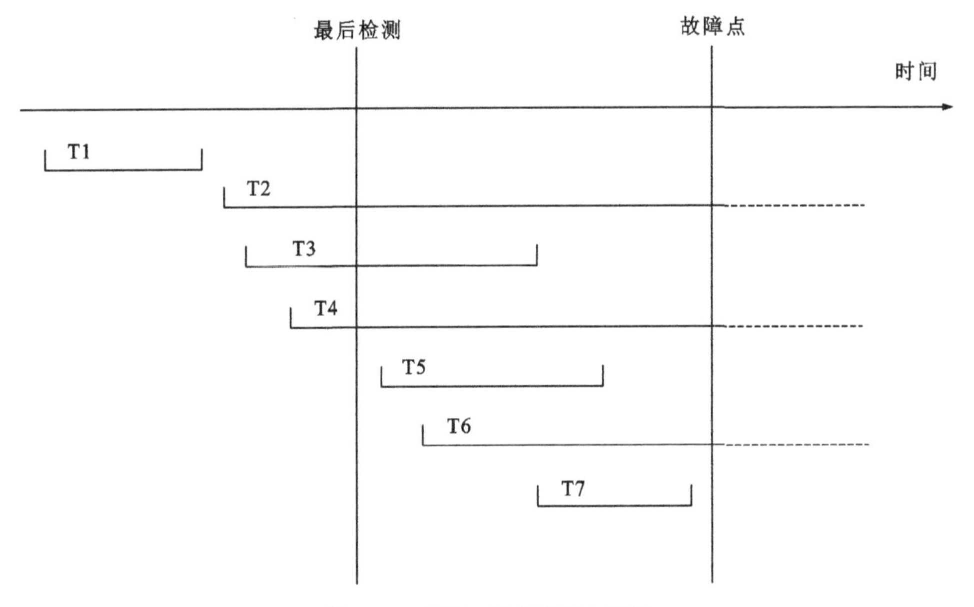

图 6.11　习题 6 综合题第 1 题图

2. 试证明：如果并发事务遵守两段锁协议，则对这些事务的并发调度是可串行化的。

3. 设有三个事务：

事务 T1：Read(A)；A＝A＋1；Write(A)；

事务 T2：Read(A)；A＝A×2；Write(A)；

事务 T3：Read(A)；A＝A×A；Write(A)；

其中 A 为数据库中某个数据项。

(1) 假设 T1，T2，T3 可以并发执行，若 A 的初始值为 1，则存在多少种可能的正确结果？

(2) 若事务执行不加任何锁，则有多少种可能的调度？

(3) 请给出一个可串行化调度,并给出执行结果。

(4) 请给出一个非串行化调度,并给出执行结果。

4. 设有两个事务:

事务 T1:Read(A);Read(B);A=A+B;Write(A);

事务 T2:Read(A);Read(B);B=A-B;Write(B);

其中 A、B 为数据库中某个数据项。

(1) 假设 T1,T2 可以并发执行,若 A,B 的初始值均为 1,则存在多少种可能的正确结果?(写出 A 与 B 的值)

(2) 若两个事务都遵守两段锁协议,请给出一个不产生死锁的可串行化调度。

(3) 若两个事务都遵守两段锁协议,请给出一个产生死锁的调度。

第7章　数据库安全性和完整性

DBMS对数据库的管理也是对数据库的保护，主要通过四个方面实现：数据库的恢复、并发控制、安全性控制和完整性控制。每一方面构成了DBMS的一个子系统。

本章主要介绍数据库安全性控制和完整性控制的实现。

7.1　数据库安全性概述

数据库的安全性是指保护数据库以防止不合法的使用所造成的数据泄露、更改或破坏。在数据库系统环境下，数据的安全性由系统负责。

计算机系统的安全性问题涉及许多方面，主要包括：

(1) 政策、法律等安全管理方面，如各级安全管理组织机构、管理制度和管理技术。通过组建完整的安全管理组织机构，设置安全保密管理人员，制定严格的安全保密管理制度，利用先进的安全保密管理技术对整个涉密计算机系统进行管理。

(2) 物理安全，如环境安全、设备安全、媒体安全等方面。处理涉密信息的系统中心机房应采用有效的技术防范措施，重要的系统还应配备警卫人员进行区域保护。

(3) 运行安全，如备份与恢复、病毒的检测与消除、电磁兼容等。涉密系统的主要设备、软件、数据、电源等应有备份，并具有在较短时间内恢复系统运行的能力。

(4) 信息安全，确保信息的保密性、完整性、可用性和抗抵赖性是信息安全保密的中心任务。操作系统和数据库系统都有安全防护的相应措施。

以下主要介绍数据库系统的安全性控制策略。

7.2　数据库安全性控制

数据库的安全性控制是层层设置的，其安全控制模型如图7.1所示。

用户访问数据库时，首先要经过身份验证，合法用户进入系统后，DBMS要进行访问控制。在操作系统级，可设置账户安全及文件访问权限等，对数据库物理文件，重要信息加密存储，以防被窃取。冗余镜像可防止数据丢失。

7.2.1　用户标识和鉴定

这是系统提供的最外层的安全保护措施。

最常用的方法是用户名加口令的方法，系统提供一定的方式让用户标识自己的名字或身份，系统内部记录着所有合法用户的标识，每次用户要求进入系统时，系统通过核对口令，来判

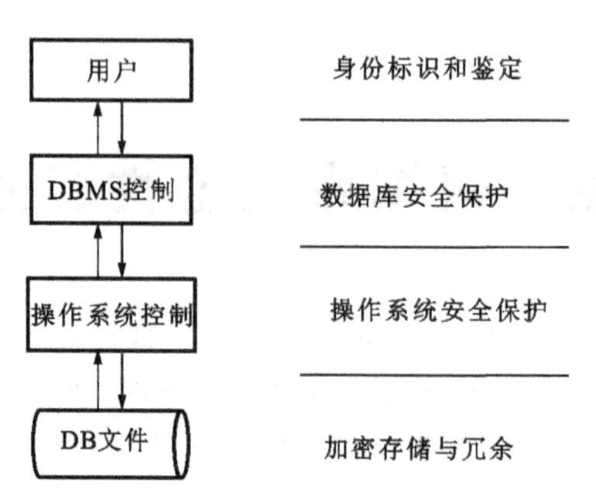

图 7.1　数据库安全性控制模型

别用户身份的真伪。系统内部有用户口令表，为每个用户保持一个记录，包括用户名和口令两个部分。系统核对口令以鉴别用户身份。

现实的安全控制通常还会用到智能认证，如人脸识别、指纹识别、图形识别、扫码识别等技术与用户名加密码的验证相结合。

7.2.2　SQL 存取控制和视图

SQL 有两个机制保护数据库安全性：一是存取控制，它允许有特定存取权限的用户有选择地和动态地把存取权限授予其他用户，或从相关用户收回已授予的权限，并对存取操作进行控制；二是视图，它可以用来对无权用户屏蔽数据。

1. SQL 存取控制

存取控制主要包括用户权限定义和合法权限检查。

（1）SQL 中的用户授权。

用户权限分为系统权限和对象权限。系统权限是指被授权用户是否可以连接数据库，在数据库中可以进行哪些系统操作（如创建用户、查询所有表等）。

对象权限由数据库对象和操作类型两个要素组成。定义一个用户的存取权限也称授权，就是要定义这个用户可以在哪些数据库对象上进行哪些类型的操作。

用户权限定义的语法格式为

GRANT ＜权限表＞　ON ＜数据对象＞ TO　＜用户表＞

[WITH　GRANT　OPTION]

这里权限表中的权限可以是 SELECT、INSERT、DELETE、UPDATE 等。如果权限表中包括全部的权限，则可用关键字“ALL PRIVILEGES”代替。数据对象可以是表、视图等。WITH　GRANT　OPTION 表示获得权限的用户还能将其所获得权限转授给其他用户。

执行授权的用户可以是数据库管理员或数据库对象的创建者或有授权权限的用户。

【例 7.1】　把对表 product 的查询、修改权限授给用户 WANG，并且 WANG 可以把这些权限转授给其他用户。

```
GRANT  SELECT,UPDATE  ON  TABLE   product
TO   WANG
WITH  GRANT  OPTION;
```

(2) 回收权限。

如果用户 Ui 已将权限 P 授予其他用户，那么用户 Ui 随后也可以用回收语句 REVOKE 从其他用户回收权限 P。回收权限的语句格式如下：

REVOKE　<权限表>　ON　<数据对象>
FROM <用户名表>
[RESTRICT | CASCADE]

该语句中 CASCADE 表示回收权限是要引起级联回收，即用户 Ui 从用户 Uj 回收权限时，要把用户 Ui 转授出去的同样的权限同时回收。

如果语句中带 RESTRICT，则当不存在级联回收现象时，才能回收权限，否则系统拒绝回收。

【例 7.2】 从用户 WANG 收回对 product 表的修改权限。

```
REVOKE  UPDATE  ON  TABLE  product  FROM  WANG;
```

(3) 合法权限检查。

当用户请求访问数据库时，DBMS 先查找数据字典中的授权表进行合法权限检查，看用户的请求是否在其授权范围之内，若用户的操作请求合法，则系统执行该操作；若超出了所定义的权限，系统将拒绝执行该操作。

2. 视图

在第 3 章已有关于视图(view)的介绍，视图是从一个或多个基本表或视图导出的虚表，它本身没有数据，不占存储空间，视图定义后可以和基本表一样被查询，也可用来定义新的视图，但对视图的增、删、改操作有一定的限制。用户只能使用视图定义中的数据，而不能使用视图定义外的数据。

在实际应用中，通常将视图和 SQL 存取控制结合起来使用，即首先定义视图以屏蔽一部分保密数据，然后在该视图上进一步定义访问权限。这样更能有效地保证数据安全性。

【例 7.3】 授予用户 ZHAO 查询工作表(works)中最高工资、最低工资的权限。

第一步，定义包含工作表中最高工资和最低工资的视图 V_ works。

```
CREATE VIEW V_ works
AS
SELECT MAX(SALARY),MIN(SALARY)
FROM works;
```

第二步，将查询视图 V_ works 的权限授予用户 ZHAO。

```
GRANT SELECT ON VIEW V_ works TO ZHAO;
```

7.2.3　数据加密

为防止数据库中数据在存储或传输中失密，对于那些保密要求特别高的数据，可采用数据加密的方法，即根据一定的算法将原始数据(明文)加密成为不可直接识别的格式(密文)，数据以密码的形式存储和传输。

关于数据加密解密的具体算法是信息安全的范畴，感兴趣的读者可以查阅相关资料，这里不做详解。

目前不少数据库产品如 Oracle、SQL Server 都提供了数据加密的例行程序，用户可根据要求自动对存储和传输的数据加密或提供相应的接口,用户也可使用其他厂商的加密程序对数据加密。

虽然数据加密在一定程度上保护了数据的安全,但由于加密解密的过程增加了系统开销,从而降低了数据库系统的性能,因此数据加密功能往往是可选特征,只对那些特别需要保密的数据采用此法。

7.2.4 审计

作为预防手段,审计功能是一种监视措施。使用审计功能,把用户对数据库的所有操作自动记录下来,存放在审计日志文件中。

审计日志记录的内容一般包括:操作类型,如查询、增、删、改等;操作终端标识与操作者标识;操作日期和时间;操作涉及的相关数据,如基本表、视图、字段、记录等;数据的前像和后像。

此外,审计日志对每次成功或失败的登录以及成功或失败的授权、收回权限也进行记录。

利用审计日志可以进一步找出非法存取数据的用户、时间和内容等。

由于使用审计功能会增加系统的开销,通常 DBMS 将其作为可选特征。审计功能一般主要用于安全性要求较高的部门。

SQL 语句 AUDIT 用来设置审计功能,NOAUDIT 用来取消审计功能。

【例 7.4】 对 works 表的每次成功的查询、增、删、改操作进行审计。

```
AUDIT  SELECT,INSERT,DELETE,UPDATE
ON works  WHENEVER  SUCCESSFUL;
```

必须把审计开关打开(如 Oracle 中是设置 AUDIT_TRAIL),才可以在系统表(SYS_AUDITTRAIL)中查看审计信息,也只有管理员或数据的所有者才可以查看审计信息。

7.2.5 数据库安全性控制的其他方法

1. 强制存取控制

前面介绍的授权方法,允许凡有权查看保密数据的用户将数据复制到非保密的文件中,造成无权用户也可接触保密数据,而强制存取控制可避免这种非法的信息流活动。

强制存取控制为每一个数据库对象标识一定的密级,对每一个用户都确定一个许可级别。密级可分为绝密、机密、保密、秘密、公开等若干等级,用户可分为一级用户(可操作所有的数据)、二级用户(可操作绝密之外的所有数据)、三级用户等。该方法是一种独立于值的控制方法,能执行信息流控制,适合于层次分明的军方和政府等的数据管理。国产数据库产品中,中国人民大学的 KingBase 和华中科技大学的 DM 数据库都提供了强制存取控制方法,常用于政府或军事数据库的安全性保护。

2. 触发器控制

触发器是一种特殊的存储过程,是通过事件触发而被执行的,用于保护表中的数据。在数据库安全控制中,借助触发器可构建用户自定义的访问控制功能,从而进一步提高数据库的安全性。

【例 7.5】 在 jobs 表上定义触发器,对于工作日早上八点至下午五点之外的时间操作该表数据,都拒绝执行并提示非法操作。(以下代码适用于 SQL Server)

```
CREATE TRIGGER t_pub_jobs ON jobs
```

```
AFTER  INSERT,UPDATE,DELETE
AS
IF datename(HH,getDate())>17  or datename(HH,getDate())<8  or
   datename(weekday,getDate())='星期六' or datename(weekday,getDate())='星期日'
   BEGIN
         RAISERROR ('不能在非工作时间修改数据库。',16,1);
         ROLLBACK TRANSACTION;
   RETURN
END;
```

如果出现上述非法操作，则 SQL Server 系统会提示警告信息，并拒绝执行该操作。

由于 TRUNCATE　TABLE 语句不会引发 Delete 触发器，因为该语句没有被记入日志。对于 TRUNCATE TABLE 操作一定要谨慎。

3. 统计数据库安全控制

一类可向公众提供统计、汇总信息而不是单个记录的数据库称为统计数据库，如医疗档案或民意调查数据库、人口普查信息数据库等。这类数据库的安全隐患在于，虽然不允许用户查询单个记录的信息，但是用户可以通过合法的查询，处理足够多的汇总信息来分析出单个记录的信息。

例如，有一个赵同学想查询李同学的成绩，他可以通过以下两步实现：

(1) 查询赵同学自己和其他 N 个同学(如本班女同学)的成绩总和 X。

(2) 查询李同学和上述同样的 N 个同学的成绩总和 Y。

随后，赵同学可以通过下列公式得到李同学的成绩：

$Y-X+$赵同学自己的成绩

上述问题产生的原因是两个查询包含了很多相同的信息。为此，在统计数据库中，对查询应做如下限制：

(1) 一个查询查到的记录个数至少是 N；

(2) 两个查询查到的记录的“交”数目至多是 M；

系统可以调整 N 和 M 的值，使得用户很难在统计数据库中获取其他个别记录的信息，此外，还可以通过数据污染的方法防止数据泄露。

4. 防止 SQL 注入

SQL 注入是比较常见的网络攻击方式之一，它主要是针对程序员编程时的疏忽，通过把 SQL 命令插入 Web 表单提交或输入域名或页面请求的查询字符串，最终达到欺骗服务器执行恶意的 SQL 命令，甚至篡改数据库。

SQL 注入攻击的总体思路是：

(1) 寻找 SQL 注入的位置；

(2) 判断服务器的类型和后台数据库的类型；

(3) 针对不同的服务器和数据库特点进行 SQL 注入攻击。

在基于 SQL Server 的 Web 应用程序中，如果通过浏览器向 Web 应用程序提交信息插入数据库查询时未进行适当的验证检查，那么就有可能会出现 SQL 注入。例如，在 HTML 表单收到用户提交的数据后，将数据传递给运行在 Microsoft 公司的 IIS Web 服务器上的ASP.NET

脚本。传递的两个数据项是用户名和密码，将通过查询 SQL Serve 数据库来检查这两个数据项。数据库的用户表 users 的逻辑结构为

```
username varchar(100)
password  varchar(100)
```

执行的查询是

```
SELECT *
FROM  users
WHERE  username='{username}' AND password='{password}';
```

然而，ASP.NET 脚本用下面的代码行来根据用户数据构建 ASP.NET 脚本：

```
var  query="SELECT *
            FROM  users
            WHERE  username=' "+username+" '  AND  password= ' "+password  + "
              ' ";
```

如果用户名是字符' or 1＝1——，则查询语句变成了下面的格式：

```
SELECT *
FROM  users
WHERE  username='' or 1=1--'AND  password='{password}';
```

这里的双连字符表示 Transact-SQL 注释，查询将忽略连字符后面的所有文本。因为 1＝1 总是为 TRUE，所以这个查询将返回整个 users 表，而 ASP.NET 将接受登录请求，因为查询结果已经返回，而客户机将作为用户表中第一个用户进行验证。

SQL 注入攻击的危害这么大，防止 SQL 注入常用的措施如下：

(1) 严格限制 Web 应用的数据库的操作权限，最大限度地减少注入攻击对数据库的危害；

(2) 检查输入的数据是否具有所期望的数据格式，严格限制变量的类型；

(3) 对进入数据库的特殊字符('、"、\、尖括号、&、*、;等)进行转义处理或编码转换；

(4) 参数化的语句使用参数而不是将用户输入变量嵌入到 SQL 语句中，即不要直接拼接 SQL 语句；

(5) 使用专业的 SQL 注入检测工具如 SQLMap、SQLNinja 进行检测，以及时修补被发现的 SQL 注入漏洞等。

7.3 数据库完整性概述

数据库完整性是指数据的正确性、有效性和相容性，防止错误的数据进入数据库。正确性是指数据的合法性，如整型数据中就不能包含小数；有效性是指数据是否属于所定义的有效范围；相容性是指表示同一个事实的两个数据应相同，不一致就是不相容。

数据的完整性和安全性是数据库保护的两个不同方面。安全性是防止用户非法使用数据库。完整性是防止合法用户使用数据库时向数据库中加入不合语义的数据。

从数据库保护的角度来看，安全性和完整性是密切相关的。

7.4　数据库完整性控制

数据库的完整性是数据库系统的首要目标，实现数据库完整性控制的方法，通常有声明式数据完整性控制和程序式数据完整性控制两种。声明式数据完整性控制是在定义基本表时声明数据完整性约束，程序式数据完整性控制是通过编写触发器来实现数据完整性控制。

7.4.1　声明式数据完整性控制

声明式数据完整性是通过两方面进行的：一是定义完整性约束，这是数据正确性的判断依据，它关系到数据的某种状态是否合法；二是系统在运行时，对于各种数据的更新修改，DBMS 都要进行完整性检查，并做出相应处理，若满足完整性约束条件，则允许运行，否则拒绝执行任何更新。

关系模型的完整性约束包括实体完整性、参照完整性和用户自定义的完整性。

对于违反实体完整性和用户自定义完整性约束的操作，一般都是采用拒绝执行的方式处理；对于违反参照完整性约束的操作，并不都拒绝执行，根据情况，一般在接受这个操作的同时也执行一些附加的操作，以保证数据库的正确性。

1. 实体完整性约束和违约处理

在基本表定义的语句 CREATE TABLE 中用 UNIQUE 和 NOT NULL 来定义候选码，UNIQUE 表示值是唯一的，NOT NULL 表示值是非空的。

在基本表定义的语句中用 PRIMARY KEY 来定义主码。一个基本表只能定义一个主码，主码的值是唯一并且非空的。

定义主码的方式分为表级约束和列级约束，对于有多个属性构成的主码，只能定义为表级约束；对于只有一个属性的主码，可定义为表级或列级约束。

【例 7.6】 定义 Project 表的 pno 为主码，可使用如下语句：

```
CREATE TABLE Project
  (Pno  INT  PRIMARY KEY,              /* 在列级定义主码  * /
   Pname CHAR(20),
   Pincome FLOAT,
   Prates FLOAT );
```

或者

```
CREATE TABLE Project
  (Pno INT,
   Pname CHAR(20),
   Pincome FLOAT,
   Prates  float ,
   PRIMARY KEY(pno));           /* 在表级定义主码 * /
```

此外，主码也可以在基本表建立之后进行添加。

【例 7.7】 对 works 表在 Eno 和 Pno 列上添加主码约束。

```
ALTER  TABLE  works
```

```
ADD  CONSTRAINT  PK_works
PRIMARY KEY(Eno,Pno) ;
```

当用户对基本表插入一条记录或者修改主码列时，DBMS会自动进行检查并做出相应处理以保证实体完整性，包括：

(1) 检查主码值是否唯一，如果不唯一，则拒绝插入或修改；

(2) 检查主码(新值)的各个属性是否为空，只要有一个值为空，就拒绝插入或修改。

2. 参照完整性约束和违约处理

在基本表的定义语句 CREATE　TABLE 中，用 FOREIGN KEY 短语定义外码，用 REFERENCE 短语指明这些外码参照哪些表的主码。

【例 7.8】 定义 Employee 表的参照完整性。

```
CREATE  TABLE  Employee
(Eno  INT PRIMARY KEY,                    /*在列级定义主码  */
Ename  CHAR(10)  UNIQUE,
Esex  CHAR(2),
Eaddress  CHAR(30),
Eindate  DATETIME,
Dno  INT,
FOREIGN KEY Dno  REFERENCE  Department(Dno)) ; /*在表级定义外码  */
```

外码也可以在基本表建立之后进行用 ALTER　TABLE 语句添加。

【例 7.9】 为 Employee 表的 Dno 列添加外码约束，参照 Department 表的 Dno 列。

```
ALTER  TABLE  Employee
ADD  CONSTRAINT  FK_EMP_Dno
FOREIGN KEY  Dno  REFERENCE Department(Dno);
```

参照完整性约束说明了参照表和被参照表之间的约束条件，即外码的值应该是被参照表中主码的有效值或取空值。因此，在对被参照表和参照表进行增、删、改操作时，系统会检查是否有可能破坏参照完整性，如果有可能破坏参照完整性，则会采用以下策略进行处理。

(1) 拒绝(NO ACTION)执行，一般设置为默认策略。

(2) 级联(CASCADE)操作，当删除或修改被参照表的一条记录造成了与参照表的不一致时，级联删除参照表中所有造成不一致的记录。在定义参照完整性时，若使用了 ON DELETE CASCADE 或 ON　UPDATE　CASCADE 时，系统会采用这种级联更新策略。

(3) 设置为空值，当删除或修改被参照表的一条记录造成了和参照表数据不一致时，将参照表中的现有造成不一致的记录的对应属性设置为空值。

注意，设置空值的属性不可为主属性，即当外码为非主属性时，可以按照应用的实际情况取空值；如果外码为所在表的主属性，则不可取空值。下面举例说明。

例如，Employee 表的 Dno 列是外码，它的值应参照 Department 表中 Dno 列的有效值，因此 Department 表是被参照表，Employee 表是参照表，Dno 也是非主属性，该属性取空值，表示这个员工所属的部门还未确定，这是符合实际应用的语义的，因此允许 Employee 表的 Dno 列取空值。

另外，被参照表员工表 Employee 中 Eno 列是主码，参照表工作表 Works 中 Eno 列是外码，若 Works 的外码 Eno 取空值，则表示某个不知工号的员工或某个不存在的员工参加了某个工程，其工资记录在Salary列中。这显然与实际应用是不相符的，因此Works的外码Eno列是不能取空值的。

说明：

(1) 外码必须是另一表(被参照表)的主码，且类型一致，名称可以不同。外码可以有多个，主码只能有一个。

(2) 被参照表必须在参照表之前定义。

(3) 录入数据时先录入被参照表的记录。

3. 用户自定义完整性约束和违约处理

根据实际应用需求，定义属性所要满足的约束条件为用户自定义完整性约束。DBMS提供了定义和检查用户完整性约束的机制。

在基本表的定义语句CREATE　TABLE中，用下列子句可定义该约束：

(1) NOT　NULL，非空约束；

(2) UNIQUE，列值唯一约束；

(3) CHECK <布尔表达式>，检查列值是否满足给定的布尔表达式；

(4) DEFAULT，缺省值约束。

【例7.10】 定义表EMP，包含的列有ENO、ENAME、BIRTHDAY、SALARY，要求ENO为主码，ENAME列值唯一且非空，SALARY缺省值1200，范围为5000～8000。

```
CREATE TABLE EMP
    (ENO  CHAR(4)   PRIMARY KEY,
        ENAME  CHAR(20)  NOT  NULL  UNIQUE ,
        BIRTHDAY  DATE ,
        SALARY  INTEGER  DEFAULT(1200)
        CHECK(SALARY  BETWEEN  5000  AND  8000) ;
```

当向表中插入记录或修改某属性的值时，DBMS会自动检查是否满足相应属性上的约束条件，如果不满足，则操作被拒绝执行。

4. 断言

断言(assertion)是在数据库的表和字段结构外定义，用于检查指定数据库中多个表中数据值的关系。当数据操作违反断言时，产生错误信息。

断言也是在JAVA、Python等语言中支持的新功能，它主要用在代码开发和测试时期，用于对某些关键数据的判断，检查这个关键数据是不是程序所预期。断言检查通常在开发和测试时开启，为保证系统执行效率，断言检查在软件发布后通常是关闭的。

断言约束不必与特定的列绑定，可以理解为能应用于多个表的check约束，因此必须在表定义之外独立创建断言。

SQL-92支持的定义断言语法如下：

```
CREATE ASSERTION  constraint_name
CHECK  search condition
```

说明：

constraint_name：断言名称。

search condition：搜索条件，每次企图通过INSERT、UPDATE、DELETE语句修改数据库

的内容时，根据所提供的修改后的数据库内容检查搜索条件。如果检查条件为 TURE，则允许修改。如果检查条件为 FALSE，DBMS 不执行所提到的修改，并返回错误代码，指明有断言冲突。

【例 7.11】 断言定义如下：

```
CREATE ASSERTION assert_emp_name
CHECK(works.eno IN(
        SELECT eno FROM Employee
        WHERE Ename IS NOT NULL);
```

添加断言后，每当试图 INSERT 或 UPDATE　works 表中的数据时，就对断言 assert_emp_name 中的搜索条件求值，如果为 FALSE，则取消执行，给出提示。

说明：

尽管系统会分析断言，决定只涉及特定的表和字段的修改才会实际触发断言，但还是可能引起对数据库中大量数据的处理进行断言检查，因此要权衡断言带来的益处和所需的开销，谨慎定义。

目前，Oracle 、SQL Server、Mysql 数据库管理系统内部不支持断言对象。

7.4.2　程序式数据完整性控制

对于更为复杂的数据完整性要求，如前文示例 7.10 中的 EMP 表若要满足修改员工的工资不能低于现有工资的最低值，就无法用前面介绍的几种声明式完整性约束，而需要用程序式数据完整性控制策略，即通过编写触发器来实现。当 EMP 表中 Salary 值发生 UPDATE 操作时，DBMS 会自动触发事先定义好的触发器，以维护相应的业务规则所需要的数据完整性要求。

一旦定义触发器，任何用户对表的增、删、改操作都会由 DBMS 自动激活相应的触发器，它除了具有前文所讲的安全性保护功能外，还具有比完整性约束更灵活、精细、强大的数据控制能力，可以实施比 PRIMARY KEY、FOREIGN KEY、CHECK、NOT NULL、UNIQUE、DEFAULT 等约束更为复杂的检查和操作。

具体来讲，触发器的常用功能主要有：

(1) 完成比声明完整性约束更复杂的数据约束；

(2) 检查所做的 SQL 操作是否允许(可用于安全性控制)；

(3) 调用存储过程；

(4) 防止数据表结构更改或数据表被删除；

(5) 修改其他数据表的数据；

(6) 发送 SQL Mail；

(7) 返回自定义的错误信息。

【例 7.12】 为供应情况表 SPJ 建立触发器 TRIG_SPJ，要求插入新记录的 COST 值不能低于表中已有记录的最低价格。

```
CREATE OR ALTER TRIGGER TRIG_SPJ  ON  SPJ
FOR  INSERT
AS
IF(SELECT COST FROM INSERTED ) <= (SELECT MIN(COST) FROM SPJ)
  BEGIN
```

```
        PRINT '不能低于已有的最低价,更新失败。'
        ROLLBACK  TRANSACTION
    END;
```

说明：

(1) 触发器可以嵌套,DML 触发器和 DDL 触发器最多可以嵌套 32 层。

(2) 不允许在触发器中创建和更改数据库以及数据库对象的语句、DROP 语句。

(3) 由于触发器会使编程时源码的结构被迫打乱,为将来的程序修改、源码阅读带来不便,一般在一个大型应用中,触发器越少越好。

7.5 小　　结

数据库安全性是为了保护数据库,防止不合法的使用所造成的数据泄露、更改或破坏,而数据库完整性是为了防止数据库中存在不符合语义的数据,防止错误信息的输入和输出。本章详细讲述了常用的数据库安全控制方法和数据库完整性控制策略。

用户标识和鉴定是系统提供的最外层的安全保护措施;SQL 存取控制主要包括用户权限定义和合法权限检查,通常将视图和 SQL 存取控制结合起来使用;为防止数据库中数据在存储或传输中失密,数据可通过加密后以密码的形式存储和传输;审计是一种监视措施。

此外,本章还介绍了其他常用的安全保护措施,如强制存取控制、统计数据库安全、触发器和防止 SQL 注入。

声明式数据完整性控制是通过定义完整性约束,由系统在运行时,对于各种数据的更新修改进行完整性检查,并做出相应处理;通过断言可指定并维护数据库中多个表中数据值的关系;触发器具有比完整性约束更灵活、精细、强大的数据控制能力,可以实施比 PRIMARY KEY、FOREIGN KEY、CHECK、NOT NULL、UNIQUE、DEFAULT 等约束更为复杂的检查和操作。本章以 SQL Server 的 Transact-SQL 对触发器的支持为例,详细介绍了触发器实现的程序式数据完整性控制。

习　题　7

一、选择题

1. 以下(　　)不属于实现数据库系统安全性的主要技术和方法。

　A. 存取控制技术　　　　B. 视图技术

　C. 审计技术　　　　　　D. 出入机房登记和加锁

2. 设属性 A 是基本表 R 的外码,且 A 是 R 表的非主属性,则属性 A 能取空值(NULL)。这遵守了(　　)规则。

　A. 实体完整性　　　　　B. 参照完整性

　C. 用户自定义完整性　　D. 域完整性

3. SQL 注入是(　　)应该防治的攻击。

A. 数据库完整性控制　　B. 数据库安全性控制

C. 数据库恢复　　D. 并发控制

4. SQL 存取控制用 (　　)来定义。

A. COMMIT　　B. ROLLBACK

C. GRANT 和 REVOKE　　D. AUDIT

5. FOREIGN KEY 以及 REFERENCE 子句用来定义(　　)完整性。

A. 实体　　B. 参照　　C. 域　　D. 用户自定义

6. "年龄在 18 至 30 岁之间"这种约束属于 DBS 的(　　)。

A. 完整性措施　　B. 安全性措施

C. 恢复措施　　D. 并发控制

7. SQL 中的视图提高了数据库系统的(　　)。

A. 完整性　　B. 并发控制　　C. 隔离性　　D. 安全性

8. (　　)是可用于维护比约束更复杂的业务规则所需要的数据库完整性控制策略。

A. PROCEDURE　　B. TRIGGER

C. CHECK　　D. UNIQUE

二、问答题

1. 数据库安全性控制的方法有哪些？请给出说明。

2. 简述 SQL 自主存取控制机制以及使用什么方式来支持这种机制。

3. 举例说明声明式数据完整性控制。

三、综合题

1. 如何通过存取控制保证数据库的安全性？并用 SQL 举例说明。

2. 假设某数据库有下面两个关系模式：

职工(职工号,姓名,年龄,职务,工资,部门号),其中职工号为主码, 部门号为外码;

部门(部门号,名称,经理名,电话),其中部门号为主码;

请针对此数据库写出如下 SQL 语句。

(1) 定义职工表,要求完成以下完整性约束条件的定义:

定义主码;定义参照完整性;数据类型自定。

(2) 授予用户 YANG 具有从每个部门职工中 SELECT 最高工资、最低工资、平均工资的权力,他不能查看每个人的工资。

3. 建立触发器,实现如果更改了 pubs 数据库中 employee 表中字段 job_id 的值,被更改记录的原 job_id 是 12("Editor"的工作编号),更改后的 job_id 是 6("Managing Editor"的工作编号),且若该员工的工龄不超过五年,则提示错误("不满足条件,不能更改!"),并拒绝执行该操作。

下篇　扩展篇

本篇介绍数据库系统的开发过程、SQL 应用与扩展和数据仓库技术。

下篇一共包括 3 章，包括以下内容：

数据库访问技术，数据库应用系统体系结构，JAVA 连接 SQL Server 和 MySQL 两种方式开发数据库应用系统的过程。

嵌入式 SQL、扩展 SQL（SQL Server 扩展的 Transact-SQL 和 Oracle 扩展的 PL/SQL）、存储过程、触发器、游标的使用与作用。

数据仓库与联机分析处理的基本概念与技术，数据仓库系统结构，多维数据模型的设计、实现与操作。

通过本篇学习，读者能够掌握扩展 SQL 语言，了解数据库新技术。在此基础上结合应用需求，能够设计并开发出数据库应用系统。

第 8 章　数据库应用开发

编写应用程序要通过专用的数据库接口访问 DBMS 来操纵数据，开发的数据库访问接口为应用程序访问不同数据库提供统一的访问方式。

当数据库设计好并建立后，就可以着手开发前台的应用程序了。本章介绍如何利用编程工具或语言来访问、连接以及操纵后台数据库。并通过案例详细介绍简单 Web 应用数据库系统开发过程。

8.1　数据库应用结构和数据库访问接口

SQL 访问数据库原理如图 8.1 所示，用户的 SQL 命令在控制程序运行下，调用语言处理程序模块(通常是 DLL)中的 SQL 命令所对应的函数，并由这些函数调用操作系统 API，从而完成对数据库的访问和操纵，并返回结果。这些过程由 DBMS 完成。

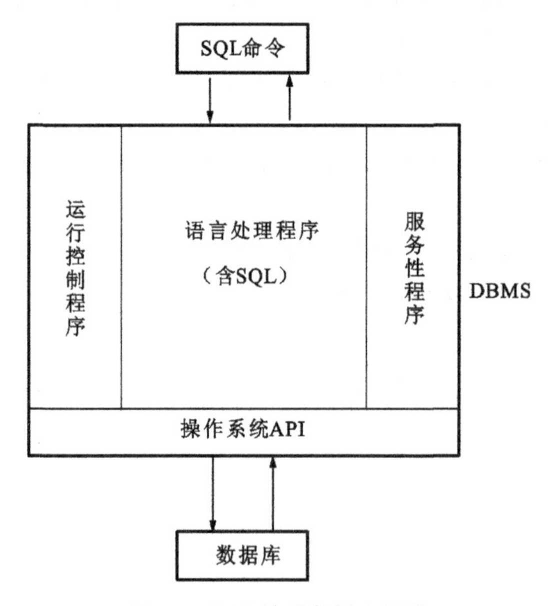

图 8.1　SQL 访问数据库原理

连接 SQL 语句和传统编程语言的一个基本问题是如何利用编程语言在应用程序中调用数据库中的数据，所以要研究出一种机制以允许开发语言访问数据库。面向数据库的中间件是指一切连接应用程序和数据库的软件。与一般的中间件一样，面向数据库的中间件允许开发人员通过单一的、定义良好的 API 访问另一台计算机上的资源；可以提供对任意数量数据库的访问，而不需要考虑数据库的模型和运行平台，这样无论是哪一种数据库，如 SQL Server、DB2、

Oracle、MySQL,都可以同时通过同一界面进行访问。通过这种机制,就可以把不同类型的源数据库和目标数据库映射成相同的模型,使它们易于集成。

8.1.1　数据库应用结构

随着计算机技术的发展,关系数据库在各个领域得到了广泛应用。基于关系数据库的应用系统结构主要分为客户/服务器结构、终端/服务器结构、浏览器/服务器结构和分布式数据库系统结构等。

1. 客户/服务器结构

客户/服务器(client/server,C/S)结构是两层结构。在 C/S 结构中,需要在前端客户机上安装应用程序,通过网络连接访问后台数据库服务器,用户信息的输入、逻辑的处理和结果的返回都在客户端完成,后台数据库服务器接收客户端对数据库的操作请求并执行。C/S 结构示意图如图 8.2 所示。

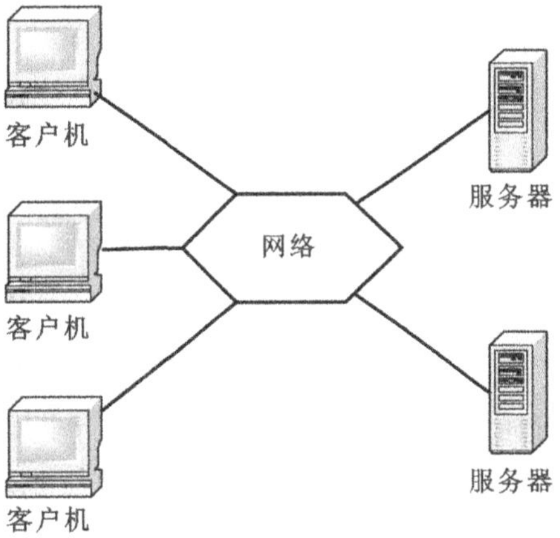

C/S 结构的优点是客户机与服务器可采用不同的软、硬件系统,这样做的好处是应用与服务分离,安全性高,执行速度快;缺点是客户端和服务器都需要进行维护、升级,工作量大,不方便。

图 8.2　C/S 结构示意图

2. 终端/服务器结构

终端/服务器结构类似于客户/服务器结构。与客户/服务器结构的不同之处在于,终端/服务器结构所有的软件安装、配置、运行、通信、数据存储等都在服务器端完成,终端只作为输入和输出的设备,直接运行服务器上的应用程序,而没有处理能力,终端把鼠标和键盘输入传递到服务器上集中处理,服务器把信息处理结果传回终端。

终端/服务器结构的优点是便于实现集中管理,系统安全性高,网络负荷低,对终端设备的要求低;缺点是对服务器性能的要求较高。

3. 浏览器/服务器结构

浏览器/服务器(browser/server,B/S)结构是三层结构。在 B/S 结构中,客户端只需要安装浏览器就可以了,不需要安装具体的应用程序;中间的 Web 服务器层是连接端客户机与数据库服务器的桥梁,所有的数据计算和应用逻辑处理都在此层实现。用户通过浏览器输入请求,传到 Web 服务器进行处理。如果需要,Web 服务器与数据库服务器进行交互,再将处理结果返回给用户。B/S 结构示意图如图 8.3 所示。

B/S 结构的优点是通过 Web 服务器处理应用程序,客户端不需要安装应用程序,便于维护和升级,通过增加 Web 服务器的数量可以增加支持客户机的数量;缺点是增加了网络连接环节,降低了执行效率,同时也降低了系统的安全性。

4. 分布式数据库系统结构

数据库系统按数据分布方式的不同可以分为集中式数据库系统和分布式数据库系统。集中式数据库系统是将数据库集中在一台数据库服务器中;而分布式数据库系统是由分布于计算机网络上的多个逻辑相关的数据库所组成的集合,每个数据库都具有独立的处理能力,可以执

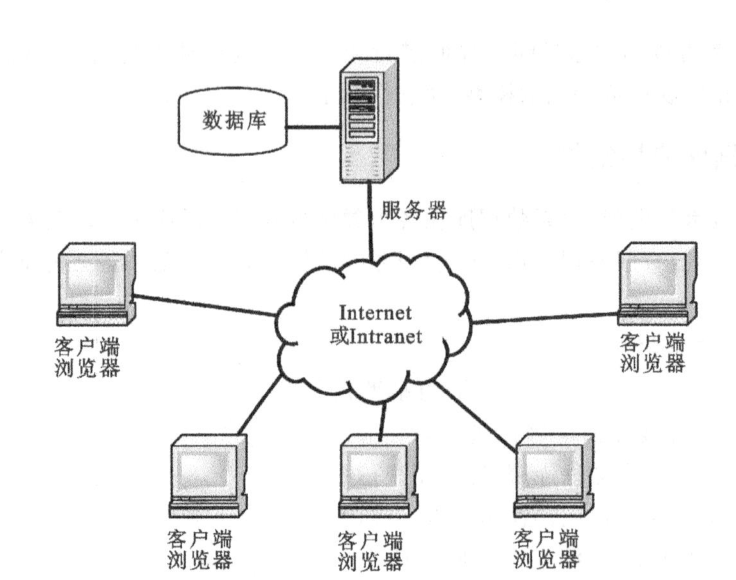

图 8.3 B/S 结构示意图

行局部应用，也可以通过网络执行全局应用。分布式数据库系统结构图如图 8.4 所示。

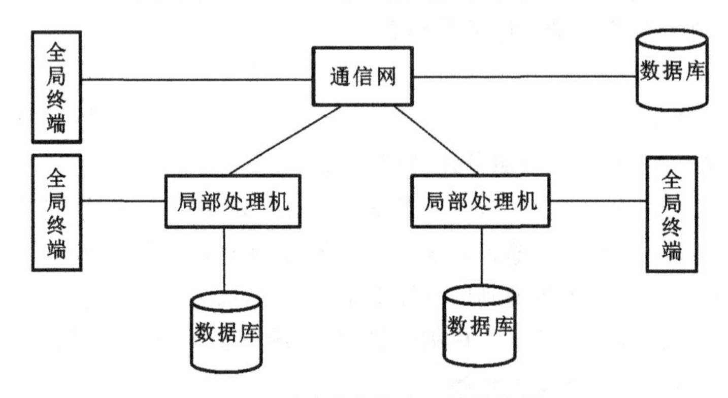

图 8.4 分布式数据库系统结构图

8.1.2 数据库访问接口

不同的数据库有着各自不同的数据库访问接口，程序语言通过这些接口，执行 SQL 语句，进行数据库管理。本章介绍以下几个主要的数据库访问接口。

1. ODBC

ODBC(open database connectivity，开发数据互联)使用 SQL 作为访问数据的标准，这一接口提供了最大限度的互操作性，一个应用程序可以通过共同的一组代码访问不同的 SQL 数据库管理系统(DBMS)，一个基于 ODBC 的应用程序对数据库的操作不依赖任何 DBMS，不直接与 DBMS 打交道，所有的数据库操作由对应的 DBMS 的 ODBC 驱动程序完成，也就是说，不论是 Access 数据库、MySQL 数据库还是 Oracle 数据库，均可以 ODBC API 进行访问，由此可见，ODBC 最大的优点是能以统一的方式处理所有的数据库。

ODBC 提供定义良好的、不依赖于数据库的 API。使用 API 时，ODBC 通过驱动管理器来判定应用程序要连接的数据库的类型，并载入（或卸载）适当的 ODBC 驱动，这样，就实现了使用 ODBC 的应用程序和数据库之间的相互独立。ODBC 数据访问原理如图 8.5 所示。

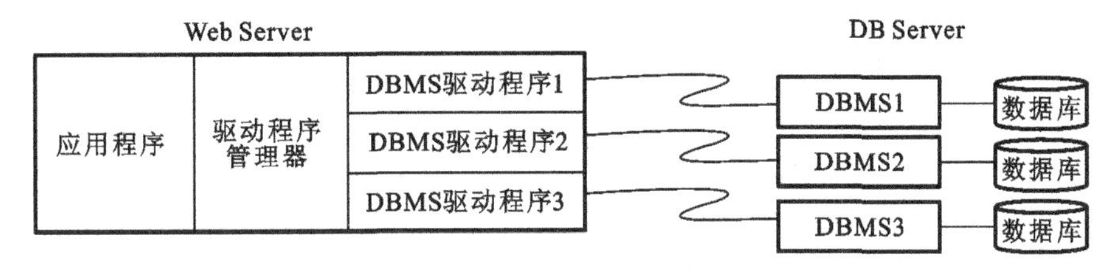

图 8.5　ODBC **数据访问原理**

2. JDBC

用于 JAVA 应用程序连接数据库的标准方法，是一种用于执行 SQL 语句的 JAVA API，可以为多种关系数据库提供统一的访问，它由一组用 JAVA 语言编写的类和接口组成。JAVA 应用程序通过 JDBC API 与数据库连接，而实际的动作由 JDBC（JAVA database connectivity，JAVA 数据库连接）驱动程序管理器（driver manager）通过 JDBC 驱动程序与数据库系统进行连接。JDBC 作为一种数据库连接和访问标准，由 JAVA 语言和数据库开发商共同遵守并执行。JDBC 结构图如图 8.6 所示。

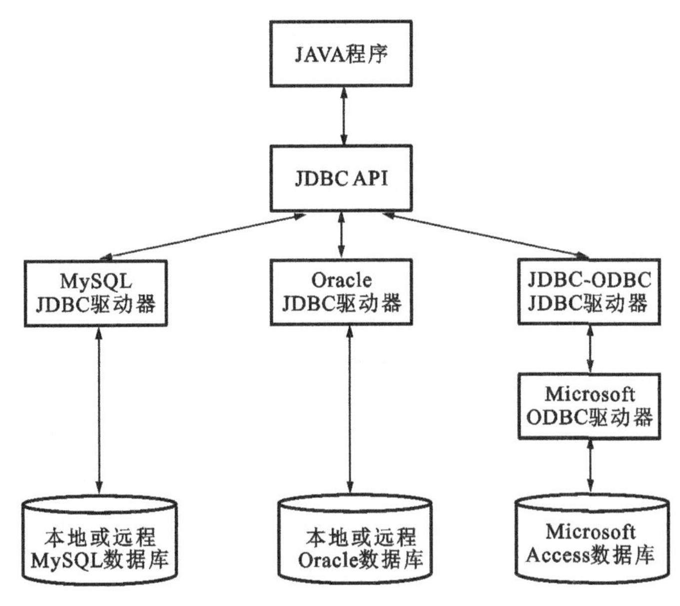

图 8.6　JDBC **结构图**

1) JDBC API

JAVA.SQL 提供了多种 JDBC API，常见的有以下几种。

(1) Connection 接口：代表与数据库的连接，通过它调用 create Statement 能够创建 Statement 对象。

(2) Statement 接口：用来执行 SQL 语句并返回结果记录集。

(3) ResultSet 接口：SQL 语句执行后的结果记录集，必须逐行访问数据行，但是可以用任何顺序访问列。

2）JDBC 驱动程序类型

JDBC 提供了以下四种类型的驱动程序。其中前两种基于已有的驱动程序，部分由 JAVA 实现；后两种是新设计的，全部由 JAVA 实现。

（1）JDBC-ODBC 桥驱动程序。通过把 JDBC 方法翻译成 ODBC 函数调用，使 JAVA 应用程序可以通过 ODBC 驱动程序访问数据库。

（2）本地库 JAVA 实现驱动程序。与 JDBC-ODBC 驱动程序相似，本地库 JAVA 实现驱动程序是建立在已有专用驱动程序的基础上，将 JDBC 方法翻译成本地已有的专用驱动程序。

（3）网络协议驱动程序。它是一种全新结构的驱动程序，以中间件的形式出现，由中间件组件把 JDBC 方法翻译成数据库客户端请求，再向数据库服务器发送请求，中间件组件和数据库的客户端通常位于中间层服务器上。

（4）数据库协议驱动程序。它也是一种全新结构的驱动程序。它的特点是应用程序直接与数据库服务器端通信。这种方式需要数据库开发商的强力支持，提供基于特定数据库的网络插件，实现针对特定数据库的通信协议，使 JDBC 驱动程序通过网络插件直接与数据库服务器通信。

3）使用 JDBC 访问数据库

使用 JDBC 访问数据库一般要经过四个步骤：装入合适的驱动程序；创建一个连接对象；生成并执行一个 SQL 语句；处理查询结果集，关闭连接。

4）加载驱动程序并建立连接

DriverManager 类是 JDBC 的管理层，它工作于用户和驱动程序之间，跟踪可用的驱动程序，并在数据库和相应驱动程序间建立连接。DriverManager 类包含各 Driver 类，所有的 Driver 类都必须包含一个静态部分。它创建该类的实例，在加载该实例时，DriverManager 类进行注册。注册方式有以下两种。

（1）通过调用方法 Class.forName。这将直接加载驱动程序类。由于这与外部设置无关，故推荐使用这种加载方法：Class.forName（“驱动名”）。

（2）通过将驱动程序添加到 java.lang.system 的属性 jdbc.drivers 中，这是一个由 Driver Manager 类加载的驱动程序类名列表。

本章开发案例就是应用 JAVA 通过 JDBC 使用数据库，实现数据库应用系统。

3. ADO.NET

ADO.NET（ActiveX data objects. NET）是微软在.NET 框架下开发设计的一组用于和数据库进行交互的面向对象类库。ADO.NET 提供对关系数据、XML 和应用程序数据的访问，允许和不同类型的数据源以及数据库进行交换；提供对 Microsoft SQL Server 等数据源以及通过 OLEDB 和 XML 公开的数据源的一致访问接口。数据共享使用者应用程序可以使用 ADO.NET来连接到这些数据源，并检索、操作和更新数据。它有效地从数据操作中将数据访问分解为多个可以单独使用或一前一后使用的不连续组件。ADO.NET 包含用于连接到数据库、执行命令和检索结果的.NET Framework 数据提供程序。使用者可以直接处理检索到的结果，或将其放入 ADO.NET DataSet 对象，以便与来自多个源的数据或在层之间进行远程处理的数据组合在一起，利用特殊形式向用户公开。ADO.NET DataSet 对象也可以独立于 .NET Framework 数据提供程序使用，以管理应用程序本地的数据或源自 XML 的数据。ADO.NET 结构示意图如图 8.7 所示。

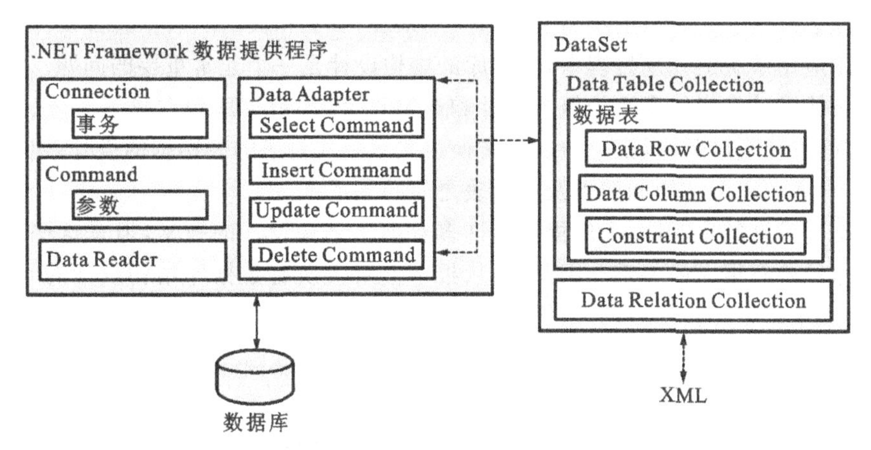

图 8.7 ADO.NET **结构示意图**

ADO.NET 类在 System.Data.dll 中，并且与 System.Xml.dll 中的 XML 类集成在一起。当编译使用 System.Data 命名空间的代码时，须引用 System.Data.dll 和 System.Xml.dll。有关命令行可参照编译器编译 ADO.NET 应用程序的示例。

ADO.NET 向编写托管代码的开发人员提供了类似于 ADO 向 COM 开发人员提供的功能。ADO.NET 借用 XML 的力量来提供对数据的断开式访问。ADO.NET 的设计与 .NET Framework 中 XML 类的设计是并进的，它们都是同一个结构中的组件。

ADO.NET 和 .NET Framework 中的 XML 类集中于 DataSet 对象。无论 DataSet 是文件还是 XML 流，它都可以使用来自 XML 源的数据来进行填充。无论 DataSet 中数据的数据源是什么，DataSet 都可以写成符合万维网联盟(W3C)的 XML，并且将其架构包含为 XML 架构定义语言(XSD)架构。DataSet 固有的序列化格式为 XML，它是在层间移动数据的优良媒介，这使 DataSet 成为以远程方式向 XML Web services 发送数据和架构上下文以及从 XML Web services 接收数据和架构上下文的最佳选择。

8.2 Web 数据库应用开发实例

案例：人事管理系统。

简单的人事管理系统，用于支持企业完成劳动人事管理，有以三个方面的目标，一是支持企业实现规范化的管理，二是建立员工人事档案；三是支持企业进行劳动人事管理以及相关科学决策。

在系统开发之前完成系统功能分析，根据当前企业人力资源管理模式，本例中的人事管理系统完成如下几个功能。

(1) 员工信息管理：包括添加员工信息，修改员工的各种信息，删除转出、辞职、退休员工的信息。

(2) 按照某种条件，查询、统计符合条件的员工信息。

(3) 打印输出查询、统计的结果。

(4) 员工职位及工资管理：记录员工的职位、部门变动以及工资标准。

人事管理系统是一个典型的小型数据库应用系统，员工相关的所有信息都要保存在数据库中。在数据库应用系统的开发过程中，数据库的结构设计是一个非常重要的问题。我们这里所说的数据库结构设计是指数据库的概念设计和逻辑设计，即数据库包含哪些实体、实体具有什么属性、实体间有什么联系，以及这些实体转换为关系模式对应的表结构的设计，包括信息保存在哪个表格中、各个表的结构如何以及各个表之间的关系。

由于数据库设计的重要性，人们提出了许多数据库结构设计的技术，但是这些设计方案和设计者的工作经验有很大的关系。因此，要从根本上解决所有数据库结构设计的问题，就需要多实践，在实践中积累经验和教训，最终成为数据库结构设计的专家。

8.2.1 数据库概念设计

针对大部分企业对员工的人事管理模式，通过对管理内容和过程分析，设计出数据库的概念模式，如图 8.8 所示。

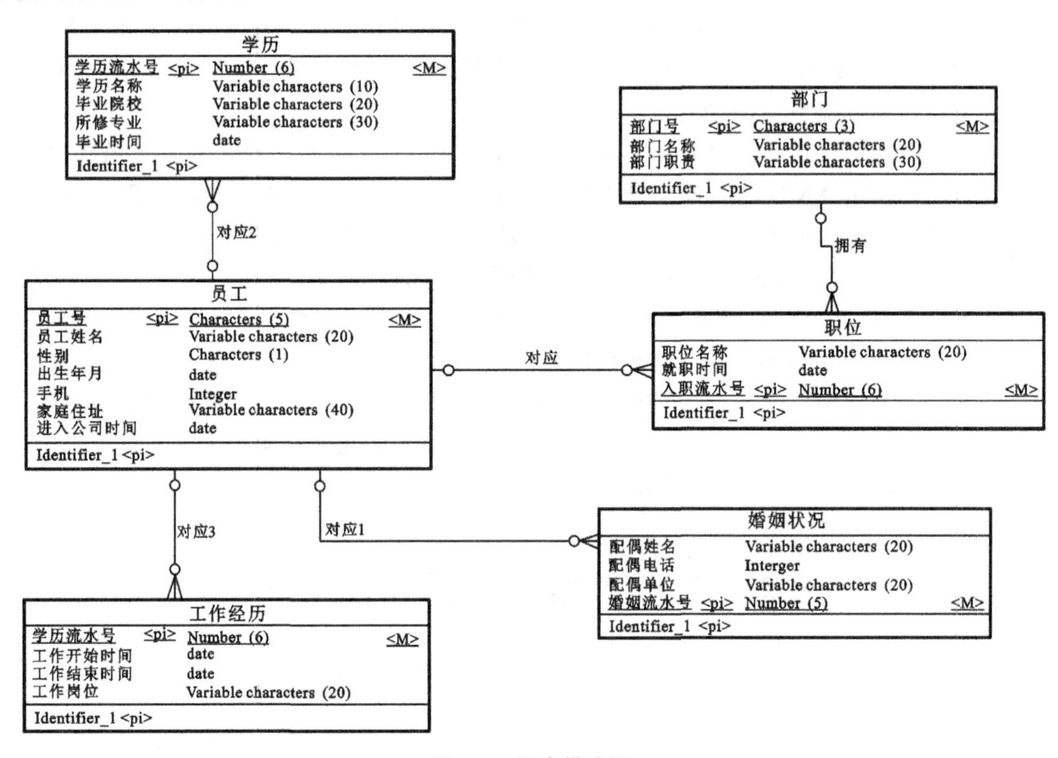

图 8.8 概念模式图

8.2.2 数据库逻辑设计

根据上面的概念设计结果(ER 模型)和具体的人事管理模式，设计出本系统数据库的逻辑模式，如图 8.9 所示。

具体表结构如下：

员工基本信息(员工号、姓名、性别、身份证号、出生年月、籍贯、国籍、民族、政治面貌、进公司工作时间、家庭住址、联系电话)等。

员工婚姻状况(员工号、婚姻流水号、配偶姓名、配偶工作单位、配偶电话)等。

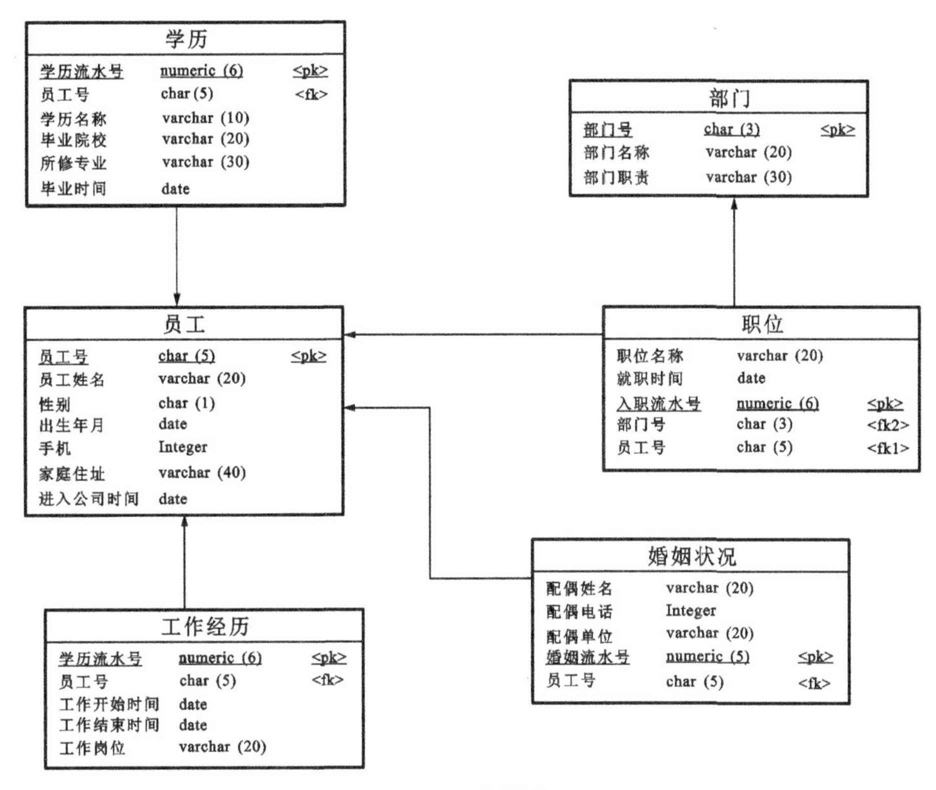

图 8.9　逻辑模式图

员工学历信息(员工号、学历流水号、学历名称、专业、毕业时间、毕业学校)等。
职位信息(入职流水号、工作岗位名称、入职时间)。
部门信息(部门代号、部门名称、部门职责)。

8.2.3　数据库实施(建库)

可以在 PowerDesigner 中生成数据库，生成 SQL 语句，再选择合适的 DBMS，直接执行生成的 SQL 代码即可。

```
/*==============================================================*/
/*Table: BuMinfo                                                */
/*==============================================================*/
create table BuMinfo
(
    BuMH                   char(3)                   not null,
    BuMMC                  varchar(20)               null,
    BuMZZ                  varchar(30)               null,
    constraint PK_BUMINFO primary key (BuMH)
);
/*==============================================================*/
/*Table: GongZJLinfo                                            */
/*==============================================================*/
```

```
create table GongZJLinfo
(
   XueLLSH              numeric(6)                     not null,
   YuanGH               char(5)                        null,
   GongZKSSJ            date                           null,
   GongZJSSJ            date                           null,
   GongZGW              varchar(20)                    null,
   constraint PK_GONGZJLINFO primary key (XueLLSH)
);

/*==============================================================*/
/*Table: HunYinfo                                               */
/*==============================================================*/
create table HunYinfo
(
   PeiOXM               varchar(20)                    null,
   PeiODH               integer                        null,
   PeiODW               varchar(20)                    null,
   HunYLSH              numeric(5)                     not null,
   YuanGH               char(5)                        null,
   constraint PK_HUNYINFO primary key (HunYLSH)
);

/*==============================================================*/
/*Table: XueLinfo                                               */
/*==============================================================*/
create table XueLinfo
(
   XueLLSH              numeric(6)                     not null,
   YuanGH               char(5)                        null,
   XueLMC               varchar(10)                    null,
   BiYYX                varchar(20)                    null,
   SuoXZY               varchar(30)                    null,
   BiYSJ                date                           null,
   constraint PK_XUELINFO primary key (XueLLSH)
);
/*==============================================================*/
/*Table: YuanGinfo                                              */
/*==============================================================*/
create table YuanGinfo
(
   YuanGH               char(5)                        not null,
   YuanGXM              varchar(20)                    null,
```

```
    XingB                  char(1)                      null,
    ChuSNY                  date                         null,
    ShouJ                   integer                     null,
    JiaTZZ                  varchar(40)                 null,
    JinRGSSJ                date                         null,
    constraint PK_YUANGINFO primary key (YuanGH)
);
/*==============================================================*/
/*Table: ZhiWinfo                                            */
/*==============================================================*/
create table ZhiWinfo
(
    ZhiWMC                    varchar(20)                 null,
    JiuZSJ                 date                         null,
    RuZLSH                  numeric(6)                   not null,
    BuMH                    char(3)                     null,
    YuanGH                  char(5)                     null,
    constraint PK_ZHIWINFO primary key (RuZLSH)
);
```

8.2.4　JAVA 使用数据库代码

因为当今很多软件企业在开发数据库应用时都用 MySQL，所以提供 JAVA 连接 SQL Server 和 MySQL 两种形式。

1. JAVA 连接 SQL Server 代码

工具：IDE、SQL Server 2017、sqljdbc4.jar。

SQL Server 配置如下。

安装好 SQL Server 2017 后，运行开始→所有程序→Microsoft SQL Server 2017→SQL Server 配置工具（见图 8.10）→SQL Server 配置管理器（见图 8.11），在打开的窗口的左边找到 MSSQLSERVER 的协议，在右边右键单击 TCP/IP，选择已启用。如果 Named Pipes 未启用，将其设为启用。

图 8.10　SQL Server **配置工具**

(1) 双击图 8.11 右边的 TCP/IP，在弹出的窗口中选择 IP 地址标签，把 IP All 中的 TCP 端口设成“1433”，并将上方所有的“已启用”选项设置成“是”。TCP/IP 配置如图 8.12 所示。

(2) 重启数据库，重启完毕后，使用命令测试 1433 端口是否打开。

开始菜单→运行 cmd →在命令提示符下输入“telnet 127.0.0.1 1433”(注意 telnet 与 127 之

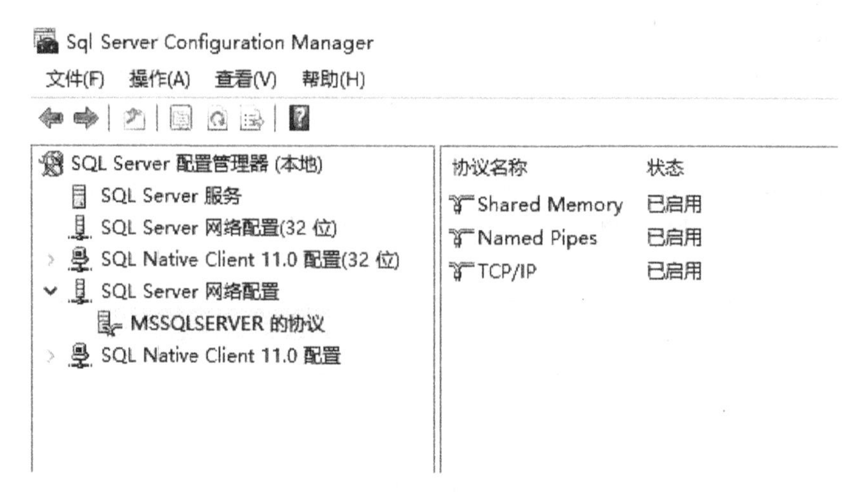

图 8.11 SQL Server 配置管理器

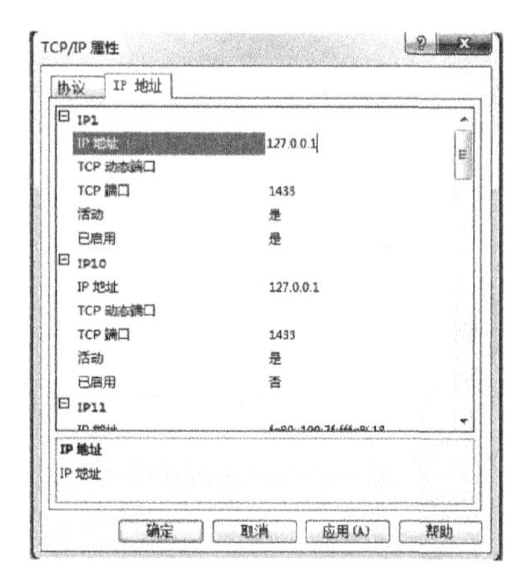

图 8.12 TCP/IP 配置

间有空格,1 与 1433 之间有空格),若提示“不能打开到主机的连接,在端口 1433：连接失败”,则说明 1433 端口没有打开,需要重新进行以上配置。

(3) 下载 Microsoft JDBC Driver for SQL Server。下载 JDBC 的驱动文件。例如,下载得到的文件是 sqljdbc_4.0.2206.100_chs.exe,解压文件。设将其解压到 C:\Microsoft JDBC Driver 4.0 for SQL Server 目录下。

在桌面上右键单击我的电脑,依次选择属性→高级→环境变量,在“系统变量”中双击“CLASSPATH 变量”,追加“;C:\Microsoft JDBC Driver 4.0 for SQLServer\sqljdbc_4.0\chs\sqljdbc4.jar”。若不存在,应当新建 CLASSPATH 变量,并且将其值设为“C:\Microsoft JDBC Driver 4.0 for SQL Server\sqljdbc_4.0\chs\sqljdbc4.jar”,如图 8.13 所示。

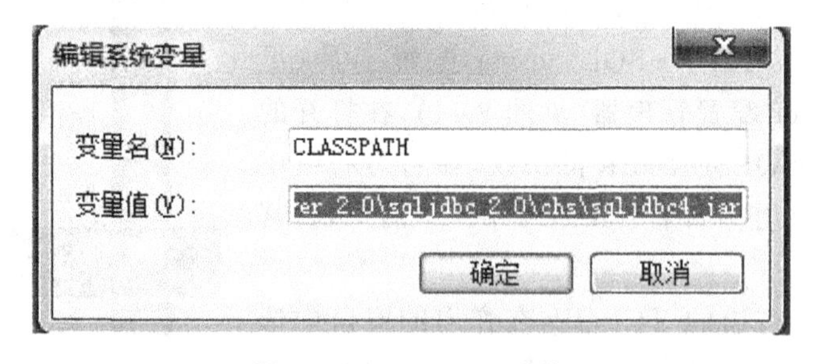

图 8.13 JDBCdriver 追加

(4) 连接数据库并读取数据。

数据库名称:personal_system_database。

端口号:1433。

用户名:root。

密码:root。

```
package db;
import java.sql.Connection;
import java.sql.DriverManager;
import java.sql.ResultSet;
import java.sql.Statement;
/**
 *<p>sqlserver 数据库连接</p>
 *
 */
public class DBConnectionSqlServ {
    public static void main(String [] args)
    {
        String driverName="com.microsoft.sqlserver.jdbc.SQLServerDriver";
        String dbURL="jdbc:sqlserver://localhost:1433;DatabaseName=personal_
system_database";
        String userName="root";
        String userPwd="root";
        try
        {
            Class.forName(driverName);
            System.out.println("Succeeded Driver to the Database!");
        }catch(Exception e){
            e.printStackTrace();
            System.out.println("Sorry,can't find the Driver!");
        }
        try{
              Connection dbConn = DriverManager.getConnection (dbURL, userName,
                 userPwd);
            //2.创建 statement 类对象,用来执行 SQL 语句!!
            Statement statement=dbConn.createStatement();
            //要执行的 SQL 语句
            String sql="select* from person_information";
            //3.ResultSet 类,用来存放获取的结果集!!
            ResultSet rs=statement.executeQuery(sql);
            System.out.println("-----------------");
            System.out.println("执行结果如下所示:");
            System.out.println("-----------------");
            System.out.println("职工工号" +"\t"+"姓名");
            System.out.println("-----------------");
            String job=null;
            String id=null;
            while(rs.next()){
                //获取 stuname 这列数据
```

```
                job=rs.getString("id_card");
                //获取 stuid 这列数据
                id=rs.getString("name");
                //输出结果
                System.out.println(id +"\t"+job);
            }
            rs.close();
            dbConn.close();
            System.out.println("Succeeded connecting to the Database!");
        }catch(Exception e)
        {
            e.printStackTrace();
            System.out.print("db linked fail!");
        }
    }
}
```

2. JAVA 连接 MySQL 数据库连接代码

工具：IDE、MySQL 5.5、Navicat for MySQL、MySQL 连接驱动 mysql-connector-java-5.1.28.jar。

(1) 使用 Navicat for MySQL 新建连接，设置连接名、IP、用户名和密码，如图 8.14 所示。

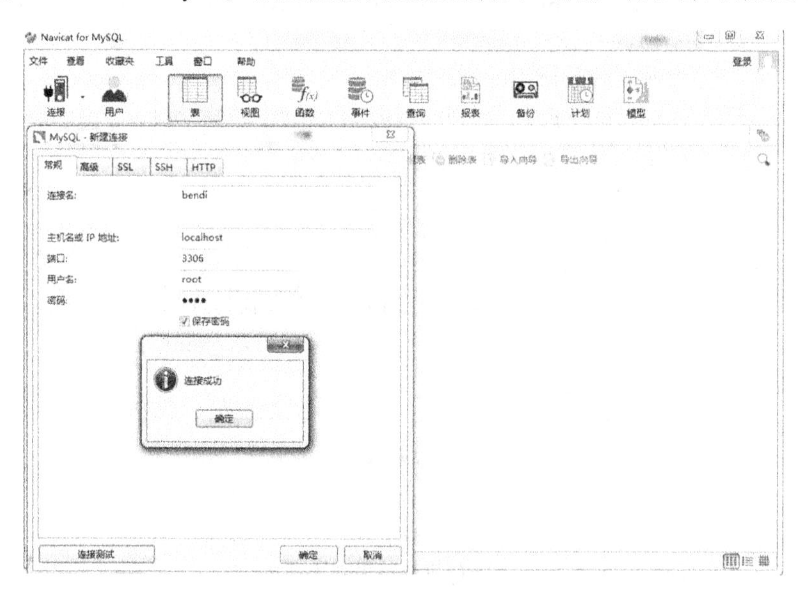

图 8.14　新建连接

(2) 创建数据库。

创建系统数据库，如图 8.15 所示。

(3) 连接数据库并读取数据。

数据库名称：personal_system_database。

端口号：3306。

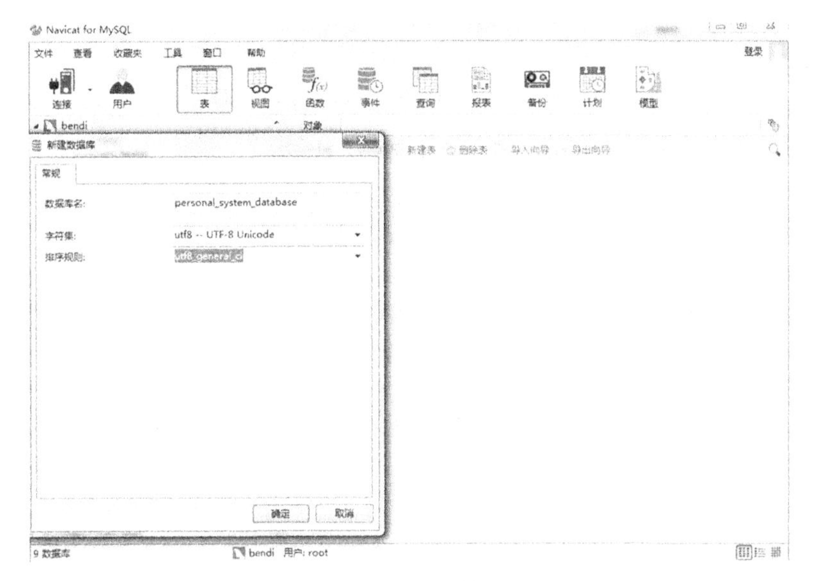

图 8.15　创建数据库

用户名：root。

密码：root。

```
import java.sql.* ;
/**
 *<p>java 连接 mysql 简单用例</p>
 *
*/
public class DBConnection {
    public static void main(String[] args) {
        //声明 Connection 对象
        Connection con;
        //驱动程序名
        String driver="com.mysql.jdbc.Driver";
        //URL 指向要访问的数据库名 mydata
        String url="jdbc:mysql://localhost:3306/personal_system_database";
        //MySQL 配置时的用户名
        String user="root";
        //MySQL 配置时的密码
        String password="root";
        //遍历查询结果集
        try {
            //加载驱动程序
            Class.forName(driver);
            //1.getConnection()方法,连接 MySQL 数据库!!
            con=DriverManager.getConnection(url,user,password);
            if(! con.isClosed()){
```

```
                System.out.println("Succeeded connecting to the Database!");
            }
            //2.创建 statement 类对象,用来执行 SQL 语句!!
            Statement statement=con.createStatement();
            //要执行的 SQL 语句
            String sql="select* from person_information";
            //3.ResultSet 类,用来存放获取的结果集!!
            ResultSet rs=statement.executeQuery(sql);
            System.out.println("------------------");
            System.out.println("执行结果如下所示:");
            System.out.println("------------------");
            System.out.println("职工工号" +"\t"+"姓名");
            System.out.println("------------------");
            String job=null;
            String id=null;
            while(rs.next()){
                //获取 stuname 这列数据
                job=rs.getString("id_card");
                //获取 stuid 这列数据
                id=rs.getString("name");
                //输出结果
                System.out.println(id+"\t"+job);
             }
             rs.close();
             con.close();
        } catch(ClassNotFoundException e) {
            //数据库驱动类异常处理
            System.out.println("Sorry,can't find the Driver!");
            e.printStackTrace();
        } catch(SQLException e) {
            //数据库连接失败异常处理
            e.printStackTrace();
        }catch (Exception e) {
            e.printStackTrace();
        }finally{
            System.out.println("db linked success!");
        }
    }
}
```

8.3 小　　结

本章介绍了四个常用的数据库应用系统体系结构和三个常用的数据访问接口,并通过案例分析了数据库应用系统的设计步骤和开发过程。

本章着重讲解了在一个具体应用需求的基础上如何进行数据库的概念设计、逻辑设计，案例以JAVA连接MySQL和SQL Server两种形式进行讲解，并给出了关键代码。

习　题　8

设计并实现工资管理系统。

工资管理既是企业劳动人事管理的重要部分，也是企业财务管理的重要部分，因为它和人、资都相关。工资管理需要和员工人事管理连接，同时连接工时考勤和医疗保险等，生成企业每个职工的基本工资、津贴、医疗保险、保险费、实际发放工资等。

工资管理是一项琐碎、复杂而又十分细致的工作，一般不允许出现差错。使用计算机进行工资发放工作，不仅能够保证工资核算正确无误、快速输出，而且可以利用工资数据库对有关工资的各种信息进行统计，服务于财务部门其他方面的核算和财务处理。

在完成系统功能分析的同时，需要完成以下主要功能。

(1) 员工每个岗位基本工资的设定。

(2) 加班津贴的管理。根据加班的时间和类型给予不同的加班津贴。

(3) 根据月工资生成公式，按照员工的考勤情况和工作表现，生成员工月工资。

(4) 年终奖的生成。

(5) 企业工资报表的生成。支持各种不同形式的报表。

(6) 工资管理系统的使用帮助。

要求：

(1) 针对本应用写出简单需求，通过对企业工资管理的内容和业务流程分析，设计数据库。

(2) 选择SQL Server或者MySQL创建数据库。提示，数据库表结构参考如下。

① 员工基本信息：员工号、员工姓名、员工岗位、员工所属部门等。

② 员工月工资信息：生成工资的时间、基本工资、员工所属部门等。

③ 员工岗位等级信息：岗位等级、岗位基本工资等。

④ 员工津贴信息：员工号、加班时间、加班类别、加班天数等。

⑤ 员工医疗保险信息：员工号、医疗保险时间、医疗费用保险、社会保险费用等。

⑥ 员工年终奖信息：年份、员工奖数额、基数等。

(3) 设计系统功能界面，用JAVA连接数据库实现软件需求。

第9章 SQL应用与扩展

SQL标准定义了对于COBOL、FORTRAN、PL/I等语言的嵌入式SQL的规范，对于C语言的嵌入式SQL的规范。一些大型的数据库厂商发布的数据库产品中，都提供了对于嵌入式SQL的支持，比如Oracle、DB2、SQL Server等 。

因SQL语言的局限性，许多大型数据库管理系统也提供了SQL扩展语句，如存储过程、触发器、游标等，以实现数据处理的应用编程。

本章将先介绍嵌入式SQL及其应用，然后介绍SQL扩展语句的主要技术。

9.1 嵌入式SQL

SQL提供了两种使用形式，即交互式SQL和嵌入式SQL。前者作为用户在DBMS提供的交互式界面上使用，如SQL Server 2017的查询编辑器，在此可以执行数据库的定义、操作、控制等。后者为程序员用户建立大型的应用系统提供访问数据库的编程技术。本书第3章介绍了各种交互式SQL的数据定义、数据操作和控制等功能，本节介绍嵌入式SQL的用法。

9.1.1 嵌入式SQL概述

SQL语言是非过程化语言，大部分语句的执行与其前面或后面的语句无关，而一些高级编程语言都是基于如循环、条件等结构的过程化语言。SQL语言非常有力，但它没有过程化能力。若把SQL语言嵌入高级语言中，则程序开发人员能设计出更加灵活的应用系统。

嵌入式SQL是将SQL嵌入高级语言，如C、VC++、VB、Delphi、JAVA、JAVAScript等中，这些高级语言称为宿主语言或主语言。它具有SQL语言和高级语言的良好特征，将比单独使用SQL或C、VC++等高级语言具有更强的功能和灵活性。嵌入式SQL可以充分利用高级语言的极强的表达计算功能和SQL的数据处理能力，以便完成用户复杂的事务处理。

将SQL嵌入主语言中必须解决以下三个问题：

(1) 区分SQL语句和主语言的语句；

(2) 数据库工作变量与主语言程序变量之间的通信；

(3) 一个SQL一次可以处理一组记录，而主语言一次只能处理一条记录。

解决第一个问题的方法是在SQL语句前面加上前缀EXEC SQL表示SQL语句开始，而SQL的结束标志随主语言不同而不同。

例如，PL/I和C以分号“;”结束：

```
EXEC SQL <SQL语句>;
```

COBOL以END-EXEC结束：

```
EXEC SQL <SQL语句>END-EXEC
```

例如，一条交互式SQL语句CREATE TABLE Employee嵌入C语言中，可写为

```
EXEC SQL CREATE TABLE Employee(Eno CHAR(10) );
```

嵌入COBOL语言中，可写为

```
EXEC SQL CREATE TABLE Employee (Eno CHAR(10) )  END-EXEC
```

解决第二个问题的方法是在SQL语言中用到的主变量前加“:”或“#”，同时建立SQL与主语言程序之间的通信区。所谓主变量，是指在主语言程序中用到的变量。

例如，将SQL查询语句得到的值赋给主语言程序的变量，可以使用以下语句：

```
EXEC SQL SELECT 目标列 INTO:主变量
FROM 基本表[或视图][WHERE 条件表达式]
```

解决第三个问题的方法是用游标(CURSOR)处理。

处理嵌入式SQL语句一般要经过以下步骤：首先由DBMS的预处理程序对源程序进行扫描，识别出SQL语句；然后把它们转换成主语言调用语句，以使主语言编译程序能识别它；最后由主语言的编译程序将整个源程序编译成目标码。

9.1.2 嵌入式SQL语句与主语言程序之间的通信

将SQL嵌入高级语言中混合编程，程序中会含有两种不同计算模型的语句：一是SQL语句，它是描述性的面向集合的语句，负责操纵数据库；二是主语言语句，它是过程性的面向记录的语句，负责控制程序流程。两种计算模型之间面临控制信息和数据传递问题。一般来说，工作单元之间的通信方式有SQL通信区、主变量和游标三种。

1. SQL通信区

SQL通信区(SQL communication area，简称SQLCA)是一个数据结构，在应用程序中用EXEC SQL INCLUDE SQLCA加以定义。SQL语句执行后，SQLCA接收DBMS反馈给应用程序的若干状态信息，如系统当前工作状态、运行环境等。应用程序从SQLCA中取出这些状态信息，据此决定接下来执行的语句。

SQLCA中有一个存放每次执行SQL语句后返回代码的变量SQLCODE。如果SQLCODE等于预定义的常量SUCCESS，则表示SQL语句成功，否则表示出错。应用程序每执行完一条SQL语句之后都应该测试一下SQLCODE的值，以了解该SQL语句执行情况并做相应处理。

所以，SQL通信区的主要作用是向主语言传递SQL语句的执行状态信息，主语言能够据此控制程序流程。

2. 主变量

在SQL语句中使用的主语言程序变量简称为主变量(host variable)。主变量使主语言程序向SQL语句提供参数，也可以将SQL语句查询数据库的结果交主语言进一步处理。

主变量有两种类型。一种是输入主变量，由应用程序对其赋值，SQL语句引用。输入主变量的作用是指定向数据库中插入的数据、将数据库中的数据修改为指定值、指定执行的操作、指定WHERE子句或HAVING子句中的条件。另一种是输出主变量，由SQL语句赋值或设置状态信息，返回给应用程序。输出主变量的作用是获取SQL语句的结果数据、获取SQL语句的执行状态。一个主变量有可能既是输入主变量又是输出主变量。

一个主变量可以附带一个指示变量(indicator variable)。指示变量是一个整型变量,用来"指示"所指主变量的值或条件。输入主变量可以利用指示变量赋空值;输出主变量可以利用指示变量检测出是否是空值、值是否被截断。

(1) 说明主变量和指示变量。

```
BEGIN DECLARE SECTION
⋮            (说明主变量和指示变量)
END DECLARE SECTION
```

(2) 使用主变量。

说明之后的主变量可以在SQL语句中任何一个能够使用表达式的地方出现。为了与数据库对象名(表名、视图名、列名等)相区别,SQL语句中的主变量名前要加冒号":"作为标志。在SQL语句之外(主语言语句中)可以直接引用主变量,不必加冒号":"。

3. 游标

SQL语言与主语言具有不同的数据处理方式。SQL语言是面向集合的,一条SQL语句原则上可以产生或处理多条记录;而主语言是面向记录的,一组主变量一次只能存放一条记录,仅使用主变量并不能完全满足SQL语句向应用程序输出数据的要求。嵌入式SQL引入了游标的概念,游标可以解决集合性操作语言与过程性操作语言的不匹配问题。

游标是系统为用户开设的一个数据缓冲区,存放SQL语句的执行结果。每个游标都有一个名字。用户可以用SQL语句逐一从游标中获取记录,并赋给主变量,交由主语言进一步处理。操作游标有四条语句。

(1) 定义游标DECLARE。游标是与某一查询结果相联系的符号名。

(2) 打开游标OPEN。打开游标使游标处于活动状态,与游标相对应的查询被执行,游标指向查询结果集中的第一个记录。

(3) 推进游标FETCH。把游标向前推进一个记录,并把游标指向的当前记录中的字段值取出,并放到INTO子句相应的主变量中。推进游标通常用于循环语句中。

(4) 关闭游标CLOSE。

9.1.3 嵌入式SQL应用实例

下面通过一个用C语言程序操纵数据库的实例来帮助大家理解嵌入式SQL语句中的主变量、游标等基本概念。

【例9.1】 带有嵌入式SQL的一小段C语言程序

```
    ...
EXEC SQL INCLUDE SQLCA;
        /*(1)定义 SQL 通信区 */
EXEC SQL BEGIN DECLARE SECTION;
        /*(2)说明主变量 */
    INT Eno;
    CHAR Ename[10];
    INT Dno;
EXEC SQL END DECLARE SECTION;
```

```
main( )
{
   EXEC SQL DECLARE C1 CURSOR FOR
     SELECT Eno,Ename,Dno FROM Employee;
     /*游标操作(定义游标)*/
     /*从 Employee 表中查询 Eno,Ename,Dno*/
   EXEC SQL OPEN C1;
     /* (4) 游标操作(打开游标)*/
   for(;;)
   {
   EXEC SQL FETCH C1 INTO :Eno,:Ename,:Dno;
     /*游标操作(将当前数据放入主变量并推进游标指针)*/
   if (sqlca.sqlcode <>SUCCESS)
     /*利用 SQLCA 中的状态信息决定何时退出循环 */
               break;
   printf("员工号: %d,姓名: %s,部门号:%d ",:Eno,:Ename,:Dno);
     /*打印查询结果   */
    }
    EXEC SQL CLOSE C1;
                 /*游标操作(关闭游标)*/
}
```

9.2　SQL 扩展语句概述

SQL 最初主要被设计和实现为一种用于表示数据库操作的语言，如创建数据库结构、增删改查询数据等，但由于没有流程控制、块结构、命名变量、命名过程等编程语句的性能，SQL 在后来的客户端-服务器数据库体系结构中的执行性能受到了挑战，应用程序发出的每个 SQL 操作请求都将通过网络发送到数据库服务器，并等待通过网络返回的应答消息，如此便带来安全隐患，也不利于数据库系统性能优化等。为此，由 Sybase 公司最早推出了存储过程，它提供了具有上述性能结构的过程性程序设计语言。目前，绝大多数企业的 DBMS 都提供了 SQL 扩展语句。它能够将过程性结构与 DBMS 的 SQL 无缝地集成在一起，成为强有力的结构化语言。

Oracle 的 SQL 的过程语言扩展（PL/SQL）提供了：

(1) SQL 的过程扩展；

(2) 平台和产品间的可移植性；

(3) 更高级的安全性和数据完整性保护；

(4) 支持面向对象的编程；

PL/SQL 数据库对象有以下类型：

(1) 存储过程；

(2) 函数；

(3) 触发器；

(4) 程序包；

(5) 程序包主体；

(6) 类型主体。

此外，Transact-SQL 语言是微软的 SQL Server 对 SQL 的过程语言扩展。

因各类 SQL 扩展语句的语法超出了本书的范围，这里不做详细说明，下面主要介绍 Transact-SQL 和 PL/SQL 中比较常用的存储过程、触发器、游标的创建和使用方法。

9.3 存储过程

存储过程(procedure)是一组为了完成特定功能的 SQL 语句集，经编译后存储在数据字典中，可以在不同用户和应用程序之间共享，并可实现程序的优化和重用。

使用存储过程的优点如下。

(1) 存储过程代码修改对于应用程序源代码无影响(因为应用程序源代码只包含存储过程的调用语句)，提高了程序的可移植性。

(2) 存储过程执行一次后，代码就驻留在高速缓存，以后 DBMS 可在运行时以极高的效率执行一个预编译的存储过程，提高了性能。

(3) 代码可重用且减少网络流量，可以显著改善系统的整体性能。

(4) 存储过程允许数据库管理员更好地维护基础数据安全性，通过设定只有某些授权用户才可以执行指定的存储过程，而且授权用户只有通过存储过程才可以访问指定的表。

(5) 访问的简易性，调用一个简单的预定义存储过程或函数(如检查账户余额，给出客户编号，添加订单，给出客户编号、数量和产品标识符)要比执行对应的 SQL 语句更容易。

(6) 强制实行商业规则。存储过程的条件处理结构便于将商业规则应用在数据库编程中，如检查出订单对应的客户的信用以及检查商品的存货是否能满足订单的要求等，如果这些条件不能满足，将拒绝此项订单。

1. 创建和调用存储过程

(1) SQL Server 中使用 Transact-SQL 创建存储过程的语法如下：

```
CREATE PROCEDURE procedure_name [; number]
    [ {@parameter data_type}
        [ VARYING ] [=default ] [ output ]
    ] [,...n ]
[ WITH    { RECOMPILE | ENCRYPTION | RECOMPILE,ENCRYPTION } ]
[ FOR REPLICATION ]
AS sql_statement [ ...n ]
```

命令中的选项含义如下。

procedure_name：新存储过程的名称，它必须符合标识符命名规则，且对于数据库及其所有者必须是唯一的。

number：序号，用于区别具有相同名称的两个存储过程。

@parameter：过程参数名，参数名称必须符合标识符的规则。每个过程的参数仅用于该过程本身;相同的参数名称可以用在其他过程中。默认情况下,参数只能代替常量,而不能用于代替表名、列名或其他数据库对象的名称。

data_type:参数的数据类型,所有数据类型(包括 text、ntext 和 image)均可以用作存储过程的参数,但 cursor 类型只能用于 output 参数。

VARYING:指定作为输出参数支持的结果集(由存储过程动态构造,内容可以变化),仅适用于游标参数。

default:参数的默认值。如果调用程序没提供参数值,则取该参数的默认值。

output:表明参数是返回参数。该选项的值可以返回给 EXEC[UTE]。使用 output 参数可将信息返回调用过程。text、ntext 和 image 参数可用作 output 参数。

WITH　RECOMPILE:表明当创建命令带有该选项时,每次执行存储过程时,都要重新编译执行方案。

ENCRYPTION:表示加密,防止用户使用系统存储过程读取存储过程的定义文本。

AS: 用于指定过程要执行的操作。

sql_statement:过程中要包含的用于描述业务逻辑的 Transact-SQL 语句。

【例 9.2】 为 company 数据库创建一个存储过程,其功能是将参加指定项目的员工工资增加 1000 元,指定项目号由参数提供。

```
CREATE PROCEDURE  updatesalary
(@pno integer)
AS
UPDATE works  SET  salary=salary+1000
WHERE  pno=@pno;
GO;
```

调用存储过程 updatesalary 代码如下:

```
EXEC  updatesalary  305;
```

【例 9.3】 定义存储过程,实现从员工表 employee 中根据员工号查询其姓名和所在部门的功能。

```
CREATE PROCEDURE  queryemp_s
(@eno INTEGER,
@ename CHAR(10) OUTPUT,
@dno INTEGER  OUTPUT)
AS
SELECT @ename=ename,@dno=dno
FROM employee
WHERE eno= @eno;
go;
```

Transact-SQL 中,若要调用存储过程可使用以下命令:

```
[ [ EXEC [ UTE ] ]
     [ @return_status = ]   { procedure_name
[;number] | @procedure_name_var     }
     [ [ @parameter= ] { value | @variable [ OUTPUT ] |[ DEFAULT ] } [,...n ]
```

[WITH RECOMPILE]

命令中的选项含义与创建命令存储过程中的选项含义相同。

@return_status 是一个可选的整型变量，用于保存存储过程的返回状态。

procedure_name 是拟执行的存储过程的名称，该名称必须符合标识符命名规则。

;number 是可选的整数，用于将相同名称的过程进行组合。例如，在员工管理应用程序中使用的过程可以用 empproc;1、empproc;2 等来命名。

DROP PROCEDURE empproc 语句可以用于除去整个组。

例如，调用 company 数据库中的存储过程 queryemp_s 的代码如下：

```
DECLARE   @emp_name char(10);
DECLARE   @emp_dno integer ;
EXECUTE queryemp_s 201201 ,@emp_name OUTPUT,@emp_dno   OUTPUT ;
SELECT '姓名',@emp_name ,'部门号',@emp_dno ;
```

(2) Oracle 中使用 PL/SQL 创建存储过程的语法如下：

```
CREATE OR REPLACE PROCEDURE
[schema.]procedure_name
    [ (parameter parameter_mode date_type,…n)]
IS | AS
    说明部分                    ——声明内部变量
BEGIN
     执行部分
[EXCEPTION
     异常处理部分]
END [过程名]
```

命令中的选项说明如下。

schema ：所创建的存储过程所在的模式名。

procedure_name：新存储过程的名称，它必须符合标识符命名规则。

parameter：过程的参数，过程可以有参数或无参数，参数如果与表中的列对应，最好用%TYPE数据类型。

parameter_mode：参数类型，如 IN、OUT 或 IN OUT，默认为 IN 类型。IN 向过程送参数，读入参数；OUT 从过程获得参数，输出参数，可以用多个 OUT 参数来传出多个值；IN OUT 既可以读入参数，也可以输出参数。

创建的存储过程经编译无错后存放在数据库中（不马上执行），调用过程时执行块内语句，过程的使用遵循“先创建后调用”的原则。

【例 9.4】 为 company 数据库创建一个存储过程，其功能是将参加指定项目的员工工资增加 1000 元，指定项目号由参数提供。

```
CREATE OR REPLACE PROCEDURE   updatesalary_ora
(v_pno   works.PNO%TYPE)
AS
BEGIN
     UPDATE   works   SET   salary=salary+1000
```

```
    WHERE  PNO=v_pno;
END updatesalary_ora;
```

调用存储过程 updatesalary_ ora 代码如下：

```
EXEC  updatesalary_ora(321);
```

【例9.5】 定义存储过程，实现从员工表 employee 中根据员工号查询其姓名和所在部门的功能。

```
CREATE OR  REPLACE PROCEDURE  queryemp_ora
( v_eno in employee.eno%type,                 --参数说明
  v_ename out employee.ename%type,
  v_dno out employee.dno%type) as
  vv_ename   employee.ename%TYPE ;            --内部变量说明
 vv_dno   employee.dno%TYPE;                  --内部变量说明
BEGIN
  SELECT ename,dno  INTO vv_ename,vv_dno
  FROM employee
  WHERE eno=v_eno;
  v_ename:=vv_ename;
   v_dno:=vv_dno;
END;
```

在调用存储过程时，需要先定义 OUT 类型参数。例如，调用 queryemp_ora 的代码如下：

```
SET SERVEROUTPUT ON;
DECLARE
  v_name employee.ename%TYPE;
  v_dno employee.dno%TYPE;
BEGIN
    queryemp_ora(200010,v_name,v_dno);
  DBMS_OUTPUT.PUT_LINE('姓名:'||'  '||v_name ||'  '||'部门:'||'  '||v_dno);
END;
```

2. 修改存储过程

(1) SQL Server 中使用 Transact-SQL 修改存储过程。

要更改先前通过执行 CREATE PROCEDURE 语句创建的存储过程，可使用 ALTER PROCEDURE 语句，但它不会更改权限，也不影响相关的存储过程或触发器。其语法格式为

```
ALTER PROCEDURE procedure_name [; number ]
    [ { @parameter data_type }
        [ VARYING ] [=default ] [ OUTPUT ]
    ] [,...n ]
  [ WITH
    { RECOMPILE | ENCRYPTION
        | RECOMPILE,ENCRYPTION
    }
 ]
```

```
[ FOR REPLICATION ]
AS
    sql_statement [ ...n ]
```

所用参数的信息可参考 CREATE PROCEDURE 语句。

(2) Oracle 中使用 PL/SQL 修改存储过程。

如果 PL/SQL 中要修改存储过程定义，可使用 CREATE OR REPLACE PROCEDURE 命令，语法格式与 SQL Server 中使用 Transact-SQL 修改存储过程一样。

3. 删除存储过程

(1) SQL Server 中使用 Transact-SQL 删除存储过程。

使用 DROP PROCEDURE 从当前数据库中删除一个或多个存储过程或过程组。其语法格式为

```
DROP PROCEDURE { procedure } [,...n ]
```

其中，参数 PROCEDURE 表示是删除的存储过程或存储过程组的名称。存储过程的名称必须符合标识符规则。

n 表示可以指定多个存储过程的占位符。

【例 9.6】 将存储过程 updatesalary 从数据库中删除。

```
DROP  PROCEDURE  updatesalary;
```

(2) Oracle 中使用 PL/SQL 删除存储过程。

PL/SQL 中，用户可以删除自己模式中的存储过程，如果要删除其他模式中的存储过程，用户必须有 DROP ANY PROCEDURE 系统权限。删除存储过程的命令格式为

```
DROP PROCEDURE [Schema.] procedure_name
```

4. 查看存储过程信息

(1) SQL Server 中使用 Transact-SQL 查看存储过程。

在 SQL Server 查询编辑器中连接存储过程所属的数据库，然后执行 sp_helptext 语句，可查看存储过程的源代码。

```
EXEC  sp_helptext  queryemp_s;
```

如果在创建时使用了 WITH EMCRYPTION 选项，那么执行上述命令将无法查看到存储过程的源代码。

(2) Oracle 中使用 PL/SQL 查看存储过程。

通过 user_souce 数据字典视图可以查询存储过程信息，包括属于当前用户所有存储对象的源代码。例如：

```
SQL>DESC user_source;           --查看 user_source 数据字典视图的结构
SQL>SELECT name
    FROM user_source;  --查看 user_source 数据字典视图中当前用户的资源名有哪些
SQL>SELECT text
    FROM user_source
    WHERE NAME=' queryemp_ora '
    ORDER BY line;
/*查看存储过程 queryemp_ora 的源代码,若要看其他过程名的源代码,将名称替换即可。*/
```

9.4 触 发 器

触发器(trigger)是用户定义在基本表上的一类由事件驱动的特殊的存储过程。它与存储过程的不同之处在于,存储过程是被显式调用;而触发器仅当事件发生时,被系统自动调用并且触发器不接受参数。

使用触发器的优点如下。

(1) 触发器是自动的,在用户程序对基本表的数据做了任何修改之后立即被激活。

(2) 触发器可以通过数据库中的相关表进行级联更改,以保证数据完整性。

触发器可以强制限制,这些限制比用 CHECK 约束所定义的更复杂。与 CHECK 约束不同的是,触发器可以引用其他表中的列或统计函数。例如,触发器可以回滚试图对价格低于 10 元的商品(存储在 products 表中)应用折扣(存储在 discounts 表中)的更新。

很多商用数据库管理系统都支持触发器,但其语法和功能有些差别。下面分别以 Transact-SQL 和 PL/SQL 为例,介绍触发器的用法。

1. SQL Server Transact-SQL 中触发器的用法

SQL Server 中触发器主要包括 DML 触发器和 DDL 触发器。

1) SQL Server 中使用 Transact-SQL 创建触发器

(1) DML 触发器。

DML 触发器是当数据库中发生在指定表或视图中修改数据的 INSERT、UPDATE 或 DELETE 事件时执行的触发器。

DML 触发器主要包括 AFTER 触发器、INSTEAD OF 触发器。

DML 触发器定义的语法为

```
CREATE TRIGGER 触发器名称
ON {表名|视图名}
{ FOR|AFTER|INSTEAD OF }
{ [INSERT] [,]
  [DELETE] [,]
  [UPDATE] }
AS
  Transact-SQL 语句
Go;
```

说明:FOR|AFTER 是一个子句,完整写 FOR AFTER,只不过 AFTER 可写可不写,一般省略掉了。在用户执行数据操作之后,触发器被触发,执行触发器代码。对于 AFTER 触发器,可以在同一种操作上建立多个触发器,但不可以定义在视图上。

① AFTER 触发器(之后触发)。

该类型触发器要求只有执行某一操作(INSERT、UPDATE、DELETE)之后,触发器才被触发,且只能在基本表上定义。对于 AFTER 触发器,可以定义哪一个触发器最先被触发,哪一个最后被触发,通常使用系统过程 sp_settriggerorder 来完成此任务。

在 SQL Server 触发器的应用中，通常会用到两个特殊的表，即 inserted 表和 deleted 表。它们都是针对当前触发器的局部表。这两个表与触发器所在表的结构完全相同，而且总是存储在高速缓存中。当触发 DELETE 或 UPDATE 触发器后，从受影响的表中删除的行的副本或被修改数据的旧值将被放置到 deleted 表中。同理，当触发 INSERT 或 UPDATE 触发器后，将刚被插入的数据行的一个副本或被修改的数据的新值保存到 inserted 表中。

【例 9.7】 为 pubs 数据库的工作情况表 jobs 创建一个触发器，当插入或修改的某项工作的最低工资(min_lvl)高于最高工资(max_lvl)时，提示“数据不合理”，并拒绝执行该事务。

```
CREATE TRIGGER t_jobs_lvl ON jobs
        AFTER   INSERT,UPDATE
        AS
        IF (SELECT max_lvl FROM INSERTED ) < (SELECT min_lvl   FROM INSERTED)
        BEGIN
            RAISERROR ('数据不合理',16,1);
            ROLLBACK TRANSACTION;
        RETURN
END;
```

② INSTEAD OF 触发器。

INSTEAD OF 触发器表示并不执行其所定义的操作(INSERT、UPDATE、DELETE)，而仅是执行触发器本身。既可以在表上定义 INSTEAD OF 触发器，也可以在视图上定义 INSTEAD OF 触发器，但对同一操作只能定义一个 INSTEAD OF 触发器。

【例 9.8】 为 Northwind 数据库的订单明细表 OrderDetails 创建 INSTEAD OF 触发器，不能修改或删除订单明细。

```
CREATE TRIGGER t_Order  ON  OrderDetails
        INSTEAD OF UPDATE,DELETE
        AS
        BEGIN
          RAISERROR ('订单明细记录不能修改或删除',16,1);
          ROLLBACK TRANSACTION;
          RETURN
        END;
```

(2) DDL 触发器。

在响应当前数据库或服务器上处理的 Transact-SQL 事件时，可以触发 DDL 触发器。与 DML 触发器不同的是，DDL 触发器不会为响应针对表或视图的 UPDATE、INSERT 或 DELETE 语句而激发。相反，仅在运行触发 DDL 触发器的 DDL 语句后，DDL 触发器才会激发。这些事件主要与以关键字 CREATE、ALTER 和 DROP 开头的 Transact-SQL 语句对应。

DDL 触发器作用主要有：

① 防止对数据库架构进行某些更改；

② 希望数据库中发生某种情况以响应数据库架构中的更改；

③ 记录数据库架构中的更改或事件。

DDL 触发器无法作为 INSTEAD OF 触发器使用。

【例 9.9】 每当数据库中发生 DROP TABLE 或 ALTER TABLE 事件时，都会激发 DDL 触发器 T-safety。

```
CREATE TRIGGER T_safety
    ON DATABASE
    FOR DROP_TABLE,ALTER_TABLE
AS
    PRINT '必须删除数据库触发器 T_safety 才可以执行删除或修改表操作！';
    ROLLBACK;
  RETURN
```

2）SQL Server 中使用 Transact-SQL 修改触发器

```
ALTER   TRIGGER trigger_name
    ON {table_name | view_name}
    {FOR | AFTER   INSTEAD OF }
    [INSERT,UPDATE,DELETE ]
    AS
       sql_statement;
```

3）SQL Server 中使用 Transact-SQL 删除触发器

```
DROP   TRIGGER trigger_name
```

4）SQL Server 中使用 Transact-SQL 查看触发器信息

```
EXEC SP_HELPTEXT '触发器名'
```

2. Oracle　PL/SQL 中触发器的用法

1）Oracle 中使用 PL/SQL 创建触发器

Oracle 可以创建被以下语句所触发的触发器。

① DML 触发器。可以在 DML 操作前或操作后进行触发，并且可以在每行或该语句操作上进行触发。以 DELETE、INSERT、UPDATE 关键字开头的 PL/SQL 语句均可触发 DML 触发器。

② INSTEAD OF 触发器。它是 Oracle 专门进行视图操作的一种处理方法，可以把对视图的修改应用到视图的基本表上。

③ 系统触发器。它可以在 Oracle 数据库系统的事件中进行触发，如 Oracle 数据库的关闭或打开等。SERVERERROR，LOGON，LOGOFF，STARTUP，SHUTDOWN 事件均可触发系统触发器。

创建触发器的语法格式如下：

```
CREATE OR REPLACE TRIGGER [schema.] trigger_name
{ BEFORE | AFTER | INSTEAD OF }
  { DELETE [OR INSERTE] [OR UPDATE [ OF column,…n ]]
ON [schema.] table_name|view_name
[ FOR EACH ROW [ WHEN(condition) ] ]
sql_statement[…n]
```

说明如下。

① FOR EACH ROW 是创建行级触发器，如果要求触发器对影响的每一行都执行一次，可以使用行级触发器。

② 在行级触发器中用“:OLD.列名”和“:NEW.列名”分别表示以下内容。

OLD:操作之前的值，只针对 UPDATE 和 DELETE。

NEW:操作之后的新值，只针对 UPDATE 和 INSERT。

③ INSTEAD OF 是创建语句触发器 INSTEAD OF 触发器，对应的 ON 后跟视图名。

【例 9.10】 在 employees 表上创建行级触发器，每当修改员工的工资，显示其修改前和修改后的工资。

```
CREATE OR REPLACE TRIGGER T_emp
BEFORE UPDATE ON employees
FOR EACH ROW
DECLARE                                  --说明部分
     v1 NUMBER;
     v2 NUMBER;
BEGIN
     v1:=:OLD.salary;
     v2:=:NEW.salary;
     DBMS_OUTPUT.PUT_LINE('OLD:'||to_char(v1)||'  NEW:'||to_char(v2));
END;
```

执行以下语句，可触发 T_emp：

```
UPDATE employees
SET SALARY=SALARY+1000
WHERE SALARY>=24000;
```

2）启用和禁用触发器

```
ALTER TRIGGER trigger_name  { ENABLE | DISABLE }
/* 启用或禁用单个触发器 */
ALTER TABLE TABLE_NAME { ENABLE | DISABLE } ALL TRIGGERS;
/* 启用或禁用单个表上的所有触发器 */
```

3）用 PL/SQL 语句修改触发器

使用 CREATE OR REPLACE 语句来实现，语法同创建触发器。

4）利用 PL/SQL 命令删除触发器

语法格式为

```
DROP TRIGGER [schema.] trigger_name
```

【例 9.11】 删除触发器 del_xs。

```
DROP TRIGGER HR.T_emp;
```

5）查看触发器信息

```
SQL>DESC  user_triggers;
SQL>SELECT trigger_name  FROM user_triggers;
SQL>SELECT  *  FROM user_triggers WHERE TRIGGER_NAME='T_EMP';
```

/* 查看触发器 T_EMP 的信息，若要看其他触发器的信息将 TRIGGER_NAME 的值替换即可。*/

9.5 游 标

游标是系统为用户开设的一个数据缓冲区，存放根据相应条件从数据库表中挑选出来的一组记录，供以后操作使用。它允许对 SELECT 语句返回的结果集中每一行进行相同或不同的操作。游标可看作一种特殊的指针，它与某个查询结果相联系，可以指向结果集的任意位置，以便对指定位置的数据进行处理。使用游标可以在查询数据的同时对数据进行处理。

下面分别以 Transact-SQL 和 PL/SQL 说明游标的使用方法。

1. SQL Server Transact-SQL 中游标的使用方法

(1) 用 DECLARE 语句声明特定 SELECT 语句的游标(定义游标——在内存或外存上开辟一个临时表空间，分配一个游标指针)，语法为

DECLARE <游标名> CURSOR FOR <查询>

(2) 用 OPEN 语句打开游标(打开游标——执行和游标相关联的查询，并对游标指针复位)，语法为

OPEN <游标名>

(3) 用 FETCH 语句一次一行地从游标中检索结果(取数据——从临时表中取数据，并将游标指针指向下一记录位置)。一般 FETCH 语句在循环中使用，以便读取游标中的多条记录。

用 FETCH 语句一次一行地从游标中检索结果的语法为

FETCH FROM <游标名> INTO <变量表>

读取行，直到返回“未找到行”警告。

(4) 用 CLOSE 语句关闭游标(关闭游标——释放临时表空间和游标指针)。

缺省情况下，在事务(COMMIT 或 ROLLBACK)的结尾会自动关闭游标。用 WITH HOLD 子句打开的游标对于后续事务保持打开状态，直到它们被显式关闭为止。

用 CLOSE 语句关闭游标的语法为

CLOSE <游标名>

例如：

```
DECLARE   emp_cursor   CURSOR
FOR SELECT   *   FROM employee
OPEN emp_cursor
FETCH   NEXT   FROM   emp_cursor;
  ⋮
CLOSE emp_cursor;
```

2. Oracle PL/SQL 中游标的使用方法

Oracle 中，游标分为显式游标和隐式游标。

在游标的应用中，对于返回多行的查询 PL/SQL，必须定义显式游标。所有 SQL 的数据处理语句说明为隐式游标，包括只返回一行的查询。

1）显式游标的操作

使用显式游标时，必须编写以下四部分代码：

(1) 定义游标。

```
DECLARE CURSOR cursor_name
    IS
    select_statement;
```

(2) 打开游标。

```
OPEN cursor_name;
```

(3) 读取游标中的数据。

```
FETCH cursor_name [ INTO variable_name,…n];
```

(4) 关闭游标。

```
CLOSE cursor_name;
```

可以通过游标的属性来得知游标的状态，这些属性如下。

(1) %FOUND 和%NOTFOUND。

该属性表示当前游标是否指向有效的一行，根据其返回值 TRUE 或 FALSE 检查是否应结束游标的使用。%NOTFOUND 是%FOUND 的逻辑非，通常被用于作为退出提取数据循环的条件。

(2) %ROWCOUNT。

%ROWCOUNT 用来返回到目前为止已经从游标中提出的行数。打开游标时该属性的值为 0。如果在游标未打开时引用该属性，会返回错误。

(3) %ISOPEN。

使用该属性可判定游标是否打开。如果已打开游标，%ISOPEN 返回 TRUE，否则返回 FALSE。

【例 9.12】 显示表 employees 的第 n 条记录的内容。

```
CREATE OR REPLACE PROCEDURE n_record(n INT,
     emp OUT employees%rowtype)
AS
     k INT;
     cursor e_c IS SELECT  *  FROM employees;
BEGIN
     k:=1;
     IF  NOT e_c %IS OPEN THEN
         OPEN e_c;
     END IF;
     LOOP
         FETCH e_c INTO emp;
         EXIT WHEN e_c%NOT FOUND OR k=n;
         k:=k+1;
     END LOOP;
     IF k< > n THEN
```

```
            DBMS_OUTPUT.PUT_LINE('NOT FOUND');
        END IF;
    END;
```

若要显示第19条记录的员工姓名，调用过程n_record的示例如下：

```
    DECLARE
        V_EMP  EMPLOYEES %ROWTYPE;
    BEGIN
        n_record(19,V_EMP);
        dbms_output.put_line(V_EMP.LAST_NAME);
    END;
```

此外，PL/SQL支持游标的FOR循环用于处理显式游标的行。这是一个快捷方式，其用法为：游标被自动打开，循环中的每次迭代都会获取一次行，当处理最后一行时会退出循环，并且游标会自动关闭。当最后一行被提取时，循环本身在迭代结束时自动终止。

用于游标的FOR循环的语法如下：

```
    FOR record_name IN cursor_name   LOOP
        statement;
          ⋮
    END LOOP;
```

【例9.13】 假设存在表temp，实现将工资大于12万元的员工信息存放入temp表。

```
    DECLARE
        CURSOR emp_cur IS
        SELECT  employee_id ,salary FROM employees;
    BEGIN
        FOR v_rec IN emp_cur LOOP
            IF v_rec.salary>120000 THEN
                INSERT INTO temp VALUES(v_rec. employee_id ,v_rec.salary);
            END IF;
        END LOOP;
    END;
```

2）隐式游标的操作

在处理不与显式说明的游标相关的SQL语句时，都隐含地打开一个游标来处理每个SQL语句，这个游标称为隐式游标，也叫SQL游标。与显式游标的不同之处在于，隐式游标不需要使用命令打开和关闭，也不能用FETCH语句提取数据，并且隐式游标只能处理单行查询数据。可以使用游标属性来处理刚执行过的INSERT、DELETE、UPDATE、SELECT …INTO语句中的信息。

（1）%FOUND和%NOTFOUND。

如果INSERT、DELETE、UPDATE语句操作一行或多行，或者SELECT…INTO语句返回一行，%FOUND返回TRUE，否则返回FALSE。%NOTFOUND是%FOUND的逻辑非。

（2）%ROWCOUNT。

SQL%ROWCOUNT属性返回INSERT、DELETE、UPDATE语句操作的行数，或者SELECT …INTO语句返回的行数。

（3）%ISOPEN。

SQL%ISOPEN 永远是 FALSE。

【例 9.14】 将 employees 表中员工的工资增加 100 元，如果更新成功，显示被修改的行数。

```
BEGIN
    UPDATE employee SET salary=salary+100;
    IF SQL%FOUND THEN
    DBMS_OUTPUT.PUT_LINE('修改行数: '||TO_CHAR(SQL%ROWCOUNT));
    ELSE
    DBMS_OUTPUT.PUT_LINE('没有修改任何行');
    END IF;
END;
```

9.6 小　结

嵌入式 SQL 是 SQL 与高级语言结合的一种技术。它将 SQL 嵌入高级语言中，充分利用高级语言极强的表达计算功能和 SQL 的数据处理能力，完成用户复杂的事务处理。

SQL 扩展语句将过程性结构与 DBMS 的 SQL 无缝地集成在一起，成为强有力的结构化语言。SQL Server 扩展的 Transact-SQL 和 Oracle 扩展的 PL/SQL 中，存储过程、触发器、游标的使用，有利于改善系统性能、提升数据库安全性、完整性保护等。

习　题　9

一、选择题

1. SQL 语言具有两种使用方式，它们在使用的细节上会有些差别，特别是 SELECT 语句。这两种不同使用方式的 SQL，分别称为交互式 SQL 和（　　）。

   A. 解释式 SQL　　B. 多用户 SQL　　C. 嵌入式 SQL　　D. 提示式 SQL

2. 在创建函数或存储过程时，如果一个参数只能被赋值而不能传入值，则该参数的类型是（　　）。

   A. IN　　B. OUT　　C. IN OUT　　D. 以上都不是

3. PL/SQL 中使用游标的（　　）属性来返回到目前为止已经从游标中提出的行数。

   A. %ROWCOUNT　　B. %FOUND　　C. %ISOPEN　　D. %ROWNUM

4. 在下列几种触发器中，（　　）不是 Oracle 数据库中的触发器。

   A. DML 触发器　　B. DCL 触发器

   C. INSTEAD OF 触发器　　D. 系统触发器

5. 嵌入式 SQL 为解决集合性操作语言与过程性操作语言的不匹配问题，引入了（　　）的概念。

   A. 视图　　B. 基本表　　C. 游标　　D. 索引

二、问答题

1. 为什么要引入嵌入式SQL？
2. 为什么要扩展SQL语言？
3. 什么是游标？为什么要引入游标？
4. 什么是存储过程？使用存储过程有何优点？
5. 什么是触发器？触发器与存储过程有何区别？

三、设计题

1. 用PL/SQL定义一个触发器，当任何时候某个部门从Department表中删除时，该触发器将从Employees表中删除该部门的所有雇员。

已知表结构如下：

```
Employees(employee_id,first_name,last_name,salary, hire_date,department_id,
          manager_id)
Department(department_id,department_name,job_id, location_id)
```

2. 创建Transact-SQL存储过程，测试301工程项目有没有人参加。

第 10 章　数据仓库技术

随着数据库技术的广泛应用，不少企业建立了自己的管理信息系统，并积累了大量的数据，如何从这些海量数据中提取用于企业决策分析的信息，成为企业管理人员所面临的一个难题。企业管理信息系统的高级应用是面向企业的高层决策，但是传统的企业数据库系统主要用于事务处理，对数据分析和企业高层决策支持不够。这就促使了数据仓库技术的产生与发展。

数据仓库是解决信息技术发展过程中存在的数据量大而信息贫乏问题的综合方案。从目前信息技术的发展情况来看，数据仓库已成为继 Internet 后企业获得竞争优势的又一关键。美国 Meta Group 市场调查机构的资料表明，全球 90%以上的大公司已将数据仓库技术列入其企业信息技术发展项目，而且有的企业为使其竞争中处于优势已经率先采用数据仓库技术。本章主要介绍数据仓库技术的基本概念和基本原理，为深入学习数据库新技术打下基础。

10.1　数据仓库技术产生的背景

数据库系统作为数据管理的新手段，已广泛地应用于企业信息管理中，并使企业积累了大量日常业务数据，但这些数据大部分都是操作型数据，或称为事务型数据。操作型数据是面向数据库日常事务处理的，它既是事务处理的对象，也是事务处理的结果，如增加一条记录或删除一条记录等。操作型数据是决策分析的基础，但操作型数据并不能直接用于决策，决策是建立在对数据的分析基础之上的。

用于决策分析的数据叫作分析型数据，它是对事务型数据或其他数据源的数据进行综合提炼而得到的数据。由于分析型数据是面向决策分析的，因此它对复杂查询的响应能力远比操作型数据强。操作型数据与分析型数据的主要区别如表 10.1 所示。

表 10.1　操作型数据与分析型数据的主要区别

操作型数据	分析型数据
细节的	综合的，或提炼的
在存取瞬间是准确的	代表过去的数据
可更新	不可更新
操作需求事先可知道	操作需求事先不知道
事务驱动	分析驱动
面向应用	面向分析
一次操作数据量小	一次操作数据量大

续表

操作型数据	分析型数据
支持日常事务操作	支持决策需求

首先，数据仓库内的数据时限要远远长于操作环境中的数据时限；前者一般为5～10年，而后者只有60～90天，数据仓库保存数据时限较长是为了适应决策支持系统（DSS）进行趋势分析的要求；其次，操作环境包含当前数据，即在存取一刹那是正确有效的数据，而数据仓库中的数据都是历史数据；最后，数据仓库数据的码都包含时间项，从而标明了该数据的历史时期。

在操作型数据的基础上直接构建决策分析应用是不合适的，其主要原因有以下几个方面。

1. 事务处理环境不适合做决策分析

在事务处理环境中，用户的行为特点是数据的存取操作频率高而每次操作处理的时间短，因此系统可以允许多个用户以并发方式共享系统资源，同时保持较短的响应时间。在分析处理环境中，用户的行为模式与此不同，某个决策分析应用程序可能需要连续运行几个小时，消耗大量的系统资源。将具有如此不同处理性能的两种应用放在同一个数据环境中运行显然是不合适的。

2. 事务处理环境不具备数据集成功能

决策分析需要多方面的数据，不仅需要企业内部各部门的相关数据，还需要企业外部甚至竞争对手的相关数据，而事务处理环境一般只保存和处理与本部门业务相关的数据，对整个企业范围内的集成应用考虑很少。因此，目前绝大部分企业内部数据是分散而非集成的，尽管每个单独的事务处理应用可能是高效的，但这些数据不能成为一个统一的整体。对于需要集成数据进行决策分析的用户，必须由用户自己对这些纷杂的数据进行集成，从而降低了决策分析的效率。数据仓库具有数据集成的功能，而且能对集成数据进行定时刷新，即当数据源中的数据变化时，数据仓库能及时将这些变化反映到分析型数据处理环境中。决策分析对数据集成的迫切需要是数据仓库技术产生的又一重要原因。

3. 事务处理环境不重视历史数据

事务处理一般只需要当前数据，在数据库中一般也只存储短期数据，且不同类型数据的保存期限也不一样，即使有一些历史数据保存下来了，也被"束之高阁"，未得到充分利用。但对于决策分析而言，历史数据是相当重要的，许多决策分析必须以大量的历史数据为依据。没有对历史数据的详细分析，是难以把握企业发展趋势的。

4. 事务处理环境不具备数据综合能力

在事务处理系统中积累的是细节数据，但是决策并不对这些细节数据进行分析，原因之一是细节数据数量太大，会严重影响分析的效率；原因之二是太多的细节数据不利于分析人员将注意力集中于有用的信息上。因此，在决策分析前往往需要对细节数据进行不同程度的综合，而事务处理系统不具备这种综合能力。而且，根据规范化理论，这种综合还往往因为存在数据冗余而在事务处理系统中受到限制。

根据以上分析，为了提高决策分析效率和质量，必须重新构造一个专门用于决策分析的数据环境，实现事务处理与分析处理的分离。数据仓库正是为了构建这种新的分析处理环境而出现的一种数据存储和处理技术。

10.2 数据仓库概述

10.2.1 数据仓库的基本概念

数据仓库最早是由 W.H.Inmon 提出的。W.H.Inmon 在 *Building the DataWare House* 一书中对数据仓库的定义是:数据仓库是支持管理决策过程的、面向主题的、集成的、稳定的、随时间变化的数据集合。构建数据仓库的过程就是根据预先设计好的逻辑模式从分布在企业内部各处的事务处理数据库中提取数据,并对数据进行必要的变换,最终形成全企业统一模式数据的过程。数据仓库中数据量巨大,为了提高性能,数据管理系统一般采取一些提高效率的措施,如并行处理、新的数据组织、查询优化、索引技术等。数据仓库具有以下特征。

1. 数据仓库的数据面向主题

传统数据库面向应用,即日常事务处理,而数据仓库面向主题。主题是一个在较高层次将数据归类的标准。每一个主题基本对应一个宏观的分析领域。例如,一个保险公司的数据仓库所组织的主题可能为客户、政策、保险金、索赔等,而按应用来组织则可能为汽车保险、财产保险、健康保险、伤亡保险等。基于主题组织的数据被划分为各自独立的领域,每个领域有自己的逻辑内涵而不相交叉;而基于应用的数据组织则不同,它的数据只是为处理具体应用而组织在一起。

2. 数据仓库的数据集成

由于数据仓库的每一个主题所相关的源数据分散在不同的数据库系统之中,存在许多不一致和重复的地方,且数据仓库中的综合数据不能从原有的数据库系统直接得到,因此数据在进入数据仓库之前,必然要经过加工与集成,这是数据仓库建设中最关键、最复杂的一步。数据仓库数据集成的主要任务是对不同来源的数据统一其结构和编码,统一原始数据中所有矛盾之处,如字段的同名异义、异名同义、单位不统一、字长不一致等,将原始数据结构做一个从面向应用到面向主题的大转变。

3. 数据仓库的数据不可更新

数据仓库反映的是历史数据的内容,是不同时间点的数据库快照的集合,以及基于这些快照进行统计、综合和重组而导出的数据,它不是联机事务处理的数据,因而数据经集成进入数据仓库后是极少或根本不更新的。对数据仓库的操作主要是数据查询,因此在数据仓库管理系统中没有完整性保护、并发控制等技术。但是由于数据仓库是面向决策的,所以对数据的查询操作和查询结果显示提出了更高的要求。

4. 数据仓库的数据随时间变化

数据仓库的数据不可更新是针对应用来说的,是指数据仓库的用户进行分析处理时不进行增加、删除和修改等数据库操作,但这并不说数据仓库中的数据是永远不变的。一方面,数据仓库系统必须不断捕捉事务处理环境中已变化的数据,并将其追加到数据仓库中去;另一方面,数据仓库中的数据有一个存储期限,数据一旦过期就要从数据仓库中删除,只是数据仓库内的数据存储期限远远长于操作环境中的数据时限。另外,数据仓库中含有大量的综合数据,这些综合数据大都与时间有关，对这些数据要随着时间变化不断地进行重新综合。数据仓库中的数据的码都包含时间项，这是为了符合时间趋势分析的要求。

5. 数据仓库中的数据量很大

通常数据仓库的数据量为 10 GB 级，相当于一般数据库数据量的 100 倍，大型数据仓库的数据量甚至达到了 TB(1024 GB)级。数据仓库中的数据量的比重是：索引和综合数据占 2/3，原始数据占 1/3。

由于以上特征，数据仓库对软、硬件平台提出了更高的要求。

10.2.2　数据仓库的数据组织

数据仓库是在数据库系统的基础上发展起来的，但它的数据组织结构形式不同于原有的数据库。数据仓库中存储有不同层次和类别的数据，包括历史详细数据、当前详细数据、轻度综合数据和高度综合数据等，整个数据仓库中的数据由元数据负责组织和管理。一般数据仓库的数据组织结构如图 10.1 所示。

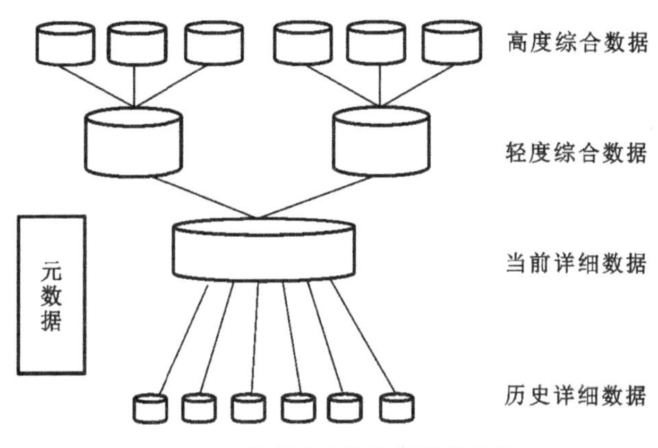

图 10.1　数据仓库的数据组织结构

(1) 历史详细数据(older detail data)：历史详细数据层存储 5 年以上历史详细数据，这些数据用于决策部门做纵向对比分析和预测。

(2) 当前详细数据(current detail data)：当前详细数据层存储当前业务详细数据(4 年以内)，这些数据直接从事务数据库中析取和集成而得来。

(3) 轻度综合数据(lightly summarized data)：根据一定的分类规则，通过统计、计算导出的物理视图，这些数据更接近于决策者所需的信息。

(4) 高度综合数据(highly summarized data)：通过各种分析综合得到的高度综合的数据，这些数据为更高层次的决策分析服务。

(5) 元数据(meta data)：另一类比较特别的数据，是关于数据的数据，即是对数据的定义和描述。元数据不包含业务数据库中实际数据信息。

元数据是数据仓库系统中必不可少的组成部分，它既有利于用户认识和使用数据仓库，又可为设计人员提供帮助。一般数据仓库系统设计了两类元数据：一类是描述数据仓库中的数据信息的元数据，它为用户快速了解数据仓库中的数据定义、索引定义和数据存储准则提供服务；另一类是描述数据仓库中数据输入、输出规则的元数据，它能帮助用户了解源数据和数据仓库中的数据的转换规则。

事务处理环境中只存储当前详细数据，而在数据仓库中除存储按主题组织起来的当前详细数据外，还要存储综合数据。综合数据与详细数据是不同粒度的数据，而且其综合程度也分不同的级别。粒度是指数据仓库中的数据的综合程度的级别，数据越详细，其粒度级就越低。不同粒度的数据的存储量的差距是很大的。例如，对于电话通话记录，如果保存每个顾客的每一次通话的时间和费用，一个月下来大概有 200 多条记录，占用 40 000 个字节，而在高粒度综合数据中，只记录顾客一个月中的平均通话时间和费用，则只需要一条记录，占用 200 个字节。粒度的大小不仅影响数据仓库中数据量的大小，而且影响数据仓库所能回答的查询种类的多少。小粒度数据可以回答很具体的问题，如回答"某人某次通话的时间与费用"。提高数据粒度时，数据所能回答查询的能力将会随之降低。在数据仓库中，多重粒度可以满足不同需求的决策分析。大部分的决策分析基于存储效率高的轻度综合数据。当需要分析更低粒度的细节数据时，可能要用到详细数据。在详细数据层访问数据是昂贵和复杂的。

10.2.3　数据仓库的数据获取

数据仓库中的数据来自多种业务数据源，这些源数据以不同的格式存放在不同的数据库系统中。如何向数据仓库加载这些数量大、种类多的数据，是建立数据仓库首先要解决的问题。数据获取就是将事务处理环境中的数据转换为数据仓库中的数据，一般要经过数据抽取(extraction)、数据转换(transaction)和数据装载(load)三个过程，即 ETL 过程。数据抽取在开发数据仓库时占用 70%的工作量。

1. 数据抽取

数据抽取是指将数据从源系统中提取出来并使它们可以为数据仓库所用，抽取出来的数据并不马上装载到数据仓库中，而是放在临时的存储介质上，以便执行整理、转换以及更正错误等操作。数据抽取的基本过程为：

(1) 建立全面的数据抽取规则；

(2) 确定数据仓库中需要的所有的目标数据；

(3) 确定所有的数据源，包括内部和外部的数据源；

(4) 设计从源数据到目标数据的数据映射关系和抽取程序；

(5) 执行抽取操作。

数据抽取前要保证来源系统上的数据的一致性，抽取时间点要考虑以下两种情况。

(1) 当前值的状态。如果对不同地点的不同数据源进行抽取，必须等到所有数据源满足抽取时间要求才可开始抽取工作。例如，以单月为周期对北京和纽约两地数据进行抽取，如果用户预定北京时间每月 1 日上午 8 点开始抽取数据可能不是一个好的时间点，因为这时纽约还是上一月份的最后一天。

(2) 周期性的状态。如果源系统中存在周期性事务操作，必须等到一个事务操作周期结束后才可开始抽取工作。例如，每一保险索赔都经过索赔开始、确认、评估和解决等步骤，如果这个事务操作周期还没有结束就开始抽取工作可能会造成抽取数据不一致。

2. 数据转换

经数据抽取得到的数据是没有经过加工的数据，不能直接应用于数据仓库，必须经过多种处理，将抽取的数据转换成可以存储在数据仓库中的信息。对已抽取的存放在临时存储介质上的数据进行整理、加工、变换和集成的过程称为数据转换。数据转换是数据抽取的关键，其主要功能是提高数据仓库中的数据的可用性，使数据更有利于查询和分析，并根据转换规则生成元数据。

数据转换是一项十分复杂而又必不可少的工作，简单的数据复制无法解决问题。实现数据转换有两种方法，一是依靠手工或编程来实现，二是通过高效的工具来实现。数据转换的主要功能如下。

(1) 选择。从源系统的数据库中选择全部记录或者部分记录。

(2) 分离/合并。对源系统数据库中的记录进行分离操作或者选择来自多源系统的数据库的部分记录进行合并操作。

(3) 汇总。数据仓库中需要保存很多汇总数据，这需要将最低粒度数据进行汇总。例如，零售连锁店需要将每一个收款机的每一笔交易的销售数据汇总为每天每个商店关于每种商品的销售数据。

(4) 转化。对字段的转化包括对源系统的数据库进行标准化及使字段对用户来说是可用和可理解的。

(5) 清晰化。对每个字段数据进行重新分配和简化，使数据仓库更便于使用。

数据转换类型包括如下。

(1) 字段格式统一。它包括数据类型统一和字段长度统一。当某个数据类型只在某个特定应用程序背景下有意义，而在全局应用上没有意义时，就需要进行数据类型的转换。如果来自不同数据源的相同字段的长度不一样，就要对它们进行统一。

(2) 日期/时间格式统一。因为大多数业务环境都有许多不同的日期和时间类型，所以几乎每个数据仓库的实现都必须将日期和时间转换成数据仓库统一的格式。

(3) 解除字段解码。在业务数据中，应用程序常常对字段进行编码。在数据仓库环境中，应该将字段转换为经过解码的、易于理解的相应值。

(4) 字段分离。如果一个文本字段包含多个信息组成部分，可以将这些信息分离，各自作为一个新的字段。例如，一个地址字段包括省、城市、地区等信息，可以将这些信息分别放入不同的字段中。

(5) 信息合并。如果一个信息的几个组成部分分别来不同的数据源，则要将这些来自不同数据源的数据进行有机结合，组成一个新的实体。例如，一个产品信息的产品号和产品名从一个数据源中得到，包装类型从另一个数据源中得到，成本数据从第三个数据源中得到，信息合并就要将产品号、产品名、包装类型和成本数据组成为一个新的实体。

(6) 计算值和导出值。设计新的字段存放计算值和导出值。

(7) 码重新构造。在数据仓库中，码会发生变化。码重新构造是数据转换常用的操作。

(8) 度量单位的转化。不少国家有自己的度量单位，需要在数据仓库中采用标准度量单位。

(9) 有效值检查。检验一个字段中的数据以保证它是该字段可接收的值，并使其在预期范围(通常是数字范围或日期范围)之内。

3. 数据装载

数据装载是将转换好的数据存储到数据仓库中去。一般情况下，数据装载应该在系统完成了数据更新之后进行。如果数据仓库中的数据来自多个相互关联的操作系统，则应该保证在这些系统同步工作时移动数据。数据装载的方式包括以下几种。

(1) 基本装载。按照装载的目标表，将转换过的数据输入到目标表中去。若目标表中已有数据，装载时会先删除这些数据，再装入新数据。

(2) 追加装载。如果目标表中已经存在数据，在保存已有数据的基础上增加新的数据。当一条输入数据记录与已经存在的记录重复时，输入记录可能会作为副本增加进去，或者丢弃新输入的数据。

(3) 破坏性合并。如果输入数据记录的主码与一条已经存在的记录的主码相匹配，则用新输入数据更新目标记录数据。如果输入记录是一条新的记录，没有任何与之匹配的现存记录，那么就将这条输入记录添加到目标表中。

(4) 建设性合并。如果输入记录的主码与已有记录的主码相匹配，则保留已有的记录，增加输入的记录，并标记为旧记录的替代。

数据转载类型包括三种，即最初装载、增量装载和完全刷新。

最初装载是指第一次对整个数据仓库进行装载。在装载工作完成以后建立索引，这样可以减少创建索引时间。

增量装载是指向已运行的数据仓库中装载源系统中已变化的数据。增量装载可以采用建设性合并的装载方式，也可以采用破坏性合并的装载方式。

完全刷新用于周期性重写数据仓库。有时，也可能对一特定的表进行刷新。完全刷新与最初装载比较相似，不同点在于在完全刷新之前目标表中已经存在数据。最初装载和增量装载都可以应用于完全刷新中。

也可以选用批量装载程序进行数据装载，以提高数据装载的效率。

10.2.4 数据集市

1. 为什么需要数据集市

构建数据仓库的成本常常是很高的，因为不知道决策者将做哪些决策、需要哪些数据，所以以数据仓库为基础的决策支持环境要求数据仓库能够满足所有最终用户的需求。因此，构建数据仓库是一个代价很高、花费时间很长的大项目。然而，不同最终用户的决策需求侧重点是不同的，所面对的数据也是不同的，这说明数据仓库是可以分块分时构建的。为了解决这一问题，一种提供更紧密集成的、拥有完整图形接口并且价格吸引人的工具——数据集市应运而生。目前，全世界对数据仓库的总投资一半以上均集中在数据集市上。

2. 什么是数据集市

数据集市是一种更小的、更集中的数据仓库，主要针对某个具有特定战略意义的应用或某个部门级的应用，是为企业提供商业数据分析的一条廉价的途径。例如，财务部拥有自己的数据集市，可以用来进行财务方面的报表和分析；市场推广部、销售部等拥有各自专用的数据集市，可以用来为本部门的决策支持提供辅助手段。

数据集市的特征有：

(1) 规模小；

(2) 有特定的应用；

(3) 面向部门；

(4) 由业务部门定义、设计和开发；

(5) 由业务部门管理和维护；

(6) 能快速实现；

(7) 购买较便宜；

(8) 投资收效快；

(9) 工具集紧密集成；

(10) 提供更详细的、预先存在的、数据仓库的摘要子集；

(11) 可升级到完整的数据仓库。

3. 数据集市与数据仓库的关系

数据集市不等于数据仓库，多个数据集市的简单合并不能成为数据仓库。这是因为：

(1) 各数据集市之间对详细数据和历史数据的存储存在大量冗余；

(2) 同一个决策问题在不同的数据集市中的查询结果可能不一致；

(3) 各数据集市之间以及数据集市与源数据库系统之间的关系难以管理。

从数据集市与数据仓库的关系来看，数据集市可以分为两大类，即独立的数据集市和从属的数据集市。独立的数据集市中的数据直接来自数据源，而从属的数据集市中的数据则来自中央的数据仓库。两种数据集市的结构如图 10.2 所示。

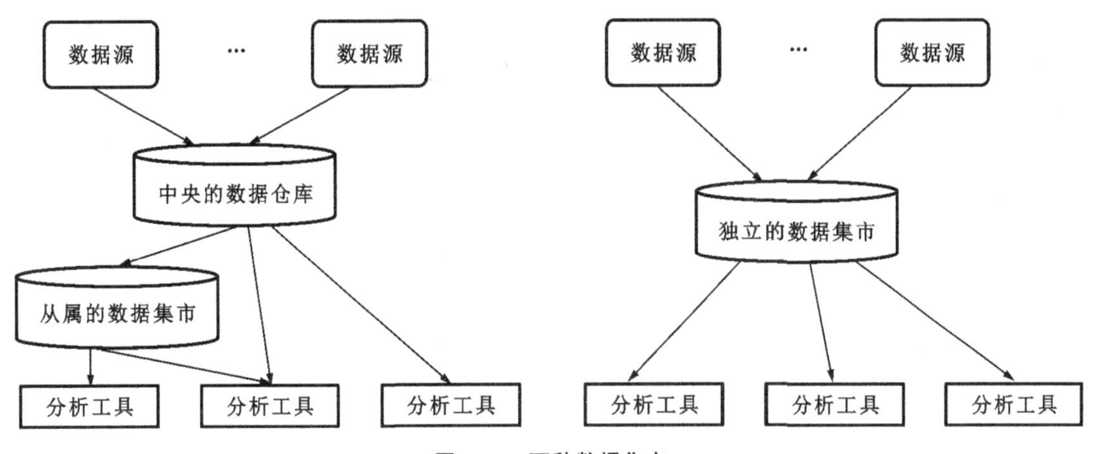

图 10.2　两种数据集市

数据仓库与数据集市的主要区别如下。

(1) 面向的主题不同。

数据集市是用来满足部门需求的，各部门的决策需求可能差别很大，这也是企业内各部门拥有结构和特征都不同的数据集市的原因。数据仓库是用来满足企业综合需求的。一个设计方案可以是对一个特定部门最优的，也可以是对一个企业最优的，但不可能对两者均是最优的。针对企业的设计目标和针对部门的设计目标差别很大。

(2) 数据的详细程度不同。

数据集市中包含许多概要和累计数据，而数据仓库中包含大量的详细数据。可以从详细数据中计算出概要和累加数据，但反之则不行。对业务分析而言，详细数据在很多场合都非常重要。

（3）数据模型不同。

数据集市和数据仓库中的数据模型不同，前者一般采用星形模型，后者则以第三范式为主。关于星型模型将在后面做详细介绍。

10.2.5 数据仓库的系统结构

数据仓库系统是由数据仓库、数据仓库管理系统和分析工具三个部分组成的。数据仓库系统结构如图 10.3 所示。

1. 数据仓库

数据仓库中的数据包括历史数据、当前数据和综合数据，它们来自多个数据源，如企业内部数据、企业外部数据以及各种文档等。

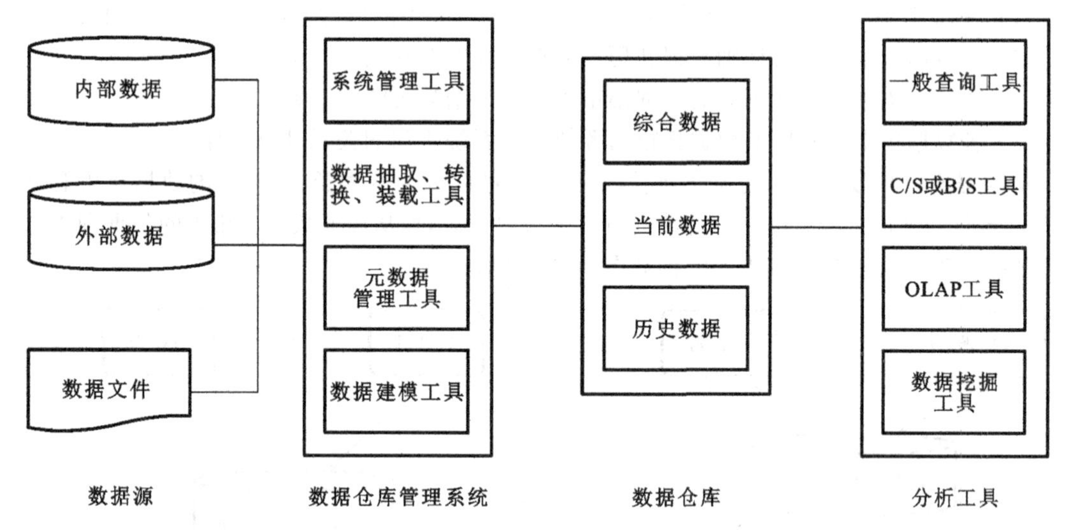

图 10.3 数据仓库系统结构

2. 数据仓库管理系统

数据仓库管理系统（DWMS）由一系列工具组成，包括数据仓库管理工具，数据抽取、转换、装载工具，元数据管理工具和数据建模工具等。

（1）系统管理。系统管理包括以下几个方面的功能。

① 数据管理：包括数据更新、清理“脏”数据、删除休眠数据。

② 性能监控：搜集和整理系统性能信息，确定系统是否达到了所确定的服务水平。

③ 存储器管理：使数据仓库的存储器适应数据量增长需求，实现用户的快速检索。

④ 安全管理：保证应用程序的安全和数据库访问安全。

（2）数据抽取、转换、装载。根据数据获取规则将系统从源数据中抽取、转换出来，并装入数据仓库中。

（3）元数据管理。元数据在数据仓库中扮演重要角色，它不仅是数据仓库的字典，而且指导数据的抽取、转换和装载工作，指导用户使用数据仓库。

（4）数据建模。数据模型是对现实世界数据特征的抽象。数据仓库的数据模型按数据仓库的设计过程分为概念模型、逻辑模型和物理模型。数据仓库的数据建模是使建立的物理模型能适应决策用户使用的逻辑模型。

3. 分析工具

由于数据仓库的数据量大，因此必须有一套功能很强的分析工具来实现从数据仓库中提供辅助决策的信息，以完成决策支持系统（DSS）的各种要求。分析工具包括以下几类。

（1）查询工具。数据仓库的查询不是指对记录级数据的查询，而是针对分析处理数据的查询，一般使用可视化工具展示数据，这样可以帮助用户了解数据的结构、关系以及动态性。

（2）多维分析（OLAP）工具。多维分析（OLAP）工具通过对信息的多种可能的观察角度进行快速、一致和交互性的存取，方便用户对数据进行深入的分析和观察。多维数据的每一维代表对数据的一个特定的观察视角，如时间、地域、业务等。

（3）数据挖掘工具。数据挖掘工具帮助用户从大量数据中挖掘具有规律性的知识。

（4）客户机/服务器（client/server）或浏览器/服务器（browser/server）工具。数据仓库一般是在网络环境下向用户提供服务，因此数据仓库系统一般都要提供C/S或B/S工具。

10.3 联机分析处理

10.3.1 联机分析处理的基本概念

在决策活动中，决策人员在进行决策分析时往往需要从多个角度观察数据，或者找出数据之间的关系，很多时候还要对数据进行分解、综合等处理。例如，企业经营决策分析，决策者可能会综合时间周期、产品类别、分销渠道、地理分布、客户类型等多种因素，回答诸如“东北地区和西南地区今年一季度和去年一季度在销售总额上的对比情况”“2016年产品甲在华中地区的销售额增长率”之类的问题。这些问题总是与一些统计指标（如销售总额、销售额增长率）和观察数据的角度（如销售区域、时间、产品类别）等有关。一般将观察数据的角度称为维。可以说，决策数据是多维数据，多维数据的分析是决策分析的主要内容。传统的关系数据库系统及其查询工具对于多维数据分析显得力不从心，虽然可以通过报表来反映这些问题，但当观察数据的维度较多时，维度的组合将使报表数目呈爆炸性增长，使数据分析人员工作量相当大，而且往往难以跟上管理决策人员思考的步伐。这促使了联机分析处理（OLAP）技术和工具的产生。

联机分析处理的概念最早由关系数据库之父E.F.Codd于1993年提出。Codd认为联机事务处理已不能满足终端用户对数据库查询分析的要求，SQL对数据库的简单查询也不能满足用户分析的需求。用户的决策分析需要对数据从多个角度进行考察，并且对数据库进行大量计算才能得到结果。因此，Codd提出了多维数据和多维分析的工具概念，即OLAP。

OLAP委员会对联机分析处理的定义为：使分析人员、管理人员或执行人员能够从多种角度对从原始数据中转化出来的、能够真正为用户所理解的、真实反映企业特性的信息进行快速、一致、交互地存取，从而获得对数据的更深入了解的一类软件技术。OLAP的目标是满足多维环境特定的查询和报表需求，它的核心概念是“维”，因此OLAP也可以说是多维数据分析工具的集合。

根据OLAP产品的实际应用情况和用户对OLAP产品的需求，有些学者提出了OLAP的更为简要的定义，即共享多维信息的快速分析处理(fast analysis of shared multi-dimensional information)。OLAP具有以下四个特征。

(1) 快速性。用户对OLAP的快速反应能力有很高的要求。系统应能在几秒内对用户的大部分分析要求做出反应，终端用户如果在30秒内没有得到系统的响应就会失去耐心，因而可能会失去分析主线索，影响分析的质量。

(2) 可分析性。OLAP系统应能处理与应用有关的任何逻辑分析和统计分析。尽管系统可以事先编程满足一些应用，但这并不能满足所有应用。在OLAP应用中，用户无须编程就可以定义新的分析应用，并以用户所希望的方式给出报告。用户可以在OLAP平台上进行数据分析，也可以连接到其他外部分析工具上进行数据分析。

(3) 多维性。多维性是OLAP的最重要的特性。系统必须提供对数据多维分析功能的支持，包括对层次维和多重层次维的完全支持。多维分析是分析企业数据最有效的方法，是OLAP的灵魂。

(4) 信息性。不论数据量有多大，也不管数据存储在何处，OLAP系统都应能及时获得信息，并且能管理大容量的信息。这里有许多因素需要考虑，如数据的可复制性、可利用的磁盘空间、OLAP产品的性能以及与数据仓库的结合度等。

用于实现OLAP的技术主要包括客户机/服务器体系结构、时间序列分析、面向对象、并行处理、数据存储优化以及多线程技术等。

10.3.2　联机事务处理与联机分析处理

传统的数据库系统(通常称为管理信息系统)一般用于事务处理，称为事务处理系统或操作型处理系统。联机事务处理系统(on-line transaction processing，简称OLTP)的作用是对数据库进行联机日常操作，如对一条或一组记录进行查询或修改等。火车售票系统、银行通存通兑系统和税务征收管理系统等都是联机事务处理系统，它们主要是为企业的特定应用服务的，对其关注的是响应时间、数据的安全性和完整性，以及事务的吞吐量等方面，但这样的系统对分析处理和决策支持一直不能令人满意。因此，人们逐渐尝试对OLTP数据库中的数据进行再加工，形成一个综合的、面向分析的信息系统，即联机分析处理系统(on-line analytical processing，简称OLAP)，这个系统是面向企业高层决策的。

联机事务处理系统与联机分析处理系统在数据来源、数据内容、数据模式、服务对象、访问方式、事务管理乃至数据存储等方面都有不同的特点和要求。OLTP是传统的关系数据库的主要应用，主要进行日常事务处理，如银行交易、账务处理等。OLAP支持复杂的分析操作，侧重决策支持，并且提供直观易懂的查询结果。表10.2所示为OLTP与OLAP之间的比较。

表10.2　OLTP与OLAP的比较

比较项目	OLTP	OLAP
用户	操作人员，低层管理人员	决策人员，高层管理人员
功能	日常事务处理	决策分析
数据库设计	面向应用	面向主题
数据	当前的，最新的，细节的，二维的，分立的	历史的，聚集的，多维的，集成的，统一的

续表

比较项目	OLTP	OLAP
存取	读/写数十条记录	读上百万条记录
工作单位	简单的事务	复杂的查询
用户数	用户较多	用户较少
数据库大小	100 MB～1 GB	1～100 GB

10.3.3　多维数据模型

1. 多维数据模型的基本概念

做决策首先必须了解在不同条件和条件组合下可能产生的结果，即需要从不同角度了解数据。多维数据模型可以帮助用户从不同的角度观察数据，并向用户提供面向分析的操作。多维数据模型可以定义为二元组：

$$MD:=(D,M)$$

其中 $D=\{d_1,d_2,\cdots,d_i\}$ 是多维数据所有维的集合，$M=\{m_1,m_2,\cdots,m_j\}$ 是所有度量的集合。

(1) 度量(measure)。

度量是指可计算和统计的数值型数据，可以是销售额、利润等，也称为事实数据。

(2) 维(dimension)。

维是指人们观察数据的角度，是考虑问题时的一类属性，属性集合构成一个维，如对百货销售情况进行分析，销售金额有关的时间、地区等因素称为时间维、地区维等。

(3) 维的层次(level)。

人们观察某个度量的某个角度(即某个维)还可能存在细节程度不同的多个描述方面，这多个描述方面称为维的层次。维的层次是维的深入细分，可以说是观察度量的角度的角度，如时间维可分为日期、月份、季度、年等不同层次。

(4) 维成员(member)。

维的一个取值称为维的一个维成员，也称为维值。如果一个维具有多个层次，那么该维的维成员是不同维层的取值的组合。假设时间维的层次是年、月、日三个层，分别在年、月、日上各取一个值组合起来，就得到了时间维的一个维成员，即“某年某月某日”。

(5) 多维立方体(cube)。

一般地，多维数据模型可以用多维立方体来表示，多维立方体是对维度的描述。如果数据维度是三维，就可用三维立方体表示，如图 10.4 所示。若是三维以上，图形就很难想象，也不容易在屏幕上显示出来。多维立方体也称为超立方体。

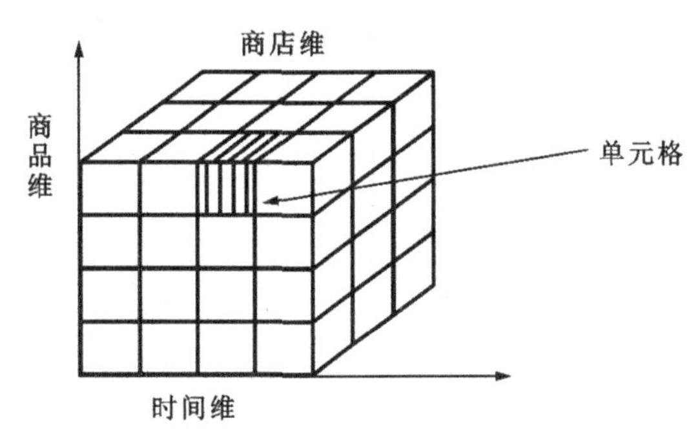

图 10.4　三维数据立方体

(6) 数据单元(单元格)。

多维立方体的取值称为数据单元。当多维立方体的各个维都选中一个维成员时，这些维成员的组合就唯一确定了一个度量的值。数据单元可以表示为。

(维 1 维成员,维 2 维成员,…,维 n 维成员,度量的值)。

例如,在图 10.4 中在时间、商品、商店等维上各取一个维成员"2016 年""PRODUCT1"和"STORE1",就唯一地确定了变量"销售金额"的一个值,假设为 100(万元),则该数据单元可表示为

(2016 年,PRODUCT1,STORE1,100)

对于一个百货连锁销售商,如果用户的需求有:

查询公司在 2016 年的销售总额;

查询公司在 2016 年第一季度的销售金额;

查询 SUPPLIER1 供货商于 2016 年提供了多少金额的商品;

查询 SUPPLIER1 供货商于 2016 年提供了多少金额的 PRODUCT1 商品;

查询 STORE1 商店于 2016 年销售了多少金额的 PRODUCT1 商品;

查询 STORE1 商店于 2016 年销售了多少金额的由 SUPPLIER1 供货商提供的 PRODUCT1 商品;

查询公司在 2016 年销售了多少金额的 STYLE1 样式的 PRODUCT1 商品;

查询 STORE1 商店于 2016 年销售了多少金额的由 SUPPLIER1 供货商提供的 COLOR1 颜色的 PRODUCT1 商品;

这里与销售金额有关的因素,如时间、商品、商店、供货商等称为维。这里维度个数有四个,时间维又可分细分为年、季度等几个层次,商品维又有样式和颜色两个子维。销售金额为事实数据,即度量。四维立方体在图形上很难表示。图 10.4 只表示了时间、商品、商店三个维度。

2. 多维数据表示

建立面向决策的数据分析系统,首先要建立一个简明的、面向主题的多维数据模型,它对应于数据库设计中的概念模型,是数据仓库的概念设计。根据多维数据模型,能够很容易地生成多维数据实体化视图,即数据仓库中的数据库。

数据仓库中的多维数据是以事实表一维表结构形式组织的,一般有星形模型(star schemal)和雪花模型(snowflake schemal)两种。

(1) 星形模型。

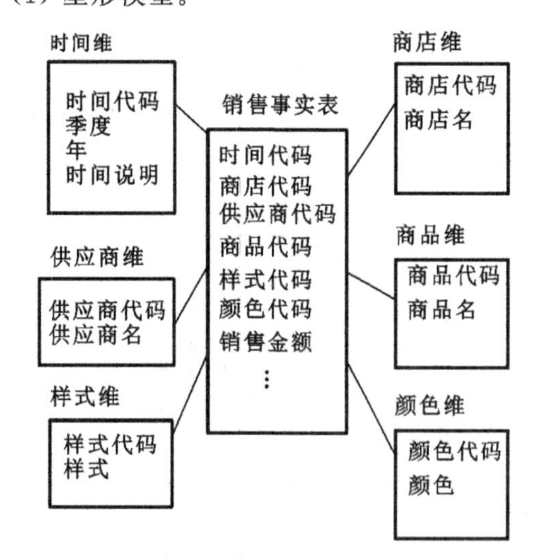

图 10.5 百货连锁销售数据仓库的星形模型的概念结构

星形模型由事实表以及多个维表组成,每个维只有一个维层次。事实表用来存储度量值(measures)及各个维表的主码,各个维表的主码共同构成事实表的主码;维表用来保存该维的描述信息,包括维的主码及其他属性成员。维表和事实表通过主码和外码联系在一起,维表之间不存在联系。星形模型的事实表用于存放大量关于企业的事实数据(数值数据),通常数据量很大,规范化程度不高,数据冗余度大。维表用于存放描述性数据,其数据量不大。数据集市通常使用星型模式。百货连锁销售数据仓库的星形模型的概念结构如图 10.5 所示。

(2) 雪花模型。

如果维的层次大于 1,则可用雪花模型表示,它的每一个维的维层次均有一个维表,它们之间也通过主码和外码联系在一起,其中第一层的维表的主码为事实表的外码。如果维表的属性成员多于 1,则属性成员也可以体现层次性。例如,商品维与样式维和颜色维存在层次关系,但样式维与颜色维之间没有层次关系。百货连锁销售数据仓库的雪花模型的概念结构如图 10.6 所示。

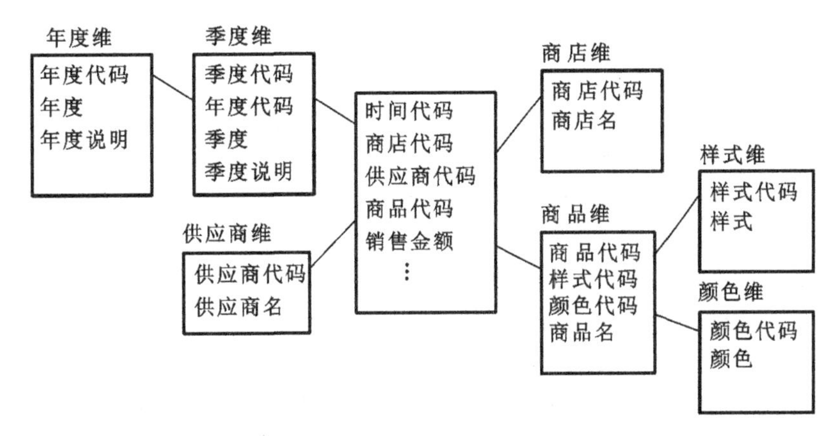

图 10.6　百货连锁销售数据仓库的雪花模型的概念模型

(3) 两种模型的比较。

星形模型是一种非正规化的结构,多维数据集中的每一个维度都与事实表相连接,不存在渐变维度,所以数据有一定的冗余,正因为数据的冗余所以很多统计查询不需要做外部的连接,一般情况下效率比雪花模型高。星形模型不用考虑较多的正规化的因素,设计与实现都比较简单。

雪花模型是一种正规化的结构,它消除了数据仓库中的冗余数据,所以有些查询就需要做连接操作,效率没有星形模型高。正规化也是一种比较复杂的过程,相应数据库结构设计、数据清洗以及后期的维护都要复杂一些。

虽然两种结构有一定差别,但没有好坏之分,最主要的还是看项目需求和业务逻辑。

(4) 多维数据实体化视图。

事实表和维表来源于 OLTP 系统的基础数据库,可以通过数据转换服务将其转换为数据仓库系统中的数据。由于用户的查询往往涉及多重维度,即一次查询使用了多个维度,所以应该将事实表和多个维表集合在一起成为一个整体加以考虑,集成后的事实表和维表称为多维数据实体化视图。与 OLTP 系统中的数据不同,多维数据实体化视图是对决策目标较为完整的描述,能够精确地对用户提出的问题进行分析处理服务。

3. 多维数据操作

数据仓库的多维数据分析突破了维度限制,它采用旋转、嵌套、切片、钻取和高维可视化技术在屏幕上显示多维数据的结构,使用户可以直观地理解和分析数据。多维数据操作一般有钻取、切片和切块以及旋转等。下面以一个百货连锁销售多维数据为例介绍这几个操作。

百货连锁销售多维数据一共有商店、商品、供应商、时间 4 个维,事实数据是销售金额,时间维有年、季度、月等几个层次。假设所有商店、所有供应商的各年度的季度销售金额如表 10.3

所示。

表 10.3　所有商店、供应商的各年度季度销售额(商店＝ALL,供应商＝ALL)

商　　品	2015 年				2016 年			
	一季度	二季度	三季度	四季度	一季度	二季度	三季度	四季度
	销售金额/万元							
电视	20	30	25	40	25	35	30	45
洗衣机	12	18	16	20	15	21	19	23
电冰箱	15	20	15	30	20	25	20	35

(1) 钻取(下钻 drill-down 和上卷 drill-up)。

钻取有下钻和上卷两种互逆的操作,下钻操作可以看到更加细节的数据,而上卷操作可以看到综合数据。

下钻操作的目的是获取维度上的细节数据。它包含两个方面的操作:一是在某个维的维层次上由高到低的钻取操作,找到更详细的数据,如在时间维上由每一季度的销售金额向下钻取,获取每一个月的销售额,即由表 10.3 得到表 10.4;二是通过增加新的维获得更加细节的数据,如在时间维和商品维的多维数据中增加一个供应商,获得与供应商有关的数据,即由表 10.3 得到表 10.5。

表 10.4　时间维度上的下钻操作

商　　品	2015 年												2016 年
	一季度			二季度			三季度			四季度			
	销售金额/万元												
	1 月	2 月	3 月	4 月	5 月	6 月	7 月	8 月	9 月	10 月	11 月	12 月	…
电视	6	7	7	9	10	11	8	8	9	12	12	16	…
洗衣机	4	4	4	6	6	6	5	5	6	6	7	7	…
电冰箱	5	5	5	6	7	7	5	5	5	9	10	11	…

表 10.5　在表 10.3 上增加供应商维

商　　品	供　应　商	2015 年				2016 年
		一季度	二季度	三季度	四季度	
		销售金额/万元				
电视	供应商 1	12	10	20	20	…
	供应商 2	8	20	5	20	…
洗衣机	供应商 1	2	8	10	10	…
	供应商 2	10	10	6	10	…
电冰箱	供应商 1	15	16	12	20	…
	供应商 2	0	4	3	10	…

上卷也称为上钻操作,上卷操作的目的是提供多维立方体上的聚集,反映数据综合情况。

它包括两种形式的操作，一种是在某维的某一层次上由低到高的聚集操作，如在时间维上由季度聚集到年，对表 10.3 进行上卷操作可以得到表 10.6 年度销售情况表；另一种是通过减少维的个数进行聚集操作，如对表 10.5 减少供应商维可以得表 10.3 所示的综合数据。

表 10.6　对表 10.3 的上卷操作

商　　品	2015 年	2016 年
	销售金额/万元	
电视	115	135
洗衣机	66	78
电冰箱	80	100

(2) 切片(slice)与切块(dice)。

在多维立方体的某一维上选定一个维成员的操作称为切片。一次切片使原来的多维立方体维数减 1。切片操作示意图如图 10.7 所示。

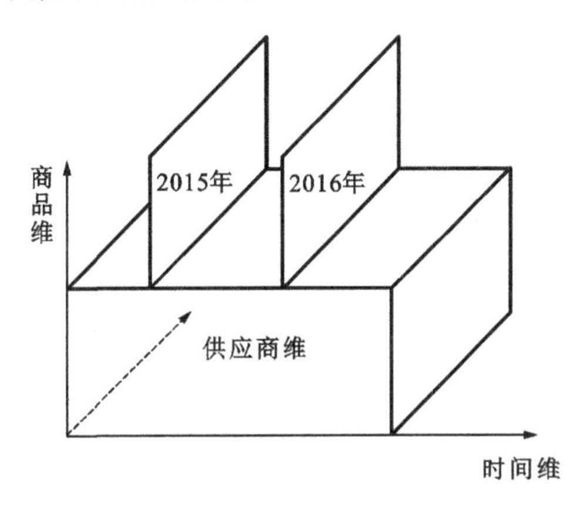

图 10.7　切片操作示意图

例如，对图 10.8(a)中的商品、时间和供应商等维组织起来的关于百货连锁销售的多维立方体，在时间维上选择一个维成员“2015 年”，就得到了一个子多维立方体，它是一个二维(3－1＝2)“平面”，不再有时间维，表示 2015 年不同供应商的所供应的不同商品的销售情况，如图 10.8(b)所示。

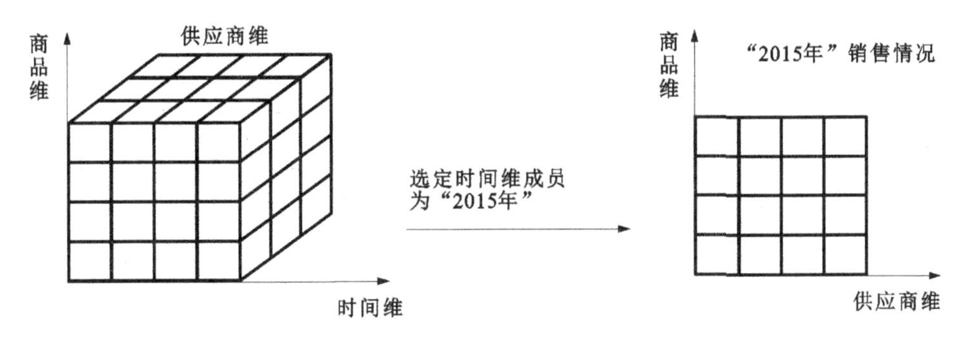

(a) 多维立方体　　(b) 对图10.8 (a) 的切片操作

图 10.8　对多维立方体的切片操作

对表 10.5 在时间维上对维成员“2015 年”进行切片，再进行上卷操作，得到表 10.7。

在多维立方体的某一维上选定两个维成员的操作称为切块。例如，对图 10.8(a)的多维立方体，在时间维上选择两个维成员，分别是“2014”和“2016 年”，该切块操作就得到了一个子多维立方体，它表示 2014 年至 2016 年间不同供应商供应的不同商品的销售额。

表 10.7 显示 2015 年的不同供应商供应情况

商　　品	供　应　商	2015 年
		销售金额/万元
电视	供应商 1	62
	供应商 2	53
洗衣机	供应商 1	30
	供应商 2	36
电冰箱	供应商 1	63
	供应商 2	17

(3) 旋转(pivot)。

改变一个多维数据的维方向的操作称为旋转。旋转用于改变多维立方体的视角，即用户可以从不同的角度来观察多维立方体。如图 10.9(a)所示，把一个横轴为时间，纵轴为商品的二维表旋转为横轴为商品和纵轴为时间的二维视图。假如对图 10.8(a)的多维数据的商品维、时间维、商店维执行旋转操作就得到图 10.9(b)所示的效果。

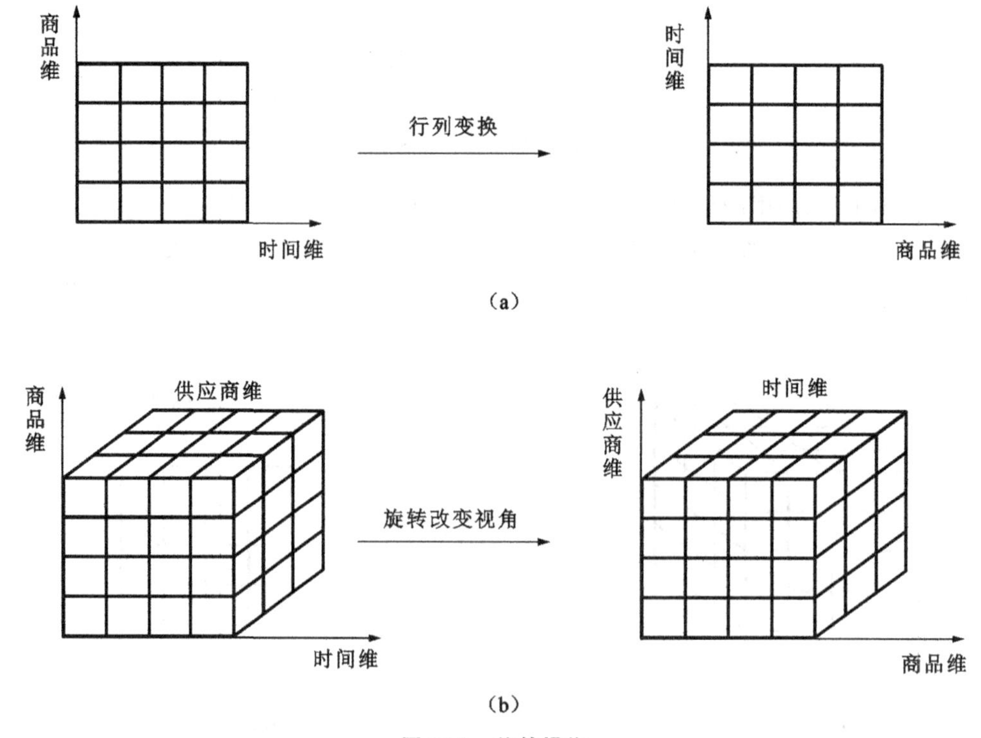

图 10.9 旋转操作

4. 多维数据设计与实现

多维数据设计与实现分为四个阶段，分别是需求分析、概要设计、逻辑设计和物理实现。需求分析的基本任务是根据用户要求确定数据分析的主题。概要设计的基本任务是设计多维数据模型，确定度量、维、维层次，并用星形图或雪花图予以描述。逻辑设计的基本任务是根据多维数据模型设计事实表和维表，并通过设计主码和外码使事实表与维表取得联系。物理实现是利用数据转换工具从 OLTP 系统中抽取转换数据生成事实表和维表，并用 OLAP 工具生成多维数据集。

下面以学生管理系统中的关于学生成绩分析的 OLAP 多维数据模型的设计为例说明多维数据模型的设计与实现过程。

（1）需求分析。

学生管理信息系统中保存有大量的数据，对这些数据进行分析处理可以给学校领导决策提供帮助。经调查，学校领导关心的主要问题之一是如何提高教学质量。教学质量主要体现在学生成绩上，如入学考试成绩、在校学习成绩以及它们之间的对比，可以根据学生成绩对学生素质进行分析，回答如下问题：

①历年在校学生素质变化情况（时间维）；

②学生素质与生源的关系（地区维）；

③学生素质与教师教学水平的关系（教师维）；

④学生各科成绩分析（课程维）。

因此可以把学生成绩作为分析的一个主题，数据仓库中的数据围绕学生成绩组织。

（2）概要设计。

概要设计的目的是得到多维数据模型。首先确定度量，即入学考试成绩、在校考试成绩。然后确定维和维的层次，即学生维、地区维、教师维、课程维、时间维，其中学生维的层次为 3 层，分别为系、班级和学生姓名，其他维只有 1 个层次。面向学生素质分析的多维数据星形-雪花模型架构如图 10.10 所示。其多维数据模型描述如下。

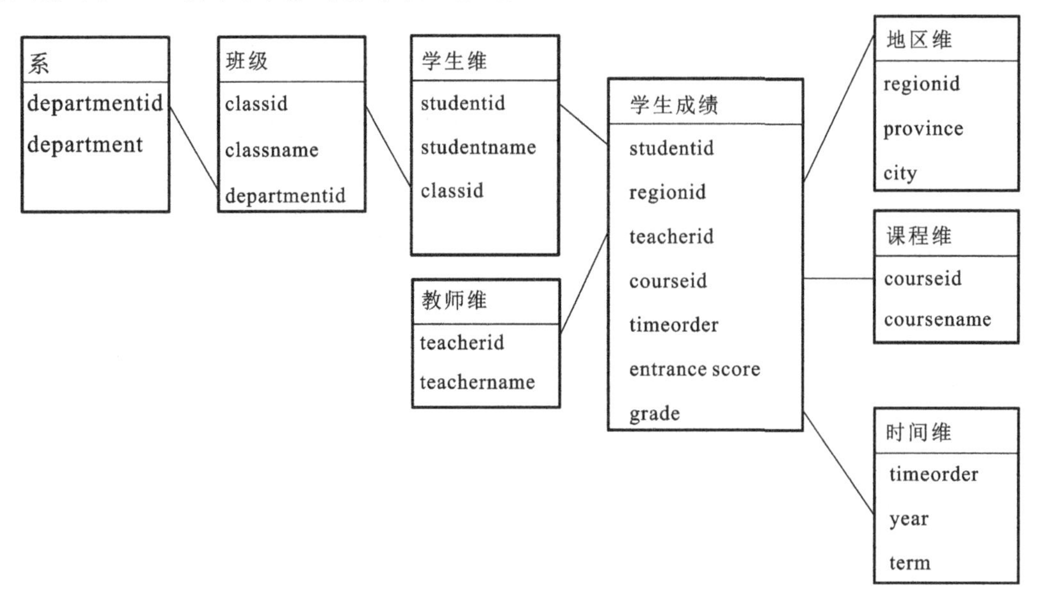

图 10.10　面向学生成绩分析的多维数据星形-雪花架构

```
MD=(D,M)
    D={dstudent,dteacher,dregion,dcourse,dtime}
    M={ entrance score,grade}
    dstudent=({ department,class,studentname })
    dteacher=({ teachername })
    dregion=({ province,city})
    dcourse=({ coursename})
    dtime=({ year,term})
```

其中时间维和地区维也可以设计成层次结构。

(3) 逻辑设计。

根据星形-雪花架构，可以设计出 8 个表：一个事实表 grade(studentid，regionid，teacherid，courseid，timeorder，entrance score，grade)，4 个维表 teacher(teacherid，teachername)、region(regionid，province，city)、course(courseid，coursename)、time(timeorder，year，term)，三个维层次表 student(studentid，studentname，classid)、class(classid ，classname，departmentid)、department(departmentid，department)。事实表的主码为(studentid，regionid，teacherid，courseid，timeorder)，且分别是 5 个维的主码。

(4) 物理实现。

以 Microsoft Analysis Services 的处理方法为例，多维数据实体化视图的实现分两个阶段，一是利用 SQL Server 数据转换服务工具(DTS)产生事实表和维表，将这些表单独用一个数据库存放，这个数据库不同于 OLTP 中的数据库，对这个数据库中数据不用做增、删、改等操作，只需进行定时更新，因而它是数据仓库中的数据库，我们称之为 OLAP 数据库。在转换包中源连接为 OLTP 数据库，目的连接为 OLAP 数据库，其中抽取数据的程序可用 SQL 语句来编写。抽取事实表往往涉及多个源数据表的连接查询，其 SQL 伪代码为

SELECT(事实表属性成员序列) FROM(源数据库表序列)WHERE(源数据表连接条件)

维表抽取相对简单些，一般只涉及一个源数据表，其 SQL 伪代码为

SELECT(维表属性成员序列) FROM(源数据库表)

二是在 Analysis Services 中生成多维数据集。经过数据转换服务得到的只是一个一般的关系数据库，要实现多维数据分析，还要将已生成的 OLAP 数据转换为多维数据集。Microsoft Analysis Services 提供了多维数据集创建向导，创建比较容易，也可以用维度编辑器对所生成的多维数据视图进行编辑。

生成了多维数据集后，就可以对它进行钻取、切片与切块、旋转等操作。在 Microsoft Analysis Services 中，提供了多维表达式 MDX(multi-dimensional expression)，它专门用于对多维数据的操作。

10.3.4 OLAP 的实现

多维数据模型是面向用户数据分析的数据视图，属于逻辑模型。OLAP 服务器应该透明地为上层分析软件和用户提供多维数据视图。上层分析软件和用户不必关心多维数据的存储方式和存储结构；OLAP 软件则必须考虑多维数据模型的实现技术，包括如何组织多维数据、存储

多维数据、多维数据的索引技术，多维查询语言的实现（语言的语法分析、编译、执行和结果表示）、多维查询的优化技术等。

目前多维数据模型的实现方式一般有三种，分别是 MOLAP、ROLAP 和 HOLAP 等。

1. MOLAP 结构

MOLAP 结构直接以多维立方体来组织数据，以多维数组来存储数据，支持直接对多维数据的各种操作。人们也常称这种按照多维立方体来组织和存储的数据结构为多维数据库。

前面讲到多维数据由维值与度量值两个部分组成，它的数据单元可以表示为

（维 1 维成员，维 2 维成员，…，维 n 维成员，度量值）

用多维数组表示多维数据时，数组中只存储多维立方体的度量值，维值由数组的下标隐式给出。在关系表中，维值和度量值都需要存储。例如，对于按时间、商品、商店和供应商组织的百货连锁销售数据，表 10.8 所示是用关系数据库来组织的在 2015 年不同供应商所提供商品的销售金额的情况，表 10.9 所示是用多维数据库来组织的情况。为了简化起见，表中只给出了商品和供应商两个维的数据。

表 10.8　用关系数据库表示多维数据

商　　品	供　应　商	销售金额/万元
电视	供应商 A	62
电视	供应商 B	53
电视	供应商 C	0
洗衣机	供应商 A	30
洗衣机	供应商 B	36
洗衣机	供应商 C	0
电冰箱	供应商 A	63
电冰箱	供应商 B	17
电冰箱	供应商 C	17
空调	供应商 A	32
空调	供应商 B	0
空调	供应商 C	56
⋮	⋮	⋮

表 10.9　用多维数组表示多维数据

商　　品	供应商 A	供应商 B	供应商 C
	销售金额/万元		
电视	62	53	0
洗衣机	30	36	0
电冰箱	63	17	17
空调	32	0	56
⋮	⋮	⋮	⋮

MOLAP 多维数组只存储多维立方体的度量值。例如，在表 10.9 中，只存储销售量的值(交叉值)，不存储商品维和供应商维的维成员值，因而多维数组的存储效率高。另外，多维数组可以通过数组的下标直接寻址，与关系表(通过表中列的内容寻址，常常需要索引或全表扫描)相比，它的访问速度较快。更重要的是，多维数组可以较好地支持上卷和下钻等多维分析操作。

多维数组存储方式存在的不足如下。

(1) 多维数组的物理存放方式通常是按照某个预定的维序线性存放，不同维的访问效率差别很大。以表 10.9 中的二维数组为例，如果按行存放，则访问某商品的销售金额时，效率很高，因为一次 I/O 读取的页面包含了多个行值；但访问某供应商的销售金额时，效率就会降低。

(2) 在数据稀疏的情况下，即多维立方体的许多数据单元(维 1 维成员，维 2 维成员，…，维 n 维成员，度量值)上无度量值，多维数组中就会有大量无效值存在，存储效率会下降。

为此，人们研究出了许多对多维立方体的存储、压缩和计算的方法和技术。例如，将一个多维立方体分为多个数据块就是解决第一个问题的有效方法。数据压缩是解决第二个问题的常用方法。

2. ROLAP 结构

ROLAP 结构用 RDBMS 或扩展的 RDBMS 来管理多维数据，用关系表组织和存储多维数据，它将对多维立方体的操作映射为标准的关系操作。

ROLAP 对多维数据的实现是基于前面所讲的星形模型和雪花模型的，它将多维立方体结构划分为两类表，一类是事实表，另一类是维表。事实表用来描述和存储多维立方体的度量值及各个维的码值；维表用来存储和描述维的信息，包括维的码值和维的描述信息。如果是星形模型，则维表只与事实表发生关联，维表之间没有联系，维的主码是事实表的外码；如果是雪花模型，则有些维存在层次关系。对于百货连锁销售多维数据星形模型(见图 10.5)，可以用一个事实和五个维表来表示。

事实表为

销售表(时间，商店代码，供应商代码，商品代码，样式代码，颜色代码，销售金额)

维表为

商店表(商店代码，商店名，地址，电话，规模等级，…)

供应商表(供应商代码，供应商名，地址，电话，信用等级，…)

商品表(商品代码，商品名，单价，质量等级，…)

样式表(样式代码，样式名，…)

颜色表(颜色代码，颜色名，…)

同 MOLAP 相比，关系数据库表达多维立方体不大自然，由于关系数据库的技术较为成熟，ROLAP 在数据的存储容量、适应性上占有优势。当维数增加、减少时，只需要增加、删除相应的关系，修改事实表的模式，容易适应多维立方体的变化。因此，ROLAP 的可扩展性较好。但 ROLAP 数据存取较 MOLAP 复杂。首先，用户的分析请求(通常用 MDX 语言来表达)需要由 ROLAP 服务器把 MDX 转换为 SQL 请求，然后交由 RDBMS 处理，处理结果还需经 ROLAP 服务器多维处理后返回给用户。SQL 语句尚不能直接处理所有的分析计算工作，只能依赖附加的应用程序来完成。因此，ROLAP 在执行效率上不如 MOLAP 高。MOLAP 与 ROLAP 的比较如表 10.10 所示。

表 10.10　MOLAP 与 ROLAP 的比较

ROLAP	MOLAP
沿用现有的关系数据库的技术	专为 OLAP 所设计
响应速度慢	性能好、响应速度快
数据装载速度快	数据装载速度慢
存储空间耗费小，维数没有限制	需要进行预计算，可能导致数据爆炸；无法支持维的动态变化
借用 RDBMS 存储数据，没有文件大小限制	受操作系统平台中文件大小的限制，难以达到 TB 级(只能 10～20 GB)
可以通过 SQL 实现详细数据与综合数据的存储	缺乏数据模型和数据访问的标准
维护困难	维护简便

在实际系统中还有一种称为 HOLAP 结构，它是将 MOLAP 和 ROLAP 结合起来而形成的。例如，将细节数据存在关系数据库中，而将综合数据存在 MOLAP 服务器中，既利用了 ROLAP 扩展性好的优点，又利用了 MOLAP 计算速度快的长处。

10.4　小　　结

本章以企业高层决策需求为背景，简要介绍了数据仓库与联机分析处理技术的基本概念和基本原理。

数据仓库是面向主题的、集成的、稳定的、随时间变化的数据集合，它用于支持经营管理中决策的制定过程。数据仓库中存储有不同层次和类别的数据，将事务处理数据转换为数据仓库中的数据，一般要经过数据抽取、数据转换和数据装载三个过程。数据集市是一种更小的、更集中的数据仓库，它为企业商业数据分析提供了一条廉价的途径。数据仓库系统是由数据仓库、数据仓库管理系统和分析工具三个部分组成的。

联机分析处理的目标是满足决策分析或多维环境特定的查询和报表需求，它的技术核心概念是维。多维数据模型可以帮助用户从不同的角度观察数据，并向用户提供面向分析的操作。数据仓库中的多维数据是以事实表-维表结构形式组织的，可以用星形模型和雪花模型来描述。多维数据操作有钻取、切片与切块、旋转等。多维数据模型的实现方式一般有三种，分别是 MOLAP、ROLAP 和 HOLAP。

习　题　10

一、选择题

1. 数据仓库中的数据是(　　)。

A. 当前细节的数据　　B. 经常更新的数据

C. 面向事务处理的数据　　D. 综合或提炼的数据

2. 对已抽取到临时存储媒介上的数据进行整理、加工、变换和集成的过程称为(　　)。

A. 数据抽取　　B. 数据转换

C. 数据加载　　D. 数据展现

3. 下列模型中属于数据仓库数据模型的是(　　)。

A. 雪花模型　　B. E-R 模型

C. 层次模型　　D. 网状模型

4. 在星形模型中，关于维表与事实表的关系，下列说法不正确的是(　　)。

A. 维表的主码都是事实表的外码

B. 维表与维表之间通过事实表相关联

C. 事实表的主属性的个数不少于多维数据的维数

D. 事实表中只包含可度量的字段

5. 改变一个多维数据的维方向的操作称为(　　)。

A. 旋转　　B. 钻取　　C. 切片　　D. 切块

6. 如果一个事实表的表结构为销售事实表(时间代码，商店代码，供应商代码，商品代码，销售金额)，这个表的主码是(　　)。

A. (时间代码)

B. (时间代码，销售金额)

C. (商店代码，供应商代码，商品代码，销售金额)

D. (时间代码，商店代码，供应商代码，商品代码)

7. 下列多维数据模型的实现方式中，沿用现有的关系数据库的技术来存储多维数据的是(　　)。

A. MOLAP　　B. ROLAP　　C. HOLAP　　D. 都不是

二、名词解释

1. 数据仓库。
2. 数据集市。
3. 粒度。
4. OLAP。
5. 维。

三、简答题

1. 简要说明事务处理环境不适宜直接构建决策分析应用的原因。
2. 操作型数据和分析型数据的主要区别是什么？
3. 什么是数据仓库？数据仓库和数据库的区别和联系是什么？
4. 试述数据仓库数据的四个基本特征。
5. 试述数据仓库系统的体系结构。
6. 如何理解数据仓库的数据是不可更新的，数据仓库的数据又是随时间不断变化的？
7. 举例说明数据仓库的多粒度特性及其应用。
8. 试述数据获取的主要工作和步骤。
9. 简述 OLTP 与 OLAP 的区别。

10. 举例说明 OLAP 的多维数据分析的切片、切块与钻取功能。

11. 试比较星形模型与雪花模型有什么不同?

12. 多维数据模型的实现方式有哪几种? 它们之间有什么区别?

四、应用题

假设在一个律师业务管理系统中构建数据仓库,实现对诉讼费进行分析处理,要求分析的角度有时间(time)、地区(region)、律师(lawyer)和客户(client),其中时间分年、季度和月几个层次,律师和客户都需按所属地区分析,客户还要考虑客户类别,分析的对象是诉讼费。

(1) 根据分析需求确定度量、维和维层次。

(2) 画出多维数据的星形模型或雪花模型。

(3) 由基本立方体[time, lawyer, client]开始,为列出 2016 年每位律师的收费总数,应当执行哪些 OLAP 操作。

附录 A　实验指导书

“数据库原理与应用”是一门理论和实践紧密联系的课程。为了配合“数据库原理与应用”课程的理论教学，通过本实验课使学生掌握数据库系统的基本概念和了解数据库应用系统的基本设计方法；学会使用一种具体的数据库管理系统产品（如 SQL Server 等）、数据库设计工具（如 PowerDesigner）和开发语言（如 JAVA 等）访问数据库，从而进一步理解和掌握数据库系统的组成结构、DBMS 的安全性、完整性控制等功能、结构、作用；理解数据库三级模式的概念和关系；理解并掌握关系运算的基本含义、关系数据库的设计方法，重点使学生掌握 SQL 的作用、用法，数据库的设计过程和方法。

本课程配合理论教学开设了如下实验。实验共 10 学时，其中有 4 个验证型实验、1 个综合设计型实验，具体安排如下：

实验 1　数据定义

实验 2　数据更新

实验 3　SQL 数据查询与视图

实验 4　数据库安全性和完整性控制

实验 5　数据库设计

建议实验环境：SQL Server 2017、PowerDesigner 16.5 及以上。

通过实验，学生应达到如下要求：

(1) 独立完成每个实验；

(2) 掌握 SQL 数据定义、数据查询、数据更新、数据控制的方法；

(3) 掌握数据库的设计、实现方法；

(4) 每次实验提交的实验报告应内容完整、正确；书写工整，有实验结果和实验小结。

实验 1　数据定义

一、实验目的

(1) 巩固数据库的基础知识；

(2) 学会使用 SQL Server 创建数据库，并进行简单的管理工作；

(3) 掌握使用 SQL Server 创建、修改与删除基本表结构；

(4) 掌握索引的创建与管理方法；

(5) 掌握修改、分离、附加和删除数据库的方法。

二、建议实验工具及实验学时

SQL Server 2017 或以上版本的数据库服务器产品。

实验学时:2 学时。

三、实验内容和步骤

(一) 创建数据库

创建 SQL Server 数据库有多种方法,这里介绍用 SQL Server Management Studio 工具直接创建数据库和用 SQL 语句创建数据库两种方法。

这里假设 SQL Server 数据库服务器已启动,如果要手工启动 SQL Server 数据库服务器,可通过 SQL Server 2017 配置管理器,选中 SQL Server 服务,用右键启动即可。

1. 用 SQL Server Management Studio 直接创建数据库

(1) 在 Windows 开始菜单中执行"程序|Microsoft SQL Server Tools17| SQL Server Management Studio"菜单项,进入其登录界面。输入正确的登录信息(包括服务器类型、名称、身份验证方式、登录名、密码),成功登录后,在 Management Studio 中,展开数据库项,右击数据库,在弹出的快捷菜单中选择"新建数据库"命令。

(2) 弹出"新建数据库"对话框,在"常规"选择卡中,输入新建数据库的名称,如"training1",在数据库文件列表中,对所建的数据文件和日志文件的名称、大小、位置、增长等属性进行设置。

(3) 可以从上面所示的选项中选择、指定数据库文件、日志文件的增长方式和速率、文件大小的限制等。

(4) 在设置好各参数后,用鼠标单击"确定"按钮开始创建数据库。创建成功后,在数据库节点下刷新后,可以看见新建的数据库 training1。如果创建数据库参数设置有问题,系统将给予提示信息。

2. 使用 SQL 语句创建数据库

(1) 连接数据库服务器后,在 SQL Server Management Studio 中单击"新建查询",此时连接的数据库名是 master 数据库。

(2) 在查询编辑器的命令窗口中,输入创建数据库的 SQL 语句。

(3) 单击查询编辑器的"执行"按钮,完成数据库创建。创建新数据库成功后,可在对象资源管理器窗口中通过"刷新"查看新数据库的信息。

任务 1:创建数据库 training,它的数据文件存放路径为"D:\sqldata\"下(注意:sqldata 文件夹必须是预先在操作系统中手动创建好的,读者也可自定义工作目录),数据库文件名为 training_data.mdf,大小为 10 MB,自动增长,文件大小无限制,增长比例为 10%,事务日志文件为 training_log.ldf,执行代码如下所示。

```
CREATE DATABASE training  ON
(NAME=N'training_data',FILENAME=N'D:\sqldata\training_data.mdf',SIZE=10,
MAXSIZE=50,FILEGROWTH=5)
```

```
LOG ON (NAME=N'training_log',FILENAME=N'D:\sqldata\training_log.ldf',SIZE=
5MB,  MAXSIZE=25MB, FILEGROWTH=5MB)
COLLATE Chinese_PRC_CI_AS
GO
```

此时命令成功完成，则刷新对象资源管理器中数据库节点，可发现 training 数据库已创建。

（二）查看和修改数据库属性

这里介绍两种查看和修改数据库属性的方法。

1. 使用 Management Studio 查看和修改数据库属性

（1）在 Management Studio 中，展开 SQL Server 组，再展开数据库项，右击 training 数据库，在弹出的快捷菜单中选择属性命令，此时出现 training 数据库属性对话框，在该对话框中可以查看数据库的各项参数设置。在这个对话框的“常规”“数据文件”和“事务日志”选项卡中，可对数据库创建时所做的设置进行修改，在“文件组”“选项”和“权限”选项卡中还可对其他参数进行修改。

（2）如果修改了某些数据库属性，可以单击“确定”按钮保存对数据库属性的修改。

2. 使用 SQL 语句查看和修改数据库属性

（1）在查询编辑器的命令窗口中执行系统存储过程 sp_helpdb training，则可在输出窗口中看到关于 training 数据库的属性。

（2）在命令窗口中执行下面提供的修改数据库属性的例子。注意，只有数据库管理员或具有 CREATE DATABASE 权限的数据库所有者才有权执行此命令。

任务 2：给 training 数据库插入一个新数据文件 training_data2.ndf，其初始大小为 8 MB，最大空间 unlimited。已知数据库 training 的存储路径为 D:\sqldata\。

首先定义文件组：

```
ALTER DATABASE training
ADD FILEGROUP data2
```

然后将文件添加到文件组中：

```
ALTER DATABASE  training
ADD FILE
(name=training_data2,
filename='D:\sqldata\training_data2.ndf',
size=8mb,
maxsize=unlimited,
filegrowth=5% )
to filegroup data2
```

（三）创建基本表

创建表的用户必须具有相应的权限才可以成功地执行。

1. 使用 Management Studio 创建表

（1）在 Management Studio 中，展开 Database 项，选择要建表的数据库 training，展开各节

点，在“表”对象上右击鼠标，执行“新建表”命令。

(2) 在弹出设计表的窗口界面中，填写相应字段的列名、数据类型和长度等属性值后，在工具条上按保存按钮。

(3) 在输入表名对话框中输入表名，如 customers 后，单击“确定”按钮，即可将该表保存到数据库中，建表成功。

2. 使用 SQL 语句创建基本表

注意在 SQL 语句中的符号，如引号、括号、逗号等要区分全角与半角，否则会出现语法错误。

(1) 用查询编辑器与 SQL Server 数据库服务器建立连接，此时系统默认的数据库是 master。

(2) 将连接数据库名设为 training，以便将来在该数据库中创建新表。

(3) 在命令窗口中执行下面提供的示例中创建基本表的 SQL 语句。

(4) 单击工具栏中的“执行查询”按钮(或 F5)，完成表的创建。

任务3: 创建供应商表 Salers。其属性组成为:供应商代码 SNO(字符型，长度为 4 个字符，不允许空)，供应商姓名 SNAME(字符型，长度为 10 个字符)，供应商状态 STATUS(字符型，长度为 4 个字符)，供应商所在城市 CITY(字符型，长度为 10 个字符)，供应商代码 SNO 为主码。

```
CREATE TABLE Salers (
    SNO CHAR(4) PRIMARY KEY,
    SNAME CHAR(10),
    STATUS CHAR(4),
    CITY  CHAR(10));
GO;
```

任务4: 创建产品表 Products。其属性组成为:产品代码 PNO(字符型，长度为 4 个字符，不允许空)，产品名 PNAME(字符型，长度为 20 个字符)，颜色 COLOR(字符型，长度为 4 个字符)，重量 WEIGHT(整型)，产品代码 PNO 为主码。

```
CREATE TABLE Products (
    PNO CHAR(4)   PRIMARY KEY,
    PNAME CHAR(20),
    COLOR CHAR(4),
    WEIGHT  INTEGER);
GO;
```

任务5: 创建工程项目表 Projects。其属性组成为:工程项目代码 JNO(字符型，长度为 4 个字符，不允许空)，工程项目名 JNAME(字符型，长度为 20 个字符)，工程项目所在城市 CITY(字符型，长度为 10 个字符)，工程项目代码 JNO 为主码。

```
CREATE TABLE Projects (
    JNO CHAR(4)   PRIMARY KEY,
    JNAME CHAR(20),
    CITY CHAR(10));
```

```
GO;
```

任务6:创建供应情况表 SPJ。其属性组成为:供应商代码 SNO(字符型,长度为 4 个字符,不允许空),产品代码 PNO(字符型,长度为 4 个字符,不允许空),工程项目代码 JNO(字符型,长度为 4 个字符,不允许空),价格 COST(货币型),供应数量 QTY(整型),表示某供应商供应某种产品给某工程项目的数量为 QTY,价格为 COST。

```
CREATE TABLE SPJ (
    SNO CHAR(4)    NOT NULL,
    PNO CHAR(4)    NOT NULL,
    JNO CHAR(4)    NOT NULL,
    COST  MONEY,
    QTY   INTEGER,
    PRIMARY KEY(SNO,PNO,JNO),
    FOREIGN KEY (SNO) REFERENCES Salers(SNO),
    FOREIGN KEY (PNO) REFERENCES Products(PNO),
    FOREIGN KEY (JNO) REFERENCES Projects(JNO));
GO;
```

3. *修改基本表结构*

(1) 使用 Management Studio 修改基本表结构。

① 在 Management Studio 中展开 Server 组,再展开 Database 项,选择要修改表的数据库 training,选中要修改的表,右击鼠标,执行"设计"命令。

② 在弹出的设计表对话框中,编辑修改表的列名、数据类型、长度、允许空等属性,如果要修改索引/键或约束,可单击"管理索引/键 "按钮,在弹出的对话框中修改。

③ 单击"保存"按钮,将修改存入数据字典。

(2) 使用 SQL 语句修改基本表结构。

① 连接数据库(在数据库复选框中选择 training)。

② 进入查询编辑器窗口,输入如下示例的修改基本表结构的 SQL 语句后,单击"执行"按钮,就可以在输出窗口中直接看到语句的执行结果。

任务7:修改基本表 SPJ,将字段 QTY 的数据类型改为 SMALLINT。

```
ALTER TABLE SPJ
ALTER COLUMN QTY SMALLINT;
GO;
```

任务8:修改产品表 Products,插入字段出厂日期 PDATE(日期型)。

```
ALTER TABLE   Products
ADD   PDATE DATETIME;
GO;
```

任务9:删除产品表 Products 中的新增字段出厂日期 PDATE。

```
ALTER TABLE   Products
DROP COLUMN PDATE ;
```

(四)删除基本表

1. 使用 Management Studio 删除基本表

(1) 在 Management Studio 中展开 Server 组,再展开 Database 项,选择要删除表的数据库 training,选中要删除的表,右击鼠标,在弹出的对话框中,单击“删除”命令。

(2) 在弹出的删除表的对话框中,可以单击“显示相关性”按钮,查看与该表相关的对象信息。

(3) 在删除表对话框中,单击“全部除去”按钮,即可成功删除该表。

说明:如果该表被其他对象引用,则系统会弹出错误消息。

2. 使用 SQL 语句删除基本表

(1) 连接数据库(在数据库复选框中选择 training)。

(2) 进入查询编辑器窗口,输入如下示例的删除基本表的 SQL 语句后,单击”执行”按钮,就可以在输出窗口中直接看到语句的执行结果。

说明: SQL 命令 DROP TABLE 不能用于除去由 FOREIGN KEY 约束引用的表。如果删除的是被参照表,则必须先除去参照表中引用的 FOREIGN KEY 约束或引用的表。

任务10:假设当前数据库为 training,用户 sa 需要删除 SPJ 表,可以用以下 SQL 语句:

```
DROP TABLE SPJ;
GO;
```

或

```
DROP TABLE training.DBO.SPJ;
GO;
```

任务11:假设当前数据库为 training,用户 sa 需要删除 Salers 表。为此,必须先删除 SPJ 表,因为它们之间存在着参照完整性约束关系,SPJ 表为参照表,Salers 为被参照表。

```
DROP TABLE SPJ;
DROP TABLE Salers;
GO;
```

(五) 掌握索引的创建与管理方法

进入查询编辑窗口方法同上,使用 CREATE INDEX 命令可创建索引。

任务12:为 Projects 表的 JNAME 列创建唯一索引 uk_Index。

```
CREATE UNIQUE INDEX uk_Index ON Projects (JNAME);
```

唯一索引创建后,再向该表中的 JNAME 列插入数据时,如果插入重复的 JNAME 值,系统会报错并拒绝执行该插入操作。

删除索引使用命令 DTOP INDEX。

任务13:将 Projects 表的唯一索引 uk_Index 删除掉。

```
DROP INDEX uk_Index ON Projects;
```

(六) 分离和附加数据库

在 SQL Server 中,可以有两种方法分离和附加数据库。

1. 使用 Management Studio 分离和附加数据库

(1) 在 Management Studio 中,展开 SQL Server 组,再展开数据库(DATABASE)项。

(2) 选择要分离的数据库名,右击鼠标选择“属性”命令,查看该数据库的属性,重点查看并获知该数据库的数据文件和日志文件名和存储路径等属性。

(3) 选择要分离的数据库名,右击鼠标选择“任务|分离”命令,并在弹出的确认对话框中选择“确定”按钮,稍后分离数据库成功,此时,在数据库项中已不存在 training 数据库。

注意,不能在有连接该数据库的状态下分离数据库,否则,系统会弹出错误消息,直至数据库断开所有的连接(包括关闭与待分离数据库连接的查询编辑窗口,此时也可将连接指向其他数据库名,如 master)。

(4) 分离数据库成功后,还需要在 Windows 系统下(参照以上第二步的属性)将该数据库相关的数据文件和日志文件拷贝到目的地址,注意不要遗漏,以便将来在目的数据库服务器上附加该数据库。

以下各步骤是附加数据库的操作:

(5) 在目的数据库服务器的 Management Studio 中,展开 SQL Server 组,再展开数据库(DATABASE)项,然后打开附加数据库对话框。

(6) 在附加数据库对话框中,单击“添加”按钮,在指定数据库文件对话框中,指定要附加数据库的 MDF 文件及路径,此时,系统会自动将与该数据库相关的其他数据文件和日志文件一起附加,单击“确定”按钮即可。

(7) 附加成功后,在“对象资源管理器”的“数据库”项中也插入了新附加的 training 数据库。如此,便可实现数据库的分离和附加,该操作通常用于数据移植。

2. 使用 SQL 语句分离和附加数据库

(1) 用查询编辑器与 SQL Server 数据库服务器建立连接,此时连接的数据库是 master 数据库。

(2) 在命令窗口中执行下面提供的分离和附加数据库的例子。

注:物理数据文件和日志文件的移动还要借助操作系统来完成。

任务 14:移动数据库 training 的物理数据文件到新的物理路径,如 E 盘的 sqldata 文件夹下。

```
/*首先查看 training 数据库的属性*/
exec sp_helpdb training
go
/*然后执行分离数据库的命令*/
exec sp_detach_db training,true
/*然后执行附加数据库的命令*/
exec sp_attach_db @dbname='training',
@filename1='d:\sqldata\training_data.mdf',
@filename2='d:\sqldata\training_data2.ndf',
@filename3='d:\sqldata\training_log.ldf'
```

执行成功后,可查看新数据库 training 的属性。

(七) 删除数据库

只有数据库管理员或具有 CREATE DATABASE 权限的数据库所有者才有权执行删除数

据库的操作。下面介绍两种 SQL Server 中删除数据库的方法。

1. 使用 Management Studio 删除数据库

(1) 在 Management Studio 中,展开 SQL Server 组,再展开数据库(DATABASE)项。

(2) 选择要删除的数据库名,右击鼠标选择"删除"命令,并在弹出的确认对话框中选择"确定"按钮,即可删除数据库,也可以选择数据库文件夹或图标后从工具栏中选择图标来删除数据库,系统会提示确认是否要删除数据库。

2. 使用 SQL 语句删除数据库

(1) 用查询编辑器与 SQL Server 数据库服务器建立连接。

(2) 在命令窗口中执行下面提供的删除数据库的例子。

任务 15:删除用户数据库 training。

```
DROP DATABASE training;
Go;
```

提示:由于在后面的实验中还要用到 training 数据库,所以在删除它之前,最好把之前的 SQL 脚本或数据库文件备份,以便下次实验继续使用。

实验2 数据更新

一、实验目的

(1) 掌握数据更新操作的概念与方法;

(2) 掌握使用 SQL 语句完成各类更新操作(插入数据、修改数据、删除数据)的方法。

二、建议实验工具及实验学时

SQL Server 2017 或以上版本的数据库服务器产品。

实验学时:2 学时。

三、实验内容和步骤

(一) 使用 SQL Server Management Studio 对表进行数据的插入、删除、修改操作

在 SQL Server Management Studio 中,对表进行数据的插入、删除、修改操作非常方便。

1. 数据的插入

(1) 在 SQL Server Management Studio 中,展开 Database 项,展开要插入数据的表(如 Products)所在的数据库(如 training),在选定的表上单击右键,在弹出的快捷菜单中选择"编辑

前200行”命令，然后出现数据输入界面，在此界面上可以输入相应的数据，注意输入的数据应和定义的数据类型、长度一致。

说明：因实验3和实验4要用到各表数据，建议每个数据表尽量输入多行记录。

(2) 单击“执行”(“!”)按钮或关闭此窗口，数据都被自动保存。

2. 数据的修改

(1) 如上所述，在SQL Server Management Studio中，在选定的表上单击右键，在弹出的快捷菜单中选择“编辑前200行”命令，然后出现数据更新界面，在此界面上可以编辑相应的数据。

(2) 修改完后，单击“!”按钮或关闭此窗口，数据都被自动保存。

3. 数据的删除

(1) 如上所述，在SQL Server Management Studio中，在选定的表上单击右键，在弹出的快捷菜单中选择“打开表|选择所有行”命令，然后出现数据更新界面。

(2) 在弹出的对话框中，选中要删除的部分行(连续的多行可按住Shift键同时单击鼠标选中相应的首行和末行)，然后右击鼠标，在弹出的菜单中选择“删除”命令。

(3) 系统会弹出对话框，确认删除，此时单击“是”，即可永久删除选中的行。

(二) 使用SQL插入数据

注意：在INSERT语句中，VALUES子句中的数据在数量和类型上，必须与所定义的数据表结构匹配。

连接数据库后(在数据库复选框中选择training)，在查询编辑命令窗口中输入并执行如下示例的SQL语句后，也可实现数据的插入。

任务1：向工程表Projects中插入一行新记录，工程号为J1，工程项目名为出版社办公楼扩建，城市为北京。

```
INSERTINTO Projects (JNO,JNAME,CITY)
VALUES('J1','出版社办公楼扩建','北京');
GO;
```

任务2：使用带有NULL值的输入。向工程表Projects中插入一行新记录，工程号为J2，工程项目名为长江三桥，城市为NULL。

```
INSERT INTO Projects (JNO,JNAME,CITY)
VALUES('J2','长江三桥',NULL);
GO;
```

任务3：通过INSERT语句向工程表Projects中插入多条新记录。

```
INSERT INTO Projects VALUES('J3','新校区建设','广州');
INSERT INTO Projects VALUES('J4','图书馆大楼','上海');
INSERT INTO Projects VALUES('J5','实验楼建设','北京');
GO;
```

在SQL Server 2017中，上述语句也可写为

```
INSERT  INTO  Projects
VALUES ('J6','地铁2号线建设','武汉'),
       ('J7','地铁7号线建设','武汉'),
```

```
        ('J8','光谷立交桥改造','武汉');
GO;
```

任务4:构造一个新的数据表,表名为"Project_wh",用于存放施工地在武汉的项目信息。

```
CREATE TABLE Project_wh(
  JNO CHAR(4) PRIMARY KEY,
     JNAME  CHAR(20),
     CITY CHAR(10));
GO;
INSERT INTO Project_wh
SELECT *
FROM Projects
WHERE CITY='武汉 ';
GO;
```

依照上述方法,向实验1所建的四个表中分别插入足够多的数据,以便以后的实验访问。

(三) 使用SQL修改数据

注意:在SQL的更新语句UPDATE中的新数据在数量和类型上,必须与所定义的表结构相匹配。

进入数据库引擎查询窗口,连接数据库(在数据库复选框中选择training)后,在查询命令窗口中输入如下示例的SQL语句后,再执行该语句,也可实现数据的更新。

任务5:将项目表中项目号为'J2'的城市名改为武汉。

```
UPDATE Projects SET CITY='武汉'
WHERE JNO='J2';
```

(四) 使用SQL删除数据

连接数据库training,在查询编辑窗口中输入SQL的删除语句,再执行该语句,也可实现对数据的删除。

任务6:删除项目地点在广州的记录。

```
DELETE FROM  Projects
WHERE CITY  IN ('广州');
GO;
```

实验3 SQL数据查询与视图

一、实验目的

(1) 掌握数据查询方法;

(2) 掌握使用 SQL 语句对数据库进行单表查询、连接查询、嵌套查询、集合查询和统计查询、相关子查询等的方法；

(3) 掌握视图的定义和管理方法；

(4) 掌握 SQL 支持的有关视图的查询和更新操作。

二、建议实验工具及实验学时

SQL Server 2017 或以上版本的数据库服务器产品。

实验学时:2 学时。

三、实验内容和步骤

连接数据库(在数据库复选框中选择 training)后,在查询编辑窗口中输入 SQL 查询语句后,单击“执行”(或 Execute Query)按钮,就可以在输出窗口中直接看到语句的执行结果。以下具体介绍几种典型查询的实验内容和步骤。

(一) 单表查询

1. 简单查询

任务 1:查询所有供应商的信息。

```
SELECT *  FROM  Salers;
```

其中“ * ”表示查询的目标列是 Salers 表中的全部列名且顺序一致。该句等价于

```
SELECT SNO,SNAME,STATUS,CITY
FROM Salers;
```

任务 2:查询所有项目编号、项目名称和所在的城市。

```
SELECT JNO ,JNAME ,CITY
FROM  Projects ;
```

2. 带条件查询

带条件的查询是指在查询语句中使用 WHERE 子句实现查询满足条件的记录。

任务 3:查询所有白色的零件名称。

```
SELECT PNAME  FROM  Products
WHERE COLOR='白色';
```

任务 4:查询重量在 3～19 之间的所有零件的情况。

```
SELECT  *  FROM  Products
WHERE  WEIGHT  BETWEEN 3  AND 19;
```

任务 5: 查询位于北京、上海、武汉的工程项目名称。

```
SELECT JNAME  FROM  Projects
WHERE CITY IN ('北京','上海','武汉') ;
```

3. 使用集函数的查询

当用户需要根据某种限制条件从表中导出一组行集时,使用 SQL 语言提供的内部集函数

可对该行集做统计。

任务 6:查询 SPJ 表中,使用了价格为 20 元的零件总数的最大值、平均值和最小值。

```
SELECT MAX(QTY)最大值,AVG(QTY) 平均值 ,MIN(QTY) 最小值
FROM SPJ
WHERE  COST=20;
```

任务 7:查询 SPJ 表中所有记录的供应商个数。

```
SELECT COUNT(DISTINCT (SNO))  AS  COUNT_SNO
FROM SPJ;
```

由于一个供应商要为多个工程项目提供多种零件,为保证统计结果正确,这里使用 DISTINCT 用来排除重复的行参加统计。

(二) 连接查询

连接查询是指同时涉及两个或两个以上的表的一个查询,以获得相关的信息。

任务 8:查询工程项目 J2 使用的各种零件的名称和数量。

```
SELECT P.PNAME,SPJ.QTY
FROM Products P,SPJ
WHERE P.PNO= SPJ.PNO    AND   SPJ.JNO='J2';
```

任务 9:查询使用由北京供应商供货的工程名称。

```
SELECT DISTINCT J.JNAME
FROM Projects  J,SPJ ,Salers  S
WHERE J.JNO=SPJ.JNO    AND   SPJ.SNO=S.SNO    AND   S.CITY='北京'  ;
```

(三) 嵌套查询

SQL 中,定义 SELECT-FROM-WHERE 语句为一个查询块。嵌套查询是指一个查询块嵌套在另一个查询块的 WHERE 子句或 HAVING 短语的条件中的查询。例如,本实验任务 9 也可表示为下列嵌套查询。

任务 10:查询使用由北京供应商供货的工程名称。

```
SELECT DISTINCT J.JNAME
FROM Projects J
WHERE J.JNO IN
    (SELECT JNO
      FROM SPJ,Salers S
      WHERE SPJ.SNO=S.SNO
          AND S.CITY='北京') ;
```

任务 11:查询没有使用由广州供应商供货的工程项目号码和名称。

```
SELECT DISTINCT J.JNO ,J.JNAME
FROM Projects J
WHERE NOT EXISTS
    (SELECT *
```

```
        FROM SPJ
        WHERE SPJ.JNO=J.JNO
            AND SNO IN
              (SELECT SNO
                  FROM Salers S
                  WHERE CITY='广州'));
```

这是一个带 EXISTS 谓词的子查询，该查询与前述的嵌套子查询不同，它的查询条件依赖于外层查询的某个列(如本实验任务 11 中的项目号)，并随着它的取值不同而不断变化，反复执行，由于其内层子查询与外层有关，因此也称为相关子查询。

(四) 视图定义

视图(view)是从一个或多基本表中使用 SELECT　FROM 语句导出的，也可以从一个或多个其他视图中产生。视图的定义存放在数据库的数据字典中，而与视图定义相关的数据并没有存入数据库中，所以视图也称为虚表，通过视图看到的是它所基于的表的数据。

1. 使用 Management Studio 创建视图

使用 Management Studio 创建视图的步骤如下。

(1) 在 Management Studio 中，展开 Database 项，选择要建视图的数据库 training，在“视图”(VIEW)上右击鼠标，执行“新建视图”命令。

(2) 在弹出视图设计的窗口界面中，执行“添加表”命令。在弹出的对话框中，选择基本表名，此时，也可添加函数或视图名，关闭窗口后，所添加的对象都放在“关系图”窗格中。此时，设计窗口由关系图窗格、条件窗格、SQL 窗格以及结果窗格四个窗格组成。

(3) 选定输出列可以在条件窗格中逐行指定，也可先选定表中的某列名，单击列名前的确认框，以添加此列到输出列。还可以在选定列处右击鼠标，执行“添加到输出” 命令。

(4) 指定输出列完成后，SQL Server 自动生成定义视图的 SQL 语句到 SQL 窗格，此时单击“查询设计器”菜单中“执行 SQL”菜单项，即可在结果窗格将包含在视图中的数据行显示出来。最后，在弹出对话框中输入视图名，单击“保存”按钮完成视图的创建。

注意:此时所创建的视图在对象资源管理器中没有自动刷新，若要查看，需刷新。

2. 使用 Management Studio 查看和修改视图

使用 Management Studio 查看和修改视图的方法如下。

(1) 在 Management Studio 中，展开 Database 项，连接数据库 training，单击视图，选择要设计的视图，右击鼠标，执行“设计视图”命令。

(2) 在弹出的设计视图的窗口界面中，可以查看视图定义，也可参照如上所述创建视图的方法修改视图。

(3) 可在设计视图窗口中单击“属性”按钮，在弹出的对话框选择编辑或查看其属性。

(4) 单击保存按钮或关闭窗口即可保存修改视图。

3. 使用 SQL 语句创建视图

在查询编辑窗口中使用 SQL 语句创建视图的步骤如下。

(1) 与 SQL Server 数据库服务器建立连接，此时系统默认的数据库是 master。

(2) 将连接数据库设名为 training，以便将来在此数据库中创建新视图。

(3) 在用查询编辑窗口中执行下面提供的示例中创建视图的 SQL 语句。

(4) 单击工具栏中的“执行查询”按钮(或 F5)，完成视图的创建。

任务 12:建立北京供应商的信息视图，包括供应商代码(SNO)、供应商名称(SNAME)，城市(CITY)。

```
CREATE VIEW  V_SALERS  AS
SELECT SNO,SNAME,CITY
FROM  Salers
WHERE  CITY='北京';
```

说明：

(1) 在上述执行创建视图的 SQL 之前，须确认待建视图所依赖的基本表 Salers 已先定义好。

(2) 因视图的列名与查询说明中 SELECT 后的列名相同，故在视图名后的列名可省略，但如果视图列名不同于 SELECT 的列名，或在 SELECT 目标列中出现了表达式或集函数，则需要显式指明视图列名。

(3) 执行创建视图的语句，系统只是将所定义的视图名和查询语句保存于数据字典中，而并未真正地执行 AS 后的查询语句。

(4) 用户可以在这个行列子集视图上做数据的查询、插入、修改、删除等操作。

(5) 在上述建好的视图上，还可以再建立新的视图。

对该视图做查询：

```
SELECT * FROM V_SALERS;
```

任务 13:上例中若要重新命名视图中的列，可以表示为

```
CREATE VIEW  V_SALERS_CN(供应商代码,供应商姓名,城市)AS
SELECT SNO,SNAME,CITY
FROM  Salers
WHERE  CITY= '北京';
```

任务 14:为长江三桥工程项目建立一个供应情况的视图，包括供应商代码(SNO)、零件代码(PNO)、价格(COST)、供应数量(QTY)。

```
CREATE VIEW V_SPJ1  AS
SELECT SNO,PNO,COST,QTY
FROM SPJ
WHERE  JNO =
    (SELECT JNO
    FROM Projects
    WHERE  LTRIM(RTRIM(JNAME))= '长江三桥');
```

对该视图做查询：

```
SELECT * FROM V_SPJ1;
```

（五）删除视图

1. 使用 Management Studio 删除视图

使用 Management Studio 删除视图的步骤如下。

（1）在 Management Studio 中，展开 Database 项，连接数据库 training，单击视图，选择要删除的视图，右击鼠标，执行“删除”命令。

（2）在弹出的删除视图的窗口界面中，可以显示相关性，以决定是否删除该视图。单击“确定”按钮，则删除该视图。

注意：若删除视图，此后所有依赖于该视图的其他数据库对象都将无法引用。

2. 使用 SQL 删除视图

（1）进入查询编辑窗口，连接数据库（在数据库复选框中选择 training）。

（2）在查询编辑命令窗口中输入如下示例的删除视图的 SQL 语句后，单击“执行”按钮，就可以在输出窗口中直接看到语句的执行结果。

任务 15：删除北京供应商的信息视图。

```
DROP VIEW V_SALERS;
```

说明：

（1）默认情况下，将 DROP VIEW 权限授予视图所有者或 DBA，该权限不可转让。

（2）当该视图对象被其他对象依赖时，删除该视图后，引用它的数据库对象都已无法引用。

（六）查询视图

视图定义后，用户就可以像查询基本表一样查询视图了。

任务 16：查询长江三桥工程项目用到的价格大于 10 的零件号和数量。

```
SELECT PNO,QTY
FROM V_SPJ1
WHERE COST>10;
```

任务 17：查询长江三桥工程项目用到的零件名称、价格和数量。

```
SELECT   PNAME,COST,QTY
FROM V_SPJ1,Products   P
WHERE V_SPJ1.PNO=P.PNO ;
```

（七）更新视图

更新视图是指通过视图来插入（INSERT）、删除（DELETE）和修改（UPDATE）数据。由于视图是不实际存储数据的虚表，因此对视图的更新最终要转换为对基本表的更新。

为防止用户通过视图对数据进行插入、删除、修改时，有意无意地对不属于视图范围内的基本表数据进行操作，可在定义视图时加上 WITH CHECK OPTION 子句。这样在视图上增、删、改数据时，RDBMS 会检查视图定义中的条件，若不满足条件，则拒绝执行该操作。

任务 18：往北京供应商信息视图中插入一条新记录，其供应商代码为 S8，名称为联想集团。

```
INSERT INTO V_SALERS_CN
```

```
VALUES('S8','联想集团','北京');
```

该语句执行成功后，可查看 Salers 表中确实增加了一条内容为('S8','联想集团','北京')的新记录。

说明：目前，不同的关系数据库管理系统产品对视图更新的可操作程度有差异。关于通过视图修改数据的准则，请参考 SQL Server 帮助，这里不再赘述。

实验4　数据库安全性和完整性控制

一、实验目的

(1) 理解 SQL Server 的安全模式、用户、角色及权限管理机制；
(2) 掌握 SQL Server 中用户创建、授权、验证技术对数据库的安全控制的作用和意义；
(3) 掌握 SQL 存取控制和视图技术、触发器对数据库的安全控制的作用和意义；
(4) 掌握数据完整性声明和触发器对数据库完整性控制的方法。

二、建议实验工具及实验学时

SQL Server 2017 或以上版本的数据库服务器产品。
实验学时：2 学时。

三、实验内容和步骤

以下具体介绍实验内容和步骤。

(一) 在 SQL Server Management Studio 中设置安全模式

可供选择的模式有两种，即 Windows 身份验证模式和混合模式。

(1) Windows 身份验证模式。

Windows 身份验证模式会启用 Windows 身份验证并禁用 SQL Server 身份验证。

Windows 身份验证始终可用，并且无法禁用。

在该模式下，SQL Server 使用操作系统中的 Windows 主体标记验证账户名和密码。

SQL Server 不要求提供密码，也不执行身份验证。Windows 身份验证是默认身份验证模式，Windows 身份验证使用 Kerberos 安全协议，提供有关强密码复杂性验证的密码策略强制，还提供账户锁定支持，并且支持密码过期。通过 Windows 身份验证完成的连接有时也称为可信连接。

当使用 Windows 身份验证模式时，数据库管理员通过授予用户登录 SQL Server 的权限，来允许他们访问运行 SQL Server 的计算机。

(2) 混合模式(Windows 身份验证和 SQL Server 身份验证)。

混合模式会同时启用 Windows 身份验证和 SQL Server 身份验证。

注意:安全模式变更后,需要重新启动 SQL Server,才能生效。

1. 设置 Windows 身份验证模式的安全性

设置步骤如下。

(1) Management Studio 中,右击当前数据库服务器,再单击“属性”选项。

(2) 在“安全性”选项卡的“身份验证”下,单击“仅 Windows”选项。

(3) 在“审核级别”中选择在 SQL Server 错误日志中记录的用户访问 SQL Server 的级别:

“无”表示不执行审核;

“成功”表示只审核成功的登录尝试;

“失败”表示只审核失败的登录尝试;

“全部”表示审核成功的和失败的登录尝试。

2. 设置混合模式的安全性

设置步骤如下。

(1) Management Studio 中,右击当前数据库服务器,再单击“属性”选项。

(2) 在“安全性”选项卡的“身份验证”下,单击“SQL Server 和 Windows”选项。

(3) 在“审核级别”中选择在 SQL Server 错误日志中记录的用户访问 SQL Server 的级别。

注意:该模式下需要启用 sa 账户 ,由于 sa 账户广为人知且经常成为恶意用户的攻击目标,因此除非应用程序需要使用 sa 账户,否则请勿启用该账户。

使用 Management Studio 启用 sa 登录账户的步骤如下。

(1) 在对象资源管理器中,依次展开“安全”“登录名”,右键单击“sa”,再单击“属性”选项。

(2) 在“常规”页上,可能需要为 sa 登录名创建密码并确认该密码。

(3) 在“状态”页的“登录”部分中,单击“启用”按钮,然后单击“确定”按钮。

(二) 创建登录名、数据库角色

1. 使用 Management Studio 创建混合验证模式登录名

(1) 在 Management Studio 中展开数据库服务器,单击“安全性”文件夹左侧的“+”,右击“登录名”,选择执行“新建登录名”。

(2) 在新建登录名对话框中有常规、服务器角色、用户映射(映射到此登录名的用户)、安全对象和状态五个选择页,进行设置。

① 在常规选择页中,输入登录名(本例为 u_training),选择 SQL Server 安全验证,输入密码。

② 在服务器角色选择页中,需要确定用户所属的服务器角色,用以向用户授予服务器范围内的安全特权。

③ 在用户映射选择页中,可指定映射到此登录名的用户以及数据库角色成员身份。

库角色默认为 public,此时勾选 training 数据库。

④ 在安全对象选择页,可指定对象类型及设置权限。

⑤ 在状态选择页,可设定该登录名是否允许连接到数据库引擎、是否启用、是否锁定。

单击“确定”按钮,即完成了创建混合验证模式登录用户 u_training 的工作。

2. 使用 SQL 语句创建登录名

只有 sysadmin 和 securityadmin 固定服务器角色的成员才可以执行 sp_addlogin。

(1) 以系统管理员或 sa 用户的身份登录进入查询编辑窗口。

(2) 在查询编辑窗口中输入建立登录账号的语句,然后执行,即可创建成功。

任务 1:为用户 u_training3 创建一个 SQL Server 登录名,密码为“usql”,默认数据库为 training,默认语言为 english。

```
EXEC sp_addlogin  'u_training3','usql','training','english';
```

如果要授权该用户访问数据库 training,还需要执行授权,或将该用户映射到 training 数据库中。执行下列代码之一即可。

```
EXEC sp_grantdbaccess'u_training3'
```

或

```
EXEC sp_adduser'u_training3'
```

若要查看数据库 training 中用户或角色信息,可执行下列代码。

```
EXEC sp_helpuser
```

若要验证新建的登录名,可创建新的连接,输入登录名和密码,首次登录,系统会提醒密码已过期,必须更改密码,验证通过后可登录数据库引擎,但若要访问数据库对象,需要有相应的权限。

(三) 创建数据库角色

SQL Server 中,可以对用户直接授权,也可以通过角色来授权,在实际的权限管理方案中,通常先由管理员为数据库定义一系列的角色,然后由 sa 将权限分配给基于这些角色的用户。

在 SQL Server 中已有服务器角色和预定义的数据库角色,但如果打算为某些数据库用户设置相同的权限,并且这些权限不等同于预定义的数据库角色所具有的权限,可以定义新的数据库角色来满足这一要求,定义的步骤如下。

(1) 启动 SQL Server Management Studio ,以管理员身份登录到指定的服务器;

(2) 展开指定的数据库,选中“服务器角色”图标;

(3) 右击图标在弹出菜单中选择“新服务器角色”对话框;

(4) 在“名称”框中输入该服务器角色的名称;

(5) 在“安全对象”选项栏中选择匹配的数据库登录名(可多选)、服务器,并设置相应的权限;

(6) 单击“确定”按钮,完成服务器角色创建。

(四) 权限管理

使用 SQL 语句管理对象的权限。

(1) 进入查询编辑窗口,以 sa 或数据库所有者身份连接数据库(在数据库复选框中选择

training)。

(2) 在查询编辑窗口中输入如下示例的权限管理的 SQL 语句后,单击"执行"按钮,就可以在输出窗口中直接看到语句的执行结果。

任务 2:管理员把供应商 Salers 表上的全部权限授给用户 u_training。

在确认用户 u_training 和 Salers 表都已建立好的条件下,执行下述语句,即可完成授权。

```
GRANT SELECT ,INSERT,UPDATE,DELETE ON Salers TO u_training;
```

说明:

(1) 在 SQL 标准中,可以用 ALL PRIVILEGES 代替上述各操作权限,但现在的 SQL Server 2017 中 ALL 权限已不再推荐使用,并且只保留用于兼容性目的。

(2) 如果以 u_training 身份连接数据库 training ,执行在 Salers 表上的查询、增、删、改操作,系统都允许,但对其他表的操作是受限制的。

任务 3:管理员执行回收用户 u_training 在供应商 Salers 表上的查询权限。

```
REVOKE  SELECT  ON  Salers  from  u_training;
```

此时,如果以 u_training 身份连接数据库 training ,执行查询操作,则系统弹出错误消息"对象名'salers'无效。"而不是"无权访问",容易引起误会,请读者注意。

(五) SQL 存取控制和视图

在实际应用中,将视图和 SQL 存取控制结合起来使用,不失为数据库安全控制的实用技术,通过授予用户访问视图的权限,使其只能使用视图定义中的数据,而不能使用视图定义外的数据。

任务 4:授予用户 u_training3 只能查询北京供应商信息的权限。

在实验 3 中,已创建北京供应商的信息视图,包括供应商代码(SNO)、供应商名称(SNAME),城市(CITY)。其 SQL 定义为

```
CREATE VIEW  V_SALERS_CN(供应商代码,供应商姓名,城市) AS
SELECT SNO,SNAME,CITY
FROM  Salers
WHERE  CITY='北京';
```

然后,由管理员用 GRANT 语句授予用户 u_training3 查询视图 V_SALERS_CN 的权限,即可。

```
GRANT SELECT  ON  V_SALERS_CN  TO  u_training3;
```

若要验证本次授权控制的效果,以 u_training3 身份登录数据库 training,尝试执行 SELECT、INSERT 等操作,查看 SQL Server 的反应。

查询视图,例如:

```
SELECT * FROM  V_SALERS_CN
```

可以执行,但是

```
INSERT INTO V_SALERS_CN  VALUES('S4','DELL集团','北京');
```

不能执行,系统报告如下错误:

```
The INSERT permission was denied on the object 'V_SALERS_CN',database 'training',
schema 'dbo'.
```

说明该用户只有查询指定视图的权限。

(六) 触发器

在数据库安全控制中,借助触发器可构建用户自定义的访问控制功能,从而进一步提高数据库的安全性。

在实验 1 中已创建了供应情况表 SPJ,假如有规定,允许每天上午九点之后开始交易,下午三点钟之前交易关闭,其他时间段都无法交易。

要实现这类特殊的安全控制,可通过创建一个触发器 T_qty,用以检查操作时间,如果操作时间不在规定范围,就不允许成交。

任务 5:创建供应情况表 SPJ 上的触发器 T_qty。当 SPJ 表上发生 INSERT、DELETE、UPDATE 操作时,激活触发器,判断操作时间是否在规定范围内,如果不在,则报错并不允许成交。

```
CREATE TRIGGER T_qty  ON  SPJ
AFTER    INSERT,UPDATE,DELETE
AS
      IF datename(HH,getDate())> 15  or datename(HH,getDate())< 9
          BEGIN
            RAISERROR ('请在规定时间内交易。',16,1);
            ROLLBACK TRANSACTION;
RETURN
END
```

如果交易时间不在规定范围内,则系统会报告如下错误:

(七) 删除用户名和登录名

停用安全账户的步骤与添加新用户的步骤相似。首先删除用户的 Windows 用户账户。

如果该用户有 SQL Server 用户账户,则应将该账户连同任何为该用户专门定义的 SQL Server 数据库角色一起从 SQL Server 中删除。最后,删除任何 SQL Server 登录。

从 SQL Server 数据库中删除 SQL Server 用户、Windows 用户或组时,将自动删除为该用户或组定义的权限,并防止该用户通过原安全账户使用数据库。

如果该用户已拥有所创建的数据库对象，则要么在删除该用户前先除去这些对象，要么通过使用 sp_changeobjectowner 系统存储过程将所有权转让给另一个已有用户。

删除用户并不会自动删除登录。

也可使用 Transact-SQL 删除数据库用户和登录名。

在查询编辑窗口中，以 sa 身份连接服务器，执行下列示例。

任务 6：从当前数据库 training 中删除用户 u_training3。

```
EXEC sp_dropuser'u_training3';
```

任务 7：从 SQL Server 中删除登录 u_training3。

```
EXEC sp_droplogin'u_training3';
```

如果此时该登录名已有授权未收回，则删除失败，并报告如下错误："服务器主体'u_training3'已授予一个或多个权限。删除该服务器主体前请撤销相应权限。"

（八）用 SQL 定义并验证参照完整性

定义参照完整性是在参照表上定义 FOREIGN KEY 约束，并用 REFERENCES 来指明外码参照的是哪些被参照表中的主码。用 SQL 定义参照完整性约束的步骤如下。

登录进入查询编辑窗口，选择连接数据库 training。输入本实验任务 8 所示的 SQL 命令，单击"执行"按钮并观察结果。

任务 8：定义供应情况表 SPJ，其外码 SNO、PNO 和 JNO 分别参照主表 Salers、Products 和 Projects 中的主键 SNO、PNO 和 JNO，在该表外码上的删除操作定义违约处理是级联删除，其主码是属性组(SNO,PNO,JNO)。

```
/*  先删除之前已定义的 SPJ 表 */
DROP TABLE IF  exists  SPJ;
/*  重新定义 SPJ 表 */
     CREATE TABLE SPJ (
     SNO CHAR(4)    NOT NULL,
     PNO CHAR(4)    NOT NULL,
     JNO CHAR(4)    NOT NULL,
     COST  MONEY,
     QTY  INTEGER,
     PRIMARY KEY(SNO,PNO,JNO),
     FOREIGN KEY (SNO) REFERENCES Salers(SNO) ON DELETE CASCADE,
     FOREIGN KEY (PNO) REFERENCES Products(PNO) ON DELETE CASCADE,
     FOREIGN KEY (JNO) REFERENCES Projects(JNO) ON DELETE CASCADE );
```

假设，被参照表 Salers 中已有 SNO='S1'的记录，Products 中有 PNO='P002'的记录，Projects 中有 JNO='J2'的记录，然后执行下列插入操作，系统会成功执行，否则会提示违反了参照完整性约束。

```
INSERT  SPJ  VALUES('S1','P002','J2',300,110) ;
```

如果从被参照表 Salers 中删除 SNO='S1'的记录：

```
DELETE  FROM  Salers  WHERE  SNO='S1';
```

此时,系统自动将参照表 SPJ 中 SNO='S1' 的记录也级联删除掉了。

(九) 用 SQL 定义并验证实体完整性和用户自定义完整性

实体完整性要求表中的主码都不能取空值或重复的值,一个表只有一个主码。

用户定义完整性用来定义不属于其他任何完整性分类的特定业务规则。

在查询编辑窗口中,输入如本实验任务 9 所示的 SQL 命令,单击“执行”按钮并观察结果。

任务 9:创建 employees 表,并自定义 2 个约束 C1 和 C2,其中 C1 规定 Name 字段唯一,C2 规定 age 字段值在 16～65 之间,主码为 eno。

```
CREATE TABLE employees(
    eno CHAR(5),
    name CHAR(8)  constraint C1 unique,
    age INT CONSTRAINT  C2  CHECK(age BETWEEN 16  AND  65),
    department CHAR(20),
    CONSTRAINT  pk_emp  PRIMARY KEY(eno)) ;
```

任务 10:向 employees 表中插入一条合法的记录。

```
INSERT INTO employees VALUES('12301','李磊',22,'MS') ;
```

任务 11:执行下述代码,将 employees 表中的 SNO 值改为空值。

```
UPDATE  employees  SET eno = NULL  WHERE eno = '12301';
```

由于该操作违反了实体完整性,系统拒绝执行。

任务 12:执行如下代码,向 employees 表中插入违反 C2 约束的记录,验证用户自定义完整性,由于年龄超过 65 岁,所以插入失败。

```
INSERT INTO employees VALUES('12302','黄玉',66,'CS');
```

任务 13:修改表 employees,去除约束 C2。

```
ALTER TABLE employees DROP C2 ;
```

任务 14:重新插入任务 12 中要插入的记录,由于去除了 C2 约束,所以插入成功。

```
INSERT INTO employees VALUES('12302','黄玉',66,'CS') ;
GO
SELECT * FROM employees ;
```

任务 15:定义规则 R_DEPT,规定插入或更新的 department 列的值只能是'CS','MS','PHS'中之一,并绑定到 employees 表的 department 列。

```
CREATE RULE R_DEPT  AS  @VALUE IN ('CS','MS','PHS')
GO
EXEC  SP_BINDRULE  R_DEPT,'employees .department'
```

任务 16:执行如下代码,向 employees 表中插入一条违反规则 R_DEPT 的记录。

```
INSERT INTO employees VALUES('12303','张斌',33,'OOS')
```

由于该插入操作违反规则 R_DEPT,故而插入失败。

(十) 触发器

触发器主要用于强制复杂的业务规则或要求,这比用声明完整性约束所定义的限制更复杂。

一个触发器只使用于一个表，每个表最多只能有 INSERT、DELETE 和 UPDATE 三个触发器，它们仅在实施数据完整性和处理业务规则时使用。

1. 使用 Management Studio 创建触发器

在 Management Studio 中创建触发器的步骤如下。

(1) 展开"数据库"文件夹，展开含触发器的表所属的数据库(training)，然后单击"表"文件夹。

(2) 在详细信息窗格中，右击将在其上创建触发器的表，指向"所有任务"菜单，然后选择"管理触发器"命令。

(3) 在"名称"中，选择"新建"命令。

(4) 在"文本"框中输入触发器的文本。按 Ctrl+Tab 键来缩进触发器的文本。

(5) 若要检查语法，则单击"检查语法"命令。

下面介绍使用 Transact-SQL 创建触发器并通过一些数据更新操作自动激活触发器，验证其对数据完整性的维护。

2. 使用 SQL 创建触发器

用 SQL 定义触发器的步骤如下。

在查询编辑窗口中，输入本实验任务 17 所示的 SQL 命令，选择"执行"命令并观察结果。

任务 17：为供应情况表 SPJ 建立触发器 TRIG_SPJ，要求插入新记录的 COST 值不能低于表中已有记录的最低价格。

```
CREATE TRIGGER TRIG_SPJ   ON SPJ
FOR INSERT
AS
IF (SELECT COST FROM INSERTED ) <= (SELECT MIN(COST)  FROM SPJ)
    BEGIN
      PRINT '不能低于已有的最低价，更新失败'
      ROLLBACK TRANSACTION
END
```

任务 18：执行下列代码，演示违反 TRIG_SPJ 的约束的删除操作。

```
INSERT INTO SPJ VALUES('S1','P002','J2',2,200) ;
```

执行上述代码，系统报错："事务在触发器中结束。批处理已中止"。

任务 19：为供应情况表 SPJ 建立触发器 TRIG_SPJ_cost，要求当更新表中数据时，新记录的 COST 值应该比原记录的 COST 值大。

```
CREATE TRIGGER TRIG_SPJ_cost   ON SPJ
FOR UPDATE
AS
IF (SELECT COST FROM INSERTED) < = (SELECT COST FROM DELETED)
  BEGIN
     PRINT '不能低于原来的价格，更新失败'
```

```
        ROLLBACK TRANSACTION
    END
```

任务 20:验证上述触发器的完整性控制,可执行下列代码。

```
    UPDATE  SPJ SET COST=1  WHERE SNO='S1' AND  PNO='P002' AND JNO='J2';
```

由于修改的 COST 值低于原来的值,该事务在触发器中结束,UPDATE 操作被中止。

任务 21:为供应商表 Salers 建立触发器 TRIG_S,禁止删除表中北京市的供应商的数据。

```
    CREATE TRIGGER TRIG_S  ON  Salers
    FOR DELETE
    AS
    IF (SELECT CITY FROM DELETED) = '北京'
    BEGIN
        PRINT '不能删除北京的供应商的数据,操作失败! '
        ROLLBACK TRANSACTION
    END
```

任务 22:假设 SNO='S1'的供应商所在的城市为北京,执行下列代码,验证触发器 TRIG_S的完整性控制。

```
    DELETE  FROM  SALERS WHERE SNO='S1';
```

由于删除的供应商所在的城市为北京,该事务在触发器中结束,DELETE 操作被中止。

3. 删除触发器

用 SQL 删除触发器的步骤如下。

(1) 登录进入查询编辑窗口,选择连接数据库 training。

(2) 在查询编辑窗口中,输入如本实验任务 23 所示的 SQL 命令,单击"执行"命令。

任务 23:删除触发器 TRIG_S。

```
    DROP  TRIGGER  TRIG_S
```

实验 5　数据库设计

一、实验目的

(1) 掌握数据抽象的方法,熟练掌握数据库的概念模型的表示方法及概念模型向关系数据模型转换的规则;

(2) 掌握数据库设计各步骤中的任务和实施办法;

(3) 掌握数据库设计工具 PowerDesigner 设计概念模型和物理模型、生成相应数据库的方法。

二、建议实验工具及实验学时

使用 Sybase 公司的 PowerDesigner 16.5 或以上版本,设计数据概念模型和物理模型,并生成 SQL Server 2017 数据库。

实验学时:2 学时。

三、实验要求

根据实际情况,自选一个小型的数据库应用项目,并深入调研,进行分析和设计。

对自选的数据库应用项目进行数据库设计,并完成相应的数据库设计实验报告。在实验报告中应包括以下内容。

(1) 设计的概念模型(即 CDM 图);

(2) 转换成物理模型(即 PDM 图),并进行调整与优化;

(3) 生成相应的数据库。

四、实验内容和步骤

按照以下步骤,完成上述实验要求。

(一) 启动 PowerDesigner

PowerDesigner 提供了多种模型的建模工具,如概念模型(conceptual data model)、逻辑模型(logical data model)、物理模型(physical data model)、业务模型(business process model)、面向对象建模(object-oriented model)和多模型报告(multi-model report)等。选择新建概念模型,即可进行数据库设计的 E-R 模型辅助设计。

(二) 概念模型的设计

实体:选择实体图形,在“图纸”上单击画出实体来,双击为其命名,选择 Attributes 添加其所有属性。注意,所有的 name 都可以用中文标示,以便理解,但是 code 必须用英文标示,以方便数据库库的操作处理(PowerDesigner 转化数据库.sql 文件,所有的表名称,属性等都采用 code)。为每个属性命名,并选择相应的数据类型,PowerDesigner 支持 SQL Server 2017 里的所有的数据类型,并提供所有可选类型供选择。其中属性列中的 M 表示强制即不能为空,P 表示主码即 Prime key,D 表示显示即 Display。

联系:PowerDesigner 中的联系分为一对一、一对多和多对多三种,并且对于多方联系,还提供了依赖(即如果被依赖方的数据要删除,那么依赖方对应数据也随着删除)。例如,员工的子女与员工之间是依赖关系,公司关心员工的子女的信息是因为该员工是本公司的员工,一旦该员工辞职,那么该员工的子女信息将不再是公司所关心的信息,即公司将删除该员工的信息,那么其对应的子女信息也跟着删除。

单击“联系”→选择要建联系的两个实体→为其建立联系→双击进入联系编辑状态→为其命名→进入 detail→设置联系。

根据两实体间具体的联系进行选择(一对一、一对多、多对多)。

其中 Mandatory 为强制，即该方实体至少有一个记录和对方实体相对应；Dependent 为依赖，即该方实体中的记录依赖与对方实体。

PowerDesigner 将概念模型存储在文件(扩展名为 .CDM)中。

(三) 检测模型

设计好了模型后，可以进行检查，PowerDesigner 还可以快速检测新模型中的数据库设计错误。

从“Tools”菜单中选择“Check Model”。此时，就会出现“Check Model Parameters”对话框。可以使用缺省参数。单击“确定”按钮，此时，在“Result List”中就会显示“Check Model”的结果。

(四) 生成物理模型

在 PowerDesigner 中，将描述数据库设计的描述数据结构的逻辑模型称为物理数据模型(physical data models，PDM)。PowerDesigner 将这些模型存储在文件(扩展名为 .PDM)中。

当 CDM 图检查没有错误就可以选择工具栏中的“Tools”，出现“Generate Physical Data Model”选项，可以设置参数，然后单击“确定”按钮，生成物理模型。

(五) 生成数据库

一般在 CDM 图上生成的 PDM 图是没有问题的，可以进行局部调整和优化。然后检查模型，如果没有错误，可以在菜单 Database 下选择 Generate Database 选项→选择 SQL Server 2017 数据库系统→选择文件存储路径→生成数据库的脚本文件，如 project.sql 文件。最后可以进入 SQL Server 2017 中，新建数据库后，打开 project.sql 并执行该文件，即可生成刚由 PowerDesigner 设计的数据库中所有对象，从而完成了整个数据库设计。

参 考 文 献

[1] Jeffrey D.Ullman,Jennifer Widom. 数据库系统基础教程(原书第 3 版)[M].岳丽华,金培权,万寿红,译.北京:机械工业出版社,2009.

[2] 王珊,萨师煊.数据库系统概论[M].5 版.北京:高等教育出版社,2014.

[3] 冯玉才.数据库系统基础[M].武汉:华中科技大学出版社, 1993.

[4] 程传慧.数据库原理与技术[M].3 版.北京:中国水利水电出版社, 2017.

[5] 施伯乐,何守才,潘锦平.数据库设计[M].上海:上海交通大学出版社,1987.

[6] 陆皓.数据库系统概论习题及选讲[M].北京:高等教育出版社,1991.

[7] 王亚平.数据库原理典型题解析及自测试题[M].西安:西北工业大学出版社,2002.

[8] 金林樵,唐军芳.SQL Server 数据库应用开发技术[M].北京:机械工业出版社,2005.

[9] 郑阿奇.Oracle 实用教程[M].4 版.北京:电子工业出版社,2015.

[10] 刘宪军.Oracle 11g 数据库管理员指南[M].北京:机械工业出版社.2010.

[11] James R.Groff,Paul N.Weinberg. SQL 完全手册[M].章小莉,译.北京: 电子工业出版社,2003.

[12] 尚展垒,宋文军,等. Oracle 11 数据库管理与开发(慕课版)[M].北京:人民邮电出版社,2016.

[13] 陈文伟.数据仓库与数据挖掘教程[M].2 版.北京:清华大学出版社,2011.

[14] 郑阿奇,刘启芬,顾韵华.SQL Server 2012 数据库教程[M].3 版.北京:人民邮电出版社.2015.

[15] Abraham Silberschatz,Henry F.Korth,S.Sudarshan. 数据库系统概念(原书第 6 版)[M].杨冬青,李红燕,唐世渭,等译.北京: 机械工业出版社,2012.